生猪肥育与猪病防控

主　编

杨　军　安利民

副主编

张　军　郑世莲　潘燕燕　李贺玲
任夏贞　耿　鑫　宁志军　陶晓丽
李　娟　王海军

编　者

（以姓氏笔画为序）

李　莉　李永萍　李彩霞　乔　飞
杜　娟　杨高磊　赵　协　赵　鑫
崔建凯　韩瑾瑾

金盾出版社

内 容 提 要

本书内容包括:猪的主要类型及常见品种,猪的繁育与配种技术,猪的营养需要与饲料配制,生猪肥育技术,养猪规划、猪场建设及效益估算,猪病的诊断与治疗,猪病的防控措施,猪病毒性疫病的防控,猪细菌性疫病的防治,猪支原体性疫病的防治,猪放线菌性疫病的防治,猪螺旋体性疫病的防治,猪衣原体性疫病的防治,猪寄生虫性疫病的防治,猪常见内科、外科及产科疾病的防治。内容全面,技术实用,适合广大养猪场(户)及基层畜牧兽医技术人员参考应用。

图书在版编目(CIP)数据

生猪肥育与猪病防控/杨军,安利民主编. — 北京 : 金盾出版社,2014.1(2018.1 重印)
ISBN 978-7-5082-8882-6

Ⅰ.①生… Ⅱ.①杨…②安… Ⅲ.①猪—肥育②猪病—防治 Ⅳ.①S828.6②S858.28

中国版本图书馆 CIP 数据核字(2013)第 239451 号

金盾出版社出版、总发行
北京市太平路 5 号(地铁万寿路站往南)
邮政编码:100036 电话:68214039 83219215
传真:68276683 网址:www.jdcbs.cn
封面印刷:北京军迪印刷有限公司
正文印刷:双峰印刷装订有限公司
装订:双峰印刷装订有限公司
各地新华书店经销
开本:850×1168 1/32 印张:10 字数:242 千字
2018 年 1 月第 1 版第 4 次印刷
印数:15 001~18 000 册 定价:29.00 元

前　言

近些年，随着我国农村经济的快速发展，养猪形势也随之发生了巨大改观。当前全国养猪模式主要以“自繁自养”和“生猪肥育”为主，但也有少数以种猪繁育和粗放型散在零星饲养形式。目前，我国生猪存栏量和猪肉产量已跃居世界各国之首，成为头号养猪大国。但是由于多数场(户)养猪技术水平较低、环境条件较差、疫病防控形势比较严峻及产品安全质量仍存隐忧等多方面因素的制约，在国际市场上竞争力还不够强。

党的十八大召开以来，随着我国城镇化及农业现代化建设步伐的加快，也为我国养猪业快速发展提供了一个难得的历史机遇。《生猪肥育与猪病防控》一书，凝聚了编者多年来教学、生产及科研工作的经验，参考国内外养猪新技术、新成果后编写而成。该书在生猪品种介绍上，把当前国际上公认优良的杜洛克猪、长白猪、大约克夏猪等主要瘦肉型品种的外貌特征、性能特点、产地分布及主要优缺点等内容作为当家品种详细叙述，适当增加了一些地方特色品种及当前国内、外最新培育的优秀的瘦肉型专门化配套品系；在生猪繁育与配种技术方面，不仅介绍了公、母种猪的选种、选配方法、标准，而且详细阐述了目前正在广泛推广应用的人工授精、发情鉴定、同期发情、妊娠诊断、分娩助产等常用技术；在饲料推广应用上，结合当地原材料，应用预混饲料、浓缩饲料就地配制不同生长阶段所需的各种全价配合饲料；在生猪肥育生产中，摒弃了传统的“吊架子”等落后的养猪方法，积极推广应用现代实用的猪瘟乳前免疫，尽早固定乳头吮初乳，首日注射铁硒针，断尾及剪切犬牙，培养仔猪“四定位”生活习惯，实行早期教槽、断奶，按类组群分圈饲养，直线快速肥育等新技术。不仅可以提高养猪生产水平，而且能够有效改善生猪肥育效果及猪肉产品质量；在猪场建设与养猪规模设计方面，按照国家、行业标准，力求做到规范、科学、环保、实用。采取“三点式”场点布局，有利于组织生产，改善环境，预防疾病，提高养猪效益。同时，也为初涉养猪及初(改)建猪场者进行可行性论证，早期规划设计及效益评估等提供重要的技术参考；在猪病防控方面，除扼要介绍了猪病的基本诊断、治疗方法外，还结合目前国内外存在的严重危害生猪健康的复杂疫情及当地的实际流行情况，研究制定并总结推广应用了一整套切实可行的消毒程序、免疫程序、保健程序及猪病综合防控措施等；最后，在猪常见病的防治方面，除对各类猪病进行了归纳整理分类细化，易于进行诊断防治外，对个病介绍也力争做到常见、实用、简洁、有效，以便能够及时地控制各类疾病的发生，保障猪场健康生产。

该书力求做到深入浅出、简明扼要、通俗易懂、有效实用，且具有一定的前瞻性，以满足广大养猪场(户)、教学、科研和畜牧兽医工作者的需要。

本书在编写过程中得到了国内外有关专家、教授的热情指导及知名企业如双汇集团、正大康地(蛇口)有限公司及马来西亚宏诚生物科技有限公司等单位的大力支持，在此谨表衷心感谢和崇高敬意。

由于时间仓促，书中不妥之处在所难免，敬请读者批评指正。

编著者

目　录

第一章　猪的主要类型及常见品种

当前世界生猪资源丰富，种类繁多。一般按其体型特征、生产性能和胴体瘦肉率，可分为瘦肉型、肉脂型、脂肪型三大主要类型和国内外大量常见的品种、品系。

一、主要类型

(一)瘦 肉 型

瘦肉占胴体重的60%以上，肥肉占20%左右。外形呈流线型，前躯轻，后躯重，头颈小，背腰长，胸肋丰满，背线与腹线平直，大腿圆整。体长比胸围长15～20厘米，背膘厚3厘米以下。生长发育快，饲料报酬高，但对饲料品质要求高，尤其对蛋白质水平要求更高。从国外引进的长白猪、大约克猪、汉普夏猪、杜洛克猪及国内外培育的瘦肉型专门化配套品系均属于这种类型。

(二)肉 脂 型

胴体中瘦肉占50%左右，体型中等，背腰宽阔，中躯短粗，后躯丰满，体质结实，性情温顺，适应性强。肉的品质优良，风味可口，膘厚3～5厘米。我国的大多数培育品种如上海白猪、北京黑猪、哈尔滨白猪、山西黑猪及引进的中型约克夏猪等均属于这种类型。

(三)脂 肪 型

胴体中脂肪多，肥肉占胴体的35%～43%，瘦肉占34%～

45%。整个外形呈方块形，体长与胸围大致相等或较胸围稍短。皮薄毛稀，肉质细嫩，性情温顺，耐粗饲，具有早期沉积脂肪的能力，背膘厚 5～6 厘米以上。我国大多数地方品种均属脂肪型，如东北民猪、内江猪、金华猪、太湖猪等。

随着人们生活水平的提高和膳食结构中瘦肉比重的增加，今后生猪生产的方向主要是发展瘦肉型品种和瘦肉型杂优猪，或用瘦肉型公猪与本地母猪杂交培育商品瘦肉猪。因此，大力推广瘦肉型猪种及其肥育生产技术已成为广大养猪场(户)的当务之急。

二、常见品种与品系

(一)瘦肉型品种

1. 长白猪(兰德瑞斯猪)

(1)产地与分布　原产于丹麦，是用英国大约克夏猪与丹麦当地土种白猪杂交改良而成，至今已有上百年的历史，是世界上数量最多、分布最广、瘦肉率较高(60%左右)的瘦肉型品种。

我国自 1963 年开始，相继从英国、瑞典、荷兰、日本、丹麦等国引入，进行扩群繁殖，选育推广。目前，在全国大多数地区均有饲养。

(2)体型特征　全身白毛，嘴长，耳大前倾而覆盖面部，背线平直，稍呈弓形，腹平，后躯发育良好，整体呈楔形。四肢健壮，大腿肌肉发达，身体特别长，肋骨 16～17 对，比一般猪多 1～2 对。遗传性能稳定，有效乳头 6～8 对。

(3)生产性能　成年公猪体重 400 千克左右，成年母猪 300 千克左右。公猪 6 月龄性成熟，8 月龄开始配种。母猪发情周期为 21～23 天，持续 2～3 天，妊娠期 112～116 天。经产母猪窝产仔 10～13 头，仔猪初生体重 1.2～1.4 千克，双月断奶体重可达 15～18 千克。生长发育迅速，6 月龄体重可达 90 千克以上，日增重

550～800 克，配合饲料转化率 3～3.5∶1。体重 90 千克时屠宰，屠宰率为 70％～75％，胴体瘦肉率 53％～65％。

(4)杂交利用 该猪种几十年来经饲养及风土驯化后，适应性已有明显提高。利用长白猪作为父本与当地原有猪种(包括杂种母猪)杂交，表现出较好的效果。肥育猪在一般饲养条件下，5 月龄体重可达 80～90 千克，屠宰率为 70％，胴体瘦肉率 61％以上。在规模饲养和工厂化饲养水平较高的情况下，其杂种优势尤为显著。

(5)主要优缺点 优点：产仔多，繁殖性能好，体型大，生长发育快，饲料转化率和胴体瘦肉率高。长白猪与外来猪间杂交生产瘦肉型猪，多选作第一父本利用，品质优良。缺点：对蛋白质饲料要求较高，对饲料中矿物质、维生素的缺乏反应特别敏感。四肢较软弱，易患皮肤疾病，母猪发情时征候不明显。

2. 大约克夏猪(大白猪)

(1)产地与分布 原产地英国，是由英国本地猪与我国华南猪杂交选育而成，至今已有百余年历史。

(2)体型特征 全身白毛，体格大且体型匀称，头颈比较瘦长，面微凹，耳大小适中、稍直立；体躯较长，胸部深广，背平直、略呈弓形，臀部和后腿较为丰满，四肢坚实有力。

(3)生产性能 成年公猪体重 300 千克左右，成年母猪 250 千克左右。母猪 5 月龄开始发情，发情周期 18～22 天，发情持续3～4 天，妊娠期约 115 天。经产母猪窝产仔 10～12.5 头，仔猪初生重 1.3～1.5 千克，双月断奶体重 18 千克左右。生长发育快，一般 6 月龄体重可达 100 千克，平均日增重 700 克左右，饲料转化率 3～3.5∶1。体重 90 千克屠宰，屠宰率 73％左右，胴体瘦肉率 61％以上。

(4)杂交利用 利用大约克夏猪为父本，分别与当地品种或血缘不清的杂种猪进行杂交，能使猪的生长速度及胴体瘦肉率得到明显改进，特别是在提高猪的瘦肉率上，该品种往往与长白猪杂交时用作母本。

(5)主要优缺点　优点：窝产仔数多，繁殖品质优良，体质结实，适应性强，肥育猪增重迅速，肉的品质好，饲料利用率高，群众反映比长白猪好养。缺点：胴体中脂肪稍多，不耐粗饲，前期生长较慢；蹄质不够坚实，易患皮肤病。

3. 杜洛克猪

(1)产地与分布　原产于美国东北部，俗称红毛猪，是世界四大著名猪种之一。多年来，我国曾先后从英国、日本、美国、丹麦、匈牙利等国引进，现已遍布全国各地，多为美系和匈系。

(2)体型特征　全身被毛金黄色或棕色，色泽深浅不一，皮肤上有小黑斑，但不得有黑毛和白毛。两耳中等大，略向前倾，耳尖稍下垂，头小轻秀，嘴短直；胸宽且深，背腰在生长期呈平直状态，后期逐渐呈弓形；后躯腿臀肌肉丰满、发达，四肢及骨骼粗壮，蹄呈黑色、多直立。

(3)生产性能　成年公猪体重350千克左右，成年母猪300千克左右。母猪6～7月龄开始发情，发情周期21天，持续2～3天。妊娠期约115天，初产仔猪9头左右，经产母猪平均窝产仔10头以上，仔猪初生重1.3千克左右，双月断奶重16千克左右。早熟，生长快，6月龄体重可达90千克以上，日增重600～700克，饲料转化率2.8∶1左右。体重90千克时屠宰，屠宰率为71%～75%，胴体瘦肉率60%以上。

(4)杂交利用　杜洛克猪一般用作二元杂交的父本或多元杂交的终端父本，表现出较好的杂交效果。其商品猪适应性强，生长快，瘦肉率高，很受用户欢迎。

(5)主要优缺点　优点：体质健壮，抗逆性强，对饲养条件比其他瘦肉型猪要求低。生长发育快，饲料转化率高，胴体瘦肉率高，肉质较好。缺点：胴体较短，四肢系部比较软弱，母性稍差，不耐高温。

4. 汉普夏猪(银带猪)

(1)产地与分布　产于美国，在美国瘦肉型猪种中分布最广。

1972年美国总统曾赠送我国1公1母，近30年来，国家又先后从日本、美国等引入种猪。但由于毛色原因，现在我国饲养量较少。

(2)体型特征　汉普夏猪被毛为黑色，仅在肩颈结合部有一白带(包括肩和前肢)围绕。嘴较长直，耳中等大且直立；体躯较长，背线微呈弓形；后躯臀部肌肉发达，四肢比较坚实。

(3)生产性能　成年公猪体重350千克左右，成年母猪体重300千克左右。经产母猪窝产仔8～9头，仔猪初生重1.3千克左右，双月断奶体重15千克以上；肥育猪6月龄活重达90千克，日增重650～700克，饲料转化率3∶1左右。体重90千克时屠宰率达71%～75%，胴体瘦肉率达60%以上，而且肉的品质较好。

(4)主要优缺点　优点：生长发育快，饲料转化率高，胴体瘦肉率高，肉质优良，后腿肉比例大。缺点：产仔数少，哺育率较低；性欲及发情征候不明显，耐热性较差。

5. 皮特兰猪

(1)产地与分布　皮特兰猪产于比利时，是由法国的贝叶杂交猪与英国的巴克夏猪回交，然后再与英国大白猪杂交育成。

(2)体型特征　被毛灰白色夹杂有黑斑，偶尔有棕色毛。头部清秀，嘴大面直，两耳略向前。体躯呈圆柱状，腹背平行，肩部肌肉丰满，背宽大，体长1.5米左右。

(3)生产性能　生长迅速，6月龄体重可达90～100千克。日增重750克左右，配合饲料转化率为2.5～2.6∶1。90千克体重屠宰时，屠宰率76%，胴体瘦肉率高达70%。

公猪一旦达到性成熟就有较强的性欲，调教一次成功，射精量达250～300毫升。

母猪初情期一般在190日龄，发情周期18～21天左右，每窝产仔数10头左右，仔猪育成率达95%左右。

(4)杂交利用　皮特兰猪多用作父本进行二元或三元杂交。用皮特兰公猪配长×上(长白猪配上海白猪)杂交母猪，其三元杂种猪肥育期间日增重为730克左右，每千克增重消耗配合饲料2.99千克左右，胴体瘦肉率达65%左右。

(5)主要优缺点　该品种繁殖力低，后期生长慢，肌纤维粗，肉质差，特别是对应激反应过强是其一大缺点。

6. 三江白猪

(1)产地与分布　产于东北三江平原，是由长白猪和东北民猪杂交培育成的我国最早的瘦肉型猪种。

(2)体型特征　头轻嘴直耳下垂，背腰宽平，后躯丰满，四肢粗壮蹄坚实，被毛全白又丛密。成年公猪体重250～300千克；成年母猪体重200～250千克。具有生长快、耐寒省料、肉质好、瘦肉多等特点。

(3)生产性能　按饲养标准饲养，6月龄体重可达90千克，每千克增重消耗配合饲料3.5千克左右。胴体瘦肉率达58%。

母猪4月龄开始发情，发情表现明显，配种受胎率高，繁殖性能良好，初产母猪窝产仔9～10头，经产母猪窝产仔11～13头。

(4)杂交利用　用杜洛克猪作父本与三江白猪杂交，其一代杂种猪日增重650克左右，每千克增重消耗配合饲料3.28千克左右。胴体瘦肉率达62%左右。三江白猪与哈白、苏白和大约克夏等猪的杂交，在日增重方面均呈现明显的杂种优势。

7. 湖北白猪

(1)产地与分布　湖北白猪产于湖北省武汉市及华中地区，是由大约克夏、长白和本地通城猪、监利猪等杂交培育而成。主要特点是生长发育快，耐高温、高湿，繁殖性能良好，肉质好等。

(2)体型特征　全身被毛白色，头稍轻直长，两耳前倾稍下垂，中躯较长，背腰平直，腹小，臀部丰满，肢体结实。成年公猪体重250～300千克，成年母猪体重达200～250千克。

(3)生产性能　在良好的饲养条件下，6月龄体重可达90千克。每千克增重消耗配合饲料3.5千克以下。体重90千克屠宰，屠宰率 75%，胴体瘦肉率 58%～62%。

公猪 3 月龄，体重 40 千克时出现性行为。母猪适宜配种时间为 7.5～8 月龄。发情周期为 20 天，每次发情持续时间为 3～5 天。初产母猪窝产仔 9.5～10.5 头，经产母猪窝产仔达 12 头以上。

（4）杂交利用　用杜洛克猪作父本与湖北白猪杂交，其杂种一代猪体重 20～30 千克阶段，日增重 611 克左右，每千克增重消耗饲料 3.41 千克左右，体重 90 千克时屠宰，胴体瘦肉率达 64%。

8. 浙江中白猪

（1）产地与分布　浙江中白猪产于浙江省，主要是由长白猪、约克夏猪和金华猪杂交培育而成。主要特点是体质健壮，繁殖力较高，杂交利用效果显著，耐高温、高湿气候条件，是生产商品瘦肉型猪的理想母本。

（2）体型特征　头颈较轻。面部平直或微凹，两耳前倾或稍下垂，全身白毛，腹线较平直，腿臀肌肉丰满。

（3）生产性能　6 月龄体重达 90 千克，生长育肥期日增重 520～600 克。90 千克体重时屠宰，屠宰率达 73%，胴体瘦肉率达 57%左右。

母猪 8 月龄开始配种，初产母猪平均窝产仔 9 头，经产母猪窝产仔可达 12 头。

（4）杂交利用　用杜洛克猪作父本，浙江中白猪作母本进行杂交，其杂交一代猪 175 日龄体重可达 90 千克，体重 20～90 千克阶段，平均日增重 700 克，每千克增重消耗配合饲料 3.3 千克以下。体重 90 千克时屠宰，胴体瘦肉率约 61.5%。

（二）肉脂型品种

肉脂型猪胴体中瘦肉稍多于脂肪，瘦肉占胴体重的 45%～55%。其外形特点介于瘦肉型和脂肪型之间，我国农村大多数杂交培育猪种多属肉脂型猪种。

1. 上海白猪

(1)产地与分布　上海白猪由约克夏、苏白和太湖猪杂交培育而成,主要分布于上海地区的上海宝山县。主要特点是生长较快、产仔多、对环境条件适应性强和胴体瘦肉率较高。

(2)体型特征　体型中等偏大,面部稍凹或平直,耳中等大小微前倾。全身被毛白色,背宽,腹大,腿臀较丰满。成年公猪体重250千克左右,成年母猪体重177千克左右。

(3)生产性能　上海白猪体重90千克时屠宰,平均屠宰率70%,平均胴体瘦肉率52.5%。公猪在8～9月龄、体重100千克以上开始配种。母猪在8～9月龄开始配种,初产母猪窝产仔9头左右,3胎以上母猪窝产仔达11～13头。

(4)杂交利用　用杜洛克或大约克夏猪作父本与上海白猪杂交,一代杂种猪在每千克配合饲料含消化能12.56兆焦、粗蛋白质18%左右和自由采食粉料的条件下,体重20～90千克阶段,日增重为700～750克,每千克增重消耗配合饲料3.1～3.5千克。杂种猪体重90千克屠宰,胴体瘦肉率60%以上。

2. 哈白猪

(1)产地与分布　哈白猪即哈尔滨白猪,主要用前苏联大白猪和当地白猪杂交培育而成。分布于滨州、滨绥和牡佳等铁路沿线。

(2)体型特征　体型大,头中等大,两耳直立,面部微凹,背腰平直,腹稍大。臀腿丰满,四肢健壮,体质结实。全身被毛白色。具有抗寒、耐粗饲、生长较快、耗料少、产仔多等特点。成年公猪体重200～250千克,成年母猪体重180～200千克。

(3)生产性能　哈白猪育肥期日增重为587克左右,每千克增重消耗配合饲料3.8千克左右。体重90千克屠宰,胴体瘦肉率为45%以上。母猪8月龄、体重90千克时开始配种。公猪10月龄、体重120千克左右时开始配种。初产母猪平均窝产仔9.4头,经产母猪平均窝产仔达11.3头。

(4)杂交利用 哈白猪与东北民猪、三江白猪和东北花猪进行正反杂交,杂种猪在日增重和饲料转化率方面均呈较强的杂种优势。用长白猪作父本与哈白猪杂交,杂种猪日增重平均623克,每千克增重消耗配合饲料3.6千克左右。杂种猪体重90千克时屠宰,胴体瘦肉率50%以上。

3. 汉中白猪

(1)产地与分布 汉中白猪产于陕西省汉中地区,由苏白、巴克夏和汉江黑猪杂交培育而成。主要分布于汉中市、南郑县和城固县等地。

(2)体型特征 头中等大,面微凹,耳中等大小,向上向外伸展。结构匀称,背腰平直,臀腿丰满,四肢结实,全身白毛。成年公猪体重210～220千克,体长145～165厘米。具有耐粗饲、适应性强、生长快、胴体品质好等特点。

(3)生产性能 汉中白猪在全价饲料饲养条件下,生长育肥阶段,日增重520克左右,每千克增重消耗配合饲料3.6千克左右。体重90千克屠宰,屠宰率72%,胴体瘦肉率47%。

公猪40千克体重时出现性行为,10月龄、体重100千克时开始配种;母猪体重35～40千克时初次发情,8月龄、体重90千克时开始配种。母猪发情周期为21天左右,发情持续时间初产母猪4～5天,经产母猪2～3天。初产母猪平均窝产仔9.8头;经产母猪平均窝产仔11.4头。

(4)杂交利用 汉中白猪与荣昌猪进行正反杂交,其杂种猪日增重610～690克,每千克增重消耗配合饲料3.12千克左右。用杜洛克猪作父本与汉中白猪杂交,其杂种猪日增重642克左右,胴体瘦肉率达55%左右。

4. 新淮猪

(1)产地与分布 新淮猪在江苏省淮安市用约克夏猪和淮阴猪杂交培育而成。主要分布在江苏省淮安市和淮河下游地区。

（2）体型特征　头长，嘴平直，耳前倾、下垂、中等大小。背腰平直，腹大但不下垂。除体躯末端有少量白斑外，其他部位呈黑色。成年公猪体重230～250千克，体长达150～160厘米；成年母猪体重180～190千克，体长140～145厘米。新淮猪具有适应性强、饲料报酬高、生长发育较快、产仔数多等特点。

（3）生产性能　新淮猪2～8月龄日增重490克左右，每千克增重消耗配合饲料3.65千克左右，青饲料2.47千克左右。育肥猪最适屠宰体重80～90千克，屠宰率71%，胴体瘦肉率45%左右。

公猪103日龄、母猪93日龄开始性成熟。初产母猪窝产仔10头以上，3胎以上经产母猪平均窝产仔13头以上。

（4）杂交利用　内江与新淮猪进行杂交，其杂交一代在中等营养水平下180日龄体重达90千克，60～180日龄阶段，日增重650克左右。用杜洛克公猪配二花脸母猪所产杂种公猪再配新淮母猪，其三品种杂交猪日增重达590～700克，胴体瘦肉率达50%以上。

5. 北京黑猪

（1）产地与分布　北京黑猪由北京市双桥农场和北郊农场用巴克夏、约克夏、苏白及定县黑猪杂交培育而成。主要分布在北京地区。

（2）体型特征　头中等大，两耳向前上方直立或平伸，面微凹，额较宽。背腰宽而平直。臀腿丰满，体质结实，结构匀称。全身被毛呈黑色。成年公猪体重260千克左右，成年母猪体重220千克左右，平均体长分别为150厘米和145厘米。该猪的特点为体型较长，生长快，母性好。

（3）生产性能　北京黑猪在全价配合饲料饲养条件下，生长育肥阶段日增重达600克以上，料肉比为3.6∶1。体重90千克屠宰，屠宰率72%～73%，胴体瘦肉率49%～54%。

母猪初情期为6～7月龄，发情周期为21天，发情持续时间为2～3天。初产母猪窝产仔数9～10头。经产母猪窝产仔数平均11.5头。

(4)杂交利用 北京黑猪与宁乡猪、内江猪等正反杂交，一般表现为产仔多、生长快和饲料报酬高等特点。用长白猪作父本与北京黑猪杂交，一代杂种猪体重20～90千克阶段，日增重650～700克，每千克增重消耗配合饲料3.2～3.6千克。体重90千克屠宰，胴体瘦肉率54%～56%。

用杜洛克或约克夏猪作父本，长×北(长白公猪配北京黑母猪)杂种母猪作母本，杂种猪体重20～90千克阶段，日增重600～700克，每千克增重消耗配合饲料3.2～3.5千克。胴体瘦肉率达58%以上。

6. 山西黑猪

(1)产地与分布 山西黑猪培育于山西大同、忻州等地，用巴克夏猪、内江猪、山西本地猪杂交培育而成。主要分布在大同、忻县、原平、五台和太谷等市、县。

(2)体型特征 头大小适中，额宽有皱纹，嘴中等长而粗，面微凹，耳中等大，稍向前倾且下垂。臀宽稍倾斜。四肢健壮，体型结构匀称；全身被毛呈黑色。成年公猪平均体重197千克，体长157厘米；成年母猪平均体重188千克，体长155厘米。山西黑猪具有繁殖力较高、抗逆性强、生长速度较快等优点。与长白猪和大约克夏猪杂交效果较好。

(3)生产性能 在标准日粮的饲养条件下，体重20～90千克阶段，日增重611克左右。每千克增重消耗配合饲料3.3千克左右，青饲料0.69千克左右。体重90千克屠宰，屠宰率72%，胴体瘦肉率42%～45%。

(4)杂交利用 用长白公猪作父本与山西黑猪杂交，一代杂种猪日增重560克左右，每千克增重消耗配合饲料3.7千克左右。胴体瘦肉率约50%。用长白猪作父本与大约×黑(大约克夏公猪配山西黑猪)杂种母猪杂交，杂种猪日增重547克左右，每千克增重消耗配合饲料3.6千克左右。胴体瘦肉率约55%。

7. 小香猪(小型猪、微型猪)

(1)产地与分布　主产于广西和贵州两省交界处、云南和贵州两省交界处、西双版纳、西藏及海南省的五指山等偏僻山区。近些年湖南、湖北、河南、河北等平原农区也有引进扩繁饲养者。

(2)体型特征　体小、骨细、毛黑、耳薄、头较直,腹大、背宽、臀部丰满,四肢短而细。

(3)生产性能　耐粗饲,对不良环境条件适应性强。耗料少,生长速度慢,6月龄身高仅达48厘米,体重30千克左右。40千克体重屠宰,屠宰率66%,胴体瘦肉率47%。早熟易肥,适于早期屠宰;皮薄、肉嫩、味美,瘦肉多,且无奶腥味。

(4)应用价值　①可作全乳猪烧烤。因味香、肉嫩、无奶腥味、风味独特而深受国内外消费者青睐。②因个体小,生理代谢、组织器官、生化指标等又与人类相似,所以可用作代替人类的医学实验动物。

8. 八眉猪

(1)产地与分布　主产于青海省互助土族自治县,多分布于高海拔(2 000～3 000米)严寒地区。

(2)体型特征　具有抗严寒,耐饥饿,耐粗饲,抗逆、抗病能力强,适应能力好及产仔多、瘦肉率高等特征,深受消费者欢迎。

(三)脂肪型品种

我国多数地方猪种属于脂肪型。这种类型猪胴体瘦肉率低,为35%～44%。猪体结构是下颌多肉,皮下脂肪厚,背膘厚为4～7厘米,体短而宽,胸深腰粗,四肢短,大腿和臀部发育较轻,体长和胸围大致相等。成熟较早,繁殖力强。

1. 荣昌猪

(1)产地与分布　主要分布在荣昌、隆昌、永川、泸州、宜宾和重庆等各县、市。

(2)体型特征　体型较大。头大小适中，面微凹，腹大而深，臀稍倾斜。四肢细致、结实。除两眼四周或头部有大小不等的黑斑外，被毛均为白色。成年公猪平均体重158千克。成年母猪平均体重144千克。荣昌猪具有适应性强、瘦肉率较高、配合较好和鬃质优良等特点。

(3)生产性能　在日粮含消化能30.98兆焦、可消化粗蛋白质291克的营养条件下饲养，体重14.7～90千克阶段，日增重约633克，每千克增重消耗配合饲料3.3千克左右，青饲料2.88千克左右，粗饲料1.01千克左右。体重87千克屠宰，屠宰率约69%，瘦肉率39%～46%。

(4)杂交利用　用长白猪、约克夏猪、北京黑猪作父本与荣昌母猪杂交，均能获得良好效果。长白猪与荣昌猪的配合力较好，日增重杂种优势率14%～18%，饲料转化率的杂种优势率8%～14%。用汉普夏、杜洛克公猪与荣昌母猪杂交，一代杂种猪胴体瘦肉率可达49%～54%。

2. 广东大花白猪

(1)产地与分布　大花白猪产于广东省珠江三角洲一带。主要分布在广东省的乐昌、仁化、顺德和连平等40多个县、市。

(2)体型特征　体型中等大小。耳稍大下垂，额部多有横皱纹。背部较宽微凹，腹较大。被毛稀疏，毛色为黑白花，头部和臀部有大块黑斑，腹部、四肢为白色，背腰部及体侧有大小不等的黑斑。成年公猪体重130～140千克，体长135厘米左右；成年母猪体重105～120千克，体长125厘米左右。大花白猪具有耐热、耐潮湿、繁殖力较强、早熟易肥和脂肪沉积能力强等特点。

(3)生产性能　在较好的饲养条件下，大花白猪体重20～90千克阶段，需饲养135天，日增重519克左右。体重70千克屠宰，屠宰率70%，胴体瘦肉率约43%。大花白公猪，40日龄即有爬跨行为，6～7月龄开始配种；母猪90日龄出现第一次发情。初产母猪平均窝产仔数12头;3胎以上经产母猪平均窝产仔数13.5头。

(4)杂交利用　利用巴克夏猪、长白猪、大约克夏猪或苏白猪为父本,大花白猪为母本进行经济杂交,一般可获得日增重优势20%以上。用杜洛克猪和汉普夏猪作父本,与大花白猪杂交,一代杂种猪体重20～90千克阶段,平均日增重分别为583克和584克,体重90千克屠宰,屠宰率分别为70%和71%。

3. 太湖猪

(1)产地与分布　太湖猪产于江苏、浙江的太湖地区,由二花脸、梅山、枫泾、嘉兴黑和横泾等地方类型猪组成。主要分布在长江下游、江苏、浙江和上海交界的太湖流域,故统称"太湖猪"。

(2)体型特征　体型中等,以梅山猪较大,二花脸、枫泾和嘉兴黑猪次之。太湖猪头大额宽,额部皱褶较多、深。耳特大,软而下垂,耳尖同嘴角齐或超过嘴角,形如大蒲扇。全身被毛黑色或青灰色,毛稀,腹部皮肤呈紫红色。成年公猪体重150～200千克,成年母猪体重150～180千克。太湖猪是我国乃至全世界猪种中繁殖力最高、窝产仔数最多的品种。品种内类群结构丰富,有广泛的遗传基础。肌肉脂肪较多,肉质较好。

(3)生产性能　梅山猪在体重25～90千克阶段,日增重平均439克;枫泾猪在体重15～75千克阶段,日增重332克左右;嘉兴黑猪在体重25～75千克阶段,日增重444克左右。太湖猪性成熟早,公猪4～5月龄时,精液品质已基本达到成年公猪水平。二花脸母猪64日龄、体重15千克时首次发情,母猪在一个发情周期内排卵数较多。成年太湖猪初产母猪平均产仔数12头以上,3胎以上母猪平均窝产仔数16头。

(4)杂交利用　用苏白猪、长白猪和约克夏猪作父本与太湖猪杂交,一代杂种猪平均日增重分别为506克、481克和477克。用长白猪作父本,与梅×二(梅山公猪配二花脸母猪)杂种母猪进行三品种杂交,杂种猪日增重可达500克。用杜洛克猪作父本与长×二(长白公猪配二花脸母猪)杂种母猪进行三品种杂交,杂种猪的瘦肉率较高,在体重 87 千克时屠宰,胴体瘦肉率 53.5%左右。

4. 东北民猪

(1)产地与分布　产于东北和华北部分地区。分布在辽宁、吉林、黑龙江和河北北部地区。

(2)体型特征　头中等大,面直长,耳大下垂。体躯扁平,背腰狭窄,臀部倾斜,四肢粗壮。全身被毛黑色,毛密而长,猪鬃较多,冬季密生绒毛。民猪在体重 150 千克以上的称大民猪;体重在 95 千克以上的称二民猪;体重在 65 千克左右的称荷包猪。民猪具有抗寒能力强、体质健壮、产仔较多、脂肪沉积能力强、肉质好以及适于粗放饲养等特点。

(3)生产性能　在体重 20～90 千克育肥期,日增重 458 克左右,体重 90 千克屠宰率为 72%左右,胴体瘦肉率为 45%左右。民猪胴体瘦肉率在我国地方猪种中是较高的,只是到体重 90 千克以后,脂肪沉积增加,瘦肉率下降。东北民猪母猪在 4 月龄左右出现初情。体重 60 千克时,卵泡已成熟,并能排卵。母猪发情征候明显,配种受胎率高。公猪一般于 9 月龄、体重 90 千克左右时开始配种,母猪于 8 月龄、体重 80 千克左右时初配。初产母猪窝产仔数 11 头左右,3 胎以上母猪窝产仔数 13 头左右。

(4)杂交利用　用民猪作父本,分别与哈白猪和长白猪杂交,所得反交一代杂种,育肥期平均日增重分别为 642 克和 555 克。大约克夏公猪与长×民(长白猪与民猪杂交)杂种母猪杂交,苏白公猪配长×民(长白猪与民猪杂交)杂种母猪杂交,其杂种猪育肥期平均日增重分别为 634 克和 660 克。

5. 金 华 猪

(1)产地与分布　金华猪产于浙江省金华地区,是我国优良的品种之一。主要分布在东阳市、浦江县、义乌市、永康县和金华市。

(2)体型特征　体型中等偏小。耳中等大,下垂。背微凹,腹大微下垂,臀较倾斜。四肢细短,蹄坚实呈玉色。毛色以中间白、两头黑为特征,即头颈和臀尾部为黑皮黑毛,体躯中间为白皮白毛。金华猪头形可分寿字头、老鼠头和中间型3种。成年公猪平均体重112千克,体长127厘米;成年母猪平均体重97千克,体长122厘米。金华猪具有繁殖力高、皮薄骨细、肉质好、适用腌制优质火腿等特点。

(3)生产性能　在每千克配合饲料含消化能12.56兆焦、粗蛋白质14%和精、青饲料比例1∶1的营养条件下,金华猪从体重17～76千克阶段,平均饲养期127天,日增重464克左右,每千克增重耗消化能51.41兆焦,可消化粗蛋白质425克。体重67千克屠宰,平均屠宰率72%,胴体瘦肉率43%。金华猪具有性情温驯、母性好、性成熟早和窝产仔多等优良特性。公猪100日龄时已能采得精液,其质量已近似成年公猪。母猪110日龄、体重28千克时开始排卵。初产母猪平均窝产仔数10.5头,平均窝产活仔数10.2头,3胎以上母猪平均窝产仔数13.8头,平均窝产活仔数13.4头。

(4)杂交利用　长白猪与金华猪杂交一代杂种猪体重13～75千克阶段,平均日增重362克,胴体瘦肉率约51%。用长白猪作第二父本,与约×金(约克夏公猪配金华母猪)杂种母猪杂交,其三品种杂种猪在中等营养条件下饲养,体重18～75千克阶段,平均日增重381克,胴体瘦肉率约58%。

6. 宁乡猪

(1)产地和分布　宁乡猪产于湖南省宁乡县,现分布于湖南全省,外省也有引进。

(2)体型特征　宁乡猪分为狮子头、福字头和阉鸡头3种类型。头中等大小,额部有形状和深浅不一的横行皱纹。耳较小且下垂,颈粗短。背多凹陷,腹大下垂,斜臀。四肢粗短,多卧系。尾尖、尾帚扁平。被毛短而稀，毛色为黑白花，分为“乌云盖雪”、“大黑花”和“小黑花”3种。成年公猪体重113千克左右，成年母猪体重93千克左右。宁乡猪具有早熟易肥、脂肪沉积能力强和性情温驯等特点。

(3)生产性能　宁乡猪沉积脂肪能力较强，按“南方生长育肥猪饲养标准”饲养，体重在22～96千克阶段，日增重587克，每千克增重耗消化能51.5兆焦。体重37千克以前，增重较慢；37～75千克时，增重最快，饲料转化率较高；75千克以后，增重速度下降，胴体脂肪增多。体重在90千克左右屠宰，屠宰率75%，花板油占胴体重10.6%，胴体瘦肉率25%左右。宁乡猪性成熟较早，公猪3月龄左右性成熟，5～6月龄、体重30～35千克时开始配种。母猪4月龄左右性成熟，6月龄左右开始配种。成年公猪体重150千克左右，母猪体重125千克左右，母猪发情征候明显，发情周期19～23天，妊娠期平均113天。初产母猪窝产仔数8头左右，经产母猪窝产仔数10头左右。

(4)杂交利用　以中型约克夏猪为父本、宁乡猪为母本，或以宁乡猪为父本、北京黑猪为母本进行杂交，均能获得较好的效果。长×宁猪、约×宁猪一代杂种猪体重20～85千克阶段，平均日增重分别为434克和438克，胴体瘦肉率为45%～50%。

7. 内江猪

(1)产地与分布　产于四川省的内江地区。主要分布在内江、资中、简阳等市、县。

(2)体型特征　体型较大，体质疏松，头大嘴短；额面横纹深陷成沟，额皮中部隆起成块。耳中等大，下垂。体躯宽深，背腰微凹，腹大，四肢较粗壮。皮厚，全身被毛黑色，鬃毛粗长。成年公猪体重约169千克，成年母猪体重约155千克。内江猪反应迟钝，有良好的适应性。

(3)生产性能　在中等营养水平下，饲养期193天，日增重

404克左右。体重90千克屠宰，屠宰率67%，胴体瘦肉率为37%。公猪一般5～8月龄初次配种，母猪6～8月龄初次配种。母猪发情周期平均21天，持续期3～6天。初产母猪平均窝产仔数9.5头，3胎以上母猪平均窝产仔数10.5头。

(4)杂交利用　用内江公猪与山西太谷本地母猪杂交，在中等饲养水平下，杂种猪的日增重比太谷本地猪提高39.7%。用内江猪与北京黑猪杂交，杂种猪体重22～75千克阶段，日增重550～600克，每千克增重消耗配合饲料2.99～3.45千克。用长白猪作父本与内江猪杂交，一代杂种猪每千克增重消耗配合饲料比双亲平均值低6.7%～8.1%，胴体瘦肉率为45%～50%。

(四)专门化品系

专门化品系是选择某些优点突出的品系作为父系、母系，进行定向繁育，使其能够繁育出杂种优势明显，遗传性能稳定，以适应国内外市场需要的杂优猪。以下品系主要以瘦肉型为主，多适于现代大型及条件较好的养猪场饲养。

1. 迪卡品系

(1)产地与分布　迪卡品系是由美国迪卡公司以5个纯种品系为基础，经过30多年对具有特殊遗传性能的品系进行经济杂交选育而成。1991年开始引入我国后，在各地推广效果良好，主要适用于现代化猪场。

(2)体型特征　公猪近似杜洛克猪弓背收腹体型，近似汉普夏猪肩颈结合部白带围绕体型，其他部位为黑色。母猪全身白色，耳中等大稍前倾，面微凹，四肢短粗有力，背长、胸深、腰宽、臀厚，前、后躯发育良好，近似桶形，商品代为白色。

(3)生产性能　该杂交品系在窝产仔、断奶成活率、饲料转化率、生长速度、肉质、瘦肉率及抗病性等方面都具有明显优势，商品猪对扩大出口具有良好的发展前景。

2. 斯格品系

(1)产地与分布　原产于比利时，后用比利时长白猪作父系，德国、丹麦、荷兰和英国长白猪作母系，杂交改良选育而成，是欧盟公认的比较流行的瘦肉型专门化配套品系。20 世纪 80 年代初我国开始从比利时引入祖代猪，目前，河南、湖北、辽宁、广东、北京等不少省市均有饲养。

(2)体型特征　全身白色，嘴短耳大且向前平伸，腹平背直，后躯发育良好，四肢粗短，体躯呈楔形。

(3)生产性能　繁殖力强，平均窝产仔 10 头左右；肥育猪生长速度快，165 日龄体重达 90 千克，平均日增重 700 克以上。饲料报酬高，为 2.85～3：1，胴体瘦肉率达 65%以上，屠宰率 77%左右，肥膘薄，后腿比例大。

(4)缺点　容易发生应激综合征，有时还会出现 PSE 肉(色白、质软、有渗水表现，pH 值<5.9)。

3. 冀合品系

(1)产地与分布　冀合品系是由河北省通过三系(一个专门化父系，两个专门化母系)两级杂交模式进行商品猪生产的瘦肉型专门化品系。目前已遍及我国多个省、市。

(2)体型特征　母系 A 全白色，颜面平直，耳直立，四肢强健，背腰平直或微弓，乳头 7 对；母系 B 全白色，耳前倾，背腰平直，后躯发达，体躯较长，乳头 7～8 对；父系 C 肩部有一圈白带，其他皮毛均为黑色，背腰略弓。父母代(AB、BA)体型特征介于母系(A、B)之间。

(3)生产性能　不同代次、不同品系冀合白猪生产性能不同，商品代猪料肉比为 2.9：1，日增重达 815 克。90 千克体重屠宰率约为 74%，胴体瘦肉率约为 62%。

(4)优缺点　生长快，饲料报酬高，瘦肉多，肉品质好，母猪繁殖力强，适于现代化猪场应用。

4. 光明品系

光明品系是我国深圳光明畜牧合营有限公司于 1990 年开始用杜洛克公猪与斯格母猪杂交选育而成。目前已向国内外提供大量光明品系种猪。该品系性欲好，繁殖力强，窝产仔多，泌乳性能好，适应能力高，生产指标稳定。特别是商品代杂优猪，生长快，日增重和饲料转化率高，90 千克屠宰，屠宰率达 78.6%，胴体瘦肉率达 69%，深受消费者欢迎。

5. 胜利品系

胜利品系是由山东农业大学与胜大总公司通过多个品种（系）杂交，培育出的无应激综合征和灰白松软渗水肉的高产、优质专门化品系。其杂优猪日增重达 860 克，胴体瘦肉率可达 67%，也是我国利用生物工程技术培育出的一个优良瘦肉型专门化品系。

第二章　猪的繁育与配种技术

随着生活水平的不断提高和国内外市场对生猪产品优质、安全标准要求的日益严格，养猪业必将由传统饲养向现代化、良种化、安全性、高效益方向发展。我国近期公布的畜牧业品种规划提出，要开发地方品种，培育畜禽品种(配套系)，从而保证生猪生产按比例协调运转。

生猪繁育的途径包括纯种培育和经济杂交。繁育的方向是追求生长速度快、胴体瘦肉含量多、肉质风味好、安全无公害、饲料报酬高和个体商品量大等生产技术目标。

一、纯种繁育

种猪场在同一品种之间进行的繁殖和选育，称为纯种繁育。它对保持和发展该品种或品系的优良特性，克服不良性状，提高生产性能，维护品种纯度，为杂交提供优良的亲本，都有着不可替代的作用。它是育种和扩群繁殖的基础，其模式如图 2-1。

上海白♂×上海白♀	长白♂×长白♀
L ↓ L	A ↓ A
LL	AA
(上海白纯种猪)	(长白纯种猪)

图 2-1　纯种繁育模式

(一)种猪的选择与搭配

种猪质量是提高猪场生产水平的重要环节，引进种猪时应从具有《种猪生产许可证》、《动物防疫合格证》，无规定疫病，有系谱档案资料的正规种猪场选购。

1. 公猪的选择 应从该纯种猪群中选头大额宽、体躯宽深、背平腿粗、骨骼粗大、行走有力、睾丸大而匀称、性欲旺盛、精液品质良好、体质健壮、抗病力强、后裔品质良好、生长速度快、饲料报酬高、背膘厚、遗传性能稳定的公猪中选取。

2. 母猪的选择 应选择该纯种中体躯深长、四肢健壮、抗病力强、生殖器发育正常、性欲旺盛、发情周期稳定、受胎率高、乳房发育良好、乳头匀称且在7对以上，泌乳量多、窝产仔数多、初生体重大、成活率高、断奶体重大、后裔品质好、遗传性能稳定的母猪作为纯繁的母本。

3. 公、母种猪的搭配 纯种猪的繁育不仅首先应进行公母种猪的个体选择，选好优良的公、母种猪，而且还要搞好公、母种猪双方的搭配工作。也就是说，根据公、母种猪各自的不同特性，对猪的配对也要给以人为的选择组合，不仅使性状好的种猪获得更多的配种机会，产生更多的优良后代，把优良基因充分保存下来，而且通过选配和基因组合，发扬双亲的优点，克服双亲的缺点，使其后代更加优良或向某一特定目标方向发展，培育出更具有新一代特色的猪(种)群。

(二)地方猪种的性能及特点

我国自己培育的地方纯种猪与国外引进的瘦肉型纯种猪在性能上相比具有以下特点：

第一，对当地环境条件适应性强，抗寒、耐热，对疾病的抵抗力强，耐粗饲。

第二，繁殖性能好，性成熟较早，发情明显，受胎率高，窝产仔数多，仔猪成活率高。

第三，肉质鲜嫩，色泽红润，味道好，营养丰富。

第四，胴体内含脂量高，瘦肉率低，生长育肥慢，同种繁育变异性大。

二、经济杂交

经济杂交是指通过不同品种或专门化品系之间的交配，产生一代、二代杂种，最大限度地发挥遗传配合潜力，激发出显著的杂种优势，以达到提高生产水平和经济效益的目的。

(一)品种选择

在进行经济杂交中，根据杂交目标的不同，应选择相关的品种。一般用作父本品种者，以其生长速度、胴体性状表现为主，如可选杜洛克、汉普夏、长白、大约克夏、皮特兰等猪。选取母本品种时，以其生长、繁殖、哺育及抗应激能力为主，如可选取大约克夏、长白、斯格、太湖等品种猪。对现代化养猪场可选用迪卡、光明、斯格、冀白和胜利等瘦肉型专门化配套品系猪生产杂优猪，以适应国内外市场的需要。

(二)杂交条件

1. 杂交亲本的选择和提纯 选择和提纯杂交亲本是杂种优势利用的一个基本条件。杂种优势表现的程度，主要取决于杂交亲本的纯度、亲本相互间配合力、遗传差异等。开展杂种优势利用，最少要有2个亲本进行杂交，要根据当地猪种资源和引入优良品种的情况，进行父、母本的选择。对母本选择时，主要考虑分布广、群体大、适应性强、繁殖率高、泌乳量多、母性好、个体不宜太大、维持饲料消耗少等因素。我国地方品种猪一般具备上述条件，是开展杂交的理想母本。对杂交父本选择时，主要考虑生长速度快、饲料转化率高、瘦肉含量多、胴体品质好。具有这些特性的一般都是高度培育的引进品种，如杜洛克猪、长白猪、大约克夏猪、汉普夏猪等均属此类。

2. 科学的饲养管理 瘦肉型猪及杂种猪对饲养管理条件要求较高，特别是蛋白质饲料。只有满足这些条件后，才能充分表现出杂种优势。因此，要根据各类型猪的不同饲养标准和管理规程进行科学的饲养管理。

3. 杂交方式的选择 杂交时，采用两品种简单杂交、多品种杂交或轮回杂交等，应根据当地的猪种资源、饲养管理水平和产品需要而定。但要特别注意杂交亲本间配合力的测定。目前，我国农村宜采用两品种简单杂交，因为这种杂交方式简单，容易推广，又能大幅度地提高瘦肉产量。如以本地猪作母本，国外引进的瘦肉型品种作父本。在一些具有一定饲养管理水平的猪场或规模养猪户，可采用多品种杂交，如三品种杂交或双杂交，可以利用杂种母猪的杂种优势，使猪的生产水平进一步提高。

(三)杂交方式

在进行品种改良和生产商品瘦肉猪的杂交中，常用的杂交方式有二元杂交、三元杂交、轮回杂交和双杂交等。

1. 二元杂交(两品种固定杂交) 二元杂交是两品种间的杂交，其杂交一代可以用作新的杂交品种或肥育猪。小型养猪场大部分采取这种杂交方式(图 2-2)，其方法简单易行，杂种优势明显。

长白♂×大约克夏♀

A ↓ B

AB

(长大杂交一代)

图 2-2 二元杂交模式

2. 三元杂交(三品种固定杂交) 三元杂交是利用两品种杂交所获得的杂种一代，从中选择优良个体作为母本，再与另外一个品种的公猪(父本)进行杂交,其后代全部作为商品猪肥育(图 2-3)。

长白♂×大约克夏♀

A ↓ B

(杜洛克)C♂×AB♀(长大一代)

↓

CAB

(杜长大杂交二代商品肉猪)

图 2-3 三元杂交模式

这种杂交模式,有利于发挥杂交一代的杂种优势,尤其是能充分发挥繁殖性状的遗传能力。

目前,以此种模式生产的杜长大三元商品猪在国内外市场上最受欢迎。

3. 轮回杂交 轮回杂交是利用 2 个或 3 个品种不断相互轮换作父、母本。每轮杂交的杂种,除少数杂种母猪继续作母本外,其他大部分改作商品肥育猪。这种杂交方式需要饲养 2 个或 3 个品种的公猪,就可使杂种优势保持下去,而且可充分利用杂种母猪的杂种优势,如杜洛克与斯格猪配套品系杂交。但是,当轮回杂交到一定程度时,其杂种后代就不再充分保持其杂种优势(图 2-4)。

A♂×B♀

↓

B♂×AB♀(F_1)

↓

A♂×BAB♀(F_2)

↓

B♂×ABAB♀(F_3)

↓

A♂×BABAB♀(F_4)

↓

ABABAB (F_5)

图 2-4 轮回杂交模式

4. 双杂交(合成品系杂交) 双杂交方式现在养猪发达国家普遍采用,其杂交模式,如图 2-5 所示。双杂交在性状上各自都有独特的优点。父系主要选择生长速度快、饲料转化率高和胴体品质好等性状。母系主要选择窝产仔多、泌乳量高等繁殖性状。通过这种品系间的杂交,就可把各自的优点综合到杂交商品代猪上,从而提高商品猪的经济价值。现在引进的迪卡猪就是通过 5 个专门化品系杂交生产商品代迪卡杂优猪。这种杂交方式将成为现代发展瘦肉猪生产的新趋势。

A♂×B♀C♂×D♀(祖代)

↓　↓

AB♂ × CD♀(父母代)

↓

ABCD (商品代)

图 2-5 双杂交模式

(四) 杂种优势与杂交效果

不同品种或品系之间的杂交后代(杂优猪),大都表现出生命力强、适应性好、生长速度快和饲料报酬高等特点,特别是繁殖力表现更为突出。都有超过亲本品种(系)平均值以上的趋势,这种趋势就叫杂种优势。杂种优势的表现规律有以下几点。

1. 繁殖性状杂种优势最高 杂交后代比纯繁后代产仔多,成活率高,断奶体重大。断奶每窝成活率仔猪数增加 1~1.5 头,断奶窝重提高 30%~40%。

2. 肥育性状的杂种优势中等 杂种猪生长快,饲料转化率高。外国猪种与我国猪种杂交,日增重和饲料转化率大体提高 20%。

3. 胴体性状 在杂交时,胴体性状一般不产生杂种优势,瘦肉率介于两亲本之间,偏向高值亲本,呈中间遗传。

了解杂种优势的一般规律，可以减少生产中的盲目性。比如，在商品猪生产中，可以利用本地猪适应性强、产仔率多和外来猪瘦肉含量高的特点，根据杂种瘦肉率呈中间遗传偏向高值亲本、繁殖性状、肥育性状优势明显的规律，利用当地的基础猪群作母本，用瘦肉型品种作父本，进行一次或两次杂交来提高生产水平，从而达到提到经济效益的目的。

瘦肉型品种与地方品种杂交效果优良。以引进的瘦肉型品种长白、大约克夏、杜洛克和汉普夏等猪为父本，与我国地方品种猪杂交后，杂交猪大多表现为体躯加长，腹部变小，背腰平直，后腿丰满。日增重可达到 500～600 克及以上，杂种优势率可达 8%～25%。胴体瘦肉率较母本提高 2.28%～9.81%。特别是淮南母猪与大约克夏公猪杂交后，杂种一代胴体瘦肉率竟高达 54%以上；宛西八眉母猪与大约克夏公猪杂交后，杂种一代胴体瘦肉率也达 52.8%，效果十分显著。

(五)杂交应注意事项

1. 父、母本的选择要合理　应选择地方良种猪作经济杂交母本，国外引入和我国培育的瘦肉型猪作父本，进行经济杂交。

2. 杂交种猪品种应精简　参与杂交的种猪品种不宜过多，只要能保证杂交效果，两品种杂交能解决的问题，就不要用三品种杂交。

3. 杂交目的要明确　在经济杂交中，不应盲目强调提高猪胴体瘦肉率，要在提高胴体瘦肉率的同时，保持我国种猪繁殖力强、肉质好等特点；并根据当地的饲养条件和管理水平，逐步改善商品猪的结构，稳步地提高瘦肉产量。

4. 杂交种猪血缘要清，性状要好　在血缘不清的杂种猪群开展经济杂交时，要对群体进行调查研究，按体型外貌和生产性能，划分一下类群。保留具有优良性状猪只，淘汰劣杂和退化的猪只，通过选留逐步形成具有专门特征的优良群体。

(六)主要瘦肉型杂优猪生产模型

目前国内外培育的杂优猪种类很多,现就几种主要瘦肉型杂优猪模型及其生产性能指标介绍如下,见表2-1。

2-1　主要瘦肉型猪杂交模型及其生产性能指标表　(供参考)

模型类别	窝产仔数	日增重(克)	料肉比	90千克屠宰率	90千克瘦肉率	主要特点
杜长大	11.2	700	3.1∶1	72%	60%	应用面广、市场占有率高
杜长太	17.3	630	3.15∶1	74%	58%	应用面广、适不同地区、条件
大长北	10.75	625	3.28∶1	74%	59%	适用面广、肉质好
迪　卡	12.1	800	2.8∶1	74%	62%	抗应激,适于现代化猪场
杜　斯	10.2	816	2.92∶1	74%	62%	适规模大的猪场
冀　合	12.0	650	2.9∶1	78%	68%	"猪王"之称、易应激
胜　利	13.2	860	—	—	67%	无应激,适于现代化猪场

三、配种操作技术

配种是生猪生产中的关键环节。掌握公、母猪生殖生理特点,选好种猪是搞好配种工作的重要基础。

(一)公猪的配种年龄

后备公猪开始产生成熟的精子称为性成熟。我国地方猪种3～4月龄、体重25～30千克时就达性成熟,国外引进或培育品种于6～7月龄、体重65～70千克时才达性成熟。

性成熟不等于马上可以用来配种,适宜配种时间为引进品种在9～12月龄,地方猪种在6～8月龄开始,而停止配种年龄一般不超过6～8岁。

(二)母猪的同期发情

为了便于统一管理,同期操作,不少养猪场已采用同期发情技术。即对初产和经产空怀母猪每头肌内注射同期发情激素PG600(孕马血清和人绒毛膜促性腺激素)1头份,3～6天即可发情。这样,不仅可同期发情、配种、分娩、断奶、转舍和出栏,节约人力,提高生产效率,而且还可用作发情周期起动,提高受精率,增加窝产仔数和便于妊娠检查等。

另外,对刚妊娠14～45天的母猪采用肌内注射前列腺素中止妊娠的办法,注射后5～7天就会重新发情,依此来调整发情时间。

(三)母猪发情表现及配种年龄

后备母猪5～8月龄即达性成熟;9～10月龄可达体成熟,此时为开始配种的适宜时期;停止配种年龄为6～8周岁。

母猪发情无季节性,可常年发情。发情周期为21天左右,每次发情持续2～3天,断奶后3～7天即开始发情。母猪发情后24～42小时开始排卵,排卵持续10～12小时。交配过的母猪较未交配猪排卵提前4小时。母猪交配的适宜时间是发情开始后20～40小时,即排卵前2～3小时(静立反应第二天,阴道排出黏液由清变浊)。发情鉴定是提高配种效果的重要技术,母猪发情后表现为兴奋不安，减食跳圈；阴部红肿，流出黏液，频排粪尿；喜欢爬跨或接受公猪爬跨；检查人员用双手按压腰部，则母猪静立不动；用公猪精液、尿液、包皮内积存物或人工合成的雄性激素喷洒，母猪表现静立反应；公、母猪以鼻对鼻的方式亲吻，两耳竖立，四肢僵硬等典型欲交配姿势。

(四)猪的配种及人工授精技术

猪的配种分本交和人工授精两种方式。人工授精是一项得到广泛应用的先进配种技术，具有扩大公猪应用范围、增加配种产仔数量、减少公猪饲养头数、易于精液品质检查、预防通过生殖器官传播疫病等诸多优越性。它是节约养猪成本、提高群体质量水平、实施现代化养猪的重要措施。因此，取消本交，大力推广人工授精技术，使其应用率达到100%，是当今养猪业的重要目标。建立标准化种精站，是解决当下小型养猪场条件差的有效办法。人工授精技术包括采精、精液品质检查、精液稀释、分装、保存、运送及输精等内容。

1. 采精前准备

(1)场地器械准备　采精应在宽敞、平坦、防滑、卫生的固定场所及安静舒适的环境中进行，并配有喷洒消毒和紫外线灭菌装置。采精所用器械如集精杯、输精管、注射器、乳胶手套、储精管、漏斗、过滤纱布等均需进行灭菌消毒。台猪(假母猪)应做成长120厘米，宽30厘米，高50厘米，前高后低，垫以海绵等富有弹性的物品，且外包具有耐磨、易消毒性能的皮革。猪人工授精所需器材用品见表2-2。

表 2-2　猪人工授精器材物品配备表

序号	名称	规格	数量	用途
1	台猪(附防滑垫)	120 厘米×30 厘米×50 厘米	1 台	作公猪爬跨采精器具用
2	赶猪板	100 厘米×60 厘米	1 个	驱赶公猪和预防公猪攻击用
3	器械台	80 厘米×40 厘米×110 厘米	1 台	临时摆放采精器具用
4	恒温干燥箱	4000 瓦	1 台	消毒器械、物品和预热集精杯用
5	冰箱	立式,50 升	1 台	保存精液用
6	天平	100 克	1 台	配制稀释液用
7	热封口机		1 台	分装精液封口用
8	紫外线灯	30 瓦	3 个	室内消毒用
9	水浴锅	恒温、双孔	1 台	等温稀释液与精液用
10	电炉	1 000 瓦	1 台	蒸煮物品用
11	铝或不秀钢锅	直径 35 厘米双层	1 个	蒸煮物品用
12	显微镜	600 倍	1 台	检查精子形态、活力与密度用
13	集精杯	600 毫升,保温	4 个	采精用
14	储精瓶(或精液袋)	30～50 毫升(或一次性)	若干	分装储存精液用
15	量筒	100～500 毫升	5 个	配制稀释液用
16	酒精灯	100 毫升	2 个	烧灼、消毒用
17	温度计	100℃	2 支	测量温度用
18	血球计数板	100～500 毫升	2 套	测量精子数量用
19	精子密度测定仪	医用	1 台	检查精子密度

续表 2-2

序号	名称	规格	数量	用途
20	显微镜恒温板	35℃～40℃	1块	检查精液时用
21	输精管	一次性，60厘米长	2000支	输精用
22	广口保温瓶	1000毫升	5个	保存、运送精液用
23	工作服、胶手套		数套	采精时用
24	烧杯、烧瓶、玻棒		数套	配制稀释液用
25	注射器	30～50毫升	数支	分装、输精用
26	漏斗	玻璃	数个	过滤精液用
27	载玻片、盖玻片	化学纯	若干	镜检精液用
28	蒸馏水、酒精、稀释液、润滑剂等药物		若干	操作用
29	滤纸、纱布等常用物品		若干	操作用
30	超声波诊断仪		1台	妊娠诊断用

(2)公猪调教　公猪7～8月龄、体重85千克左右开始调教，于每日上午8～10时进行。将发情母猪的阴道黏液或尿液涂抹在台猪后躯，引起公猪性欲而爬跨台猪，经几次采精后，即可调教成功；否则，可牵一头发情母猪于台猪旁，激发公猪性欲和爬跨，但不让交配就把公猪拉下来，反复数次，待公猪性冲动至高峰时，迅速赶走母猪，诱导公猪爬跨台猪。也可让待调教公猪观看已调教好的公猪爬跨台猪，数次之后，待调教公猪性冲动时，诱其爬跨台猪。

2. 采精　目前，应用较普遍的是手握法采集。操作时，采精员立于台猪右后侧，将消毒过的右手(或戴乳胶手套)掌心向下握成空拳，当公猪爬跨台猪后，用0.1%高锰酸钾液擦洗包皮及其周围。待阴茎伸出时，采精员将阴茎导入空拳内，握住阴茎前端的螺旋部，将阴茎全部拉至包皮外，松紧适度，以不让滑脱为准，手指有弹性地调节压力，刺激性欲，有节奏地按摩龟头直至射精。左手持带有2～4层过滤纱布保温的集精杯收集精液。最初射出的10毫升精液，因污浊且精子少应弃去，最后射出的多为胶状物影响过滤，故也应少取。第一次射精停止后，也可按上述手法促其二三次射精，直到射完为止。然后，将阴茎送入包皮内，把公猪慢慢拉下台猪。将采集的精液迅速置于30℃恒温水浴或保温瓶中，防止不良温度的刺激。

3. 精液品质检查

(1)外观检查　正常的精液为无臭，略带腥味，乳白色或灰白色，无异物，每次射精量为100～500毫升，pH值为6.8～7.8，超越上述范围者应予淘汰。

(2)显微镜检查　将采集的精液1滴置于载玻片上，复以盖玻片，置于放大200～400倍显微镜下(环境温度保持36℃～38℃，一般放在保温箱内)观察精子形态、密度与活力，以此判断公猪的种用价值、健康状况和精液品质。凡出现畸形精子超过18%、密度低于每毫升1亿个、活力在0.5级以下者不宜使用。

①精子形态　正常精子形似蝌蚪，否则均为畸形。

②精子密度　正常精子密度为每毫升1亿～2亿个。常用估测法在显微镜下观察，根据精子疏密程度，将其分为密、中、疏3级。密，精子间的距离小于1个精子(每毫升约含3亿个)；中，精子间距小于2个精子(每毫升约含2亿个)；疏，精子间距大于2个以上精子(每毫升约含1亿个以下)。使用血细胞计数器检查精子密度较为准确，应用精子密度测定仪更为方便、快捷、准确。

③精子活力　精子活力用呈直线运动精子数占总精子数的百分比来表示。100%者定为1.0，90%者定为0.9，80%者定为0.8，以此类推，共分10级。活力低于0.6者不宜做稀释保存。

检查结束，及时填写种公猪精液品质检验记录表。

4. 精液的稀释与保存

(1)稀释液的配制　稀释液应能为精子的生存提供所需营养、环境,抑制有害微生物的生长繁殖。常用稀释液配制方法如下。

①鲜奶(奶粉)稀释液　将新鲜牛奶或奶粉10倍加水加入氨苯磺胺,充分搅匀,装入烧瓶,于水浴锅中加温至70℃,保持30分钟,冷却后应用。

②BTS稀释液　葡萄糖纯粉37.15克、柠檬酸钠6克、碳酸氢钠1.25克、乙二胺四乙酸钠(EDTA)1.25克、青霉素100万单位、链霉素1克、蒸馏水1 000毫升,搅匀备用。

③EDTA稀释液　葡萄糖纯粉50克、柠檬酸钠3克、乙二胺四乙酸钠1克、青霉素100万单位、链霉素1克、蒸馏水1 000毫升,混匀备用。

(2)稀释方法　稀释精液前,所有与精液接触的器械都应经消毒处理。调整稀释液温度于30℃,使其与精液温度保持一致,用吸管或注射器将稀释液沿瓶壁徐徐溶于精液中。稀释倍数应根据精液品质、授精母猪头数和运输储存情况而定。最大稀释倍数为,密级,活力0.8分以上者稀释2倍;密度为中级,活力0.8分以上或密级,0.6～0.7分者可稀释0.5～1倍;活力小于0.6分者不应保存和稀释,应随采随用。

(3)精液的保存　稀释后的精液应再进行1次活力检查,以检验稀释方法是否正确。当精子活力变化不大时,可根据一个输精量分装于30～40毫升的储精瓶内。装量要满,不留空隙,加盖蜡封保存。于15℃～25℃常温下(或深井中)保存,有效时间为2～3天。如果处0℃～5℃低温条件下,用多种成分稀释液保存,有效保存时间也不得超过5天。

5. 输精　输精是人工授精的关键环节。除了掌握输精时间、输精次数之外,精液品质、输精数量和输精方法也是应熟练掌握的重要内容。

输精前将精液温度调至30℃～35℃，并再次检查精子活力，淘汰活力低于0.5分者。然后，根据活力、密度确定输精量和输精次数：一般输精量为每次20～40毫升，精子数为10亿～30亿个(国外输精量一般加倍)。

输精时，先用0.1％高锰酸钾溶液洗擦母猪外阴部进行消毒，再用温水洗净后，让母猪呈站立姿势。输精者手臂消毒后，持涂有稀释液或润滑剂的输精胶管向斜上方插入阴道内；然后，呈水平方向送入子宫颈，稍有后退，左手持注射器，将精液缓慢注入。如有外溢，待活动输精胶管后再注入，直至输完。抽出胶管，用手按压腰部，以防精液外流。

(五)妊娠检查

早期妊娠检查，不仅可以尽早确定妊娠母猪，进行胚胎保护，而且对未孕母猪及时予以补配，缩短空怀时间，提高生产效率。妊娠检查的方法主要有临床观察和实验室检查两种方法。

1. 临床观察

第一，母猪妊娠后食欲增加，精神倦怠，性情温顺，膘情好转，皮毛光亮，行动谨慎，尾巴下垂，阴门收缩，腹围渐大等妊娠表现。

第二，母猪的发情周期约为21天。配种后21天未见发情者，可推测已经妊娠。若经过50天之后仍不发情者，则可判定母猪已经妊娠。

第三，配种后母猪阴道黏膜变白，黏液浓稠，触摸干涩者多为妊娠。

2. 实验室检查

(1)*尿液检查法*　取配种后24天母猪尿10毫升，于10～20毫升的试管内，加入少许碘酊，文火加热。当尿液近沸点时，观其颜色变化。若试管内颜色由上至下逐渐变红，则说明母猪已经妊娠。

(2)**雌激素检查法** 取配种后30天母猪尿15毫升，放入大试管内，加浓硫酸3毫升，加热至100℃，保持10分钟，冷却至室温；再加入18毫升苯，加塞振荡，分离出雌激素层；加10毫升浓硫酸，再加塞振荡，并加热至80℃，保持25分钟；日光或紫外线灯下观察。若在硫酸层出现荧光，则判为阳性反应。

(3)**超声波检查法** 将液状石蜡或凡士林涂抹在输精后28天母猪倒数第1～2乳头上方无毛的软腹壁处，探头于此对准子宫的方向，前后左右呈扇形探察，听到胎动音、胎心音、宫血音或之一者，即可判定为妊娠。

(六)分娩征兆及接产技术

1. 预产期计算 母猪的妊娠期平均为114天，即3个月3周另3天。预产期的计算方法可参考表2-3。

表2-3 母猪分娩时间推算表

月份 / 序号 / 日期	1	2	3	4	5	6	7	8	9	10	11	12
1	1	32	60	91	121	152	182	213	244	274	305	335
2	2	33	61	92	122	153	183	214	245	275	306	336
3	3	34	62	93	123	154	184	215	246	276	307	337
4	4	35	63	94	124	155	185	216	247	277	308	338
5	5	36	64	95	125	156	186	217	248	278	309	339

续表 2-3

月份 日期　序号	1	2	3	4	5	6	7	8	9	10	11	12
6	6	37	65	96	126	157	187	218	249	279	310	340
7	7	38	66	97	127	158	188	219	250	280	311	341
8	8	39	67	98	128	159	189	220	251	281	312	342
9	9	40	68	99	129	160	190	221	252	282	313	343
10	10	41	69	100	130	161	191	222	253	283	314	344
11	11	42	70	101	131	162	192	223	254	284	315	345
12	12	43	71	102	132	163	193	224	255	285	316	346
13	13	44	72	103	133	164	194	225	256	286	317	347
14	14	45	73	104	134	165	195	226	257	287	318	348

续表 2-3

日期＼月份 序号	1	2	3	4	5	6	7	8	9	10	11	12
15	15	46	74	105	135	166	196	227	258	288	319	349
16	16	47	75	106	136	167	197	228	259	289	320	350
17	17	48	76	107	137	168	198	229	260	290	321	351
18	18	49	77	108	138	169	199	230	261	291	322	352
19	19	50	78	109	139	170	200	231	262	292	323	353
20	20	51	79	110	140	171	201	232	263	293	324	354
21	21	52	80	111	141	172	202	233	264	294	325	355
22	22	53	81	112	142	173	203	234	265	295	326	356
23	23	54	82	113	143	174	204	235	266	296	327	357

续表 2-3

日期 \ 月份 序号	1	2	3	4	5	6	7	8	9	10	11	12
24	24	55	83	114	144	175	205	236	267	297	328	358
25	25	56	84	115	145	176	206	237	268	298	329	359
26	26	57	85	116	146	177	207	238	269	299	330	360
27	27	58	86	117	147	178	208	239	270	300	331	361
28	28	59	87	118	148	179	209	240	271	301	332	362
29	29		88	119	149	180	210	241	272	302	333	363
30	30		89	120	150	181	211	242	273	303	334	364
31	31	90		151		212	243		304		365	

使用说明：

①本表可用于猪的配种、分娩、补饲、断奶、转圈、换料、防疫、出栏等各种常用时间的推算。

②推算方法：查该项已知月日所对应序号加上该项每期的正常天数（如妊娠期 114 天，断奶 28 天，出栏 150 天等）之和（大于 365 天者，应减去 365，跨闰二月者，再

减去1)所对应的月日即为所推算时间。

如推算分娩时间:假设12月25日进行配种,其所对序号359+114(正常妊娠期)=473(序号),473-365(1年天数)=108(序号),该108所对应的4月18日即为预产期。如果所经过的2月为闰月,应再减去1,则序号107所对应的4月17日即可推算为分娩日。

2. 分娩征兆

(1)乳头变化　产前5～7天,乳房发红、充盈、膨胀,两侧乳头向外涨,俗称“乳头炸,仔快下”。前乳头产前24小时可挤出乳汁,中乳头产前12小时可挤出乳汁,后乳头产前3～6小时可挤出乳汁。

(2)臀部变化　母猪临产前,两侧臀部肌肉凹陷,阴门松弛、红肿,有分泌物流出,俗称“塌胯撇丝”。

(3)行为变化　产前6～8小时母猪出现拱圈、衔草、减食和不安现象。如果出现不安起卧、频排粪尿、呼吸急促等则说明即将分娩。

3. 产前准备　母猪在预产期前7天,需将分娩舍彻底打扫,严格消毒,使舍内保持空气清新,温度适宜(18℃～23℃),湿度合理(65%～75%),光线充足。并备好接产消毒用品,如酒精、碘酊、抹布、电灯、备用灯、产仔箱、红外线灯、火炉、剪齿钳、耳号钳、台秤、注射器及有关药品等。

母猪于产仔前7天转入产房,需单圈或单栏喂养,不要随便更换饲养员,保持猪舍安静。产前1天,应对地面、猪栏及母猪后躯、肛门、阴门、乳房周围进行清洗消毒,并安排值班人员日夜监护。

4. 接产技术　临产时,母猪经过一阵不安后,就慢慢安静下来,横卧地上,流出羊水,不断努责,胎儿很快产出。这时要用抹布擦去胎儿口腔、鼻腔和全身黏液。理顺脐带,在距腹部3厘米处把脐带用手掐断,涂抹碘酊消毒。如果继续流血不止,可用拇指、食指捏住断端,直至不流血为止。如产后发现仔猪假死(呼吸停止,心脏仍在跳动),可用人工呼吸法进行急救。方法是将仔猪头朝下，两手分握两肋骨处，一张一合有节奏地挤压，直到仔猪叫出声音为止。

母猪正常产仔时间可延续3～5小时，仔猪全部产出以后，胎衣便在2小时内自动排出。如果胎衣不能及时完全排出者，可肌内注射缩宫素，以促使胎衣排出。若发生难产时，可肌内注射缩宫素2毫升/100千克体重，肌内注射后15～30分钟可产出仔猪。仍不能产出者，可采用手术助产。最后，打扫分娩现场，将胎衣和死胎用塑料袋包裹后深埋或做无害化处理。

产后要观察母猪的健康状况，对产道损伤、乳房炎、产后败血等要及时治疗。产后2天不食属于正常现象，但超过3天不食者，则要给予及时对症处理。

第三章　猪的营养需要与饲料配制

猪是杂食兽，与其他动物一样在生长、发育、繁殖的过程中需要有各种各样营养和含有这些营养的全价配合饲料。

一、猪的营养需要

猪在生存过程中需要的营养物质有蛋白质、碳水化合物、脂肪、矿物质、维生素和水六大部分，缺一不可(图 3-1)。

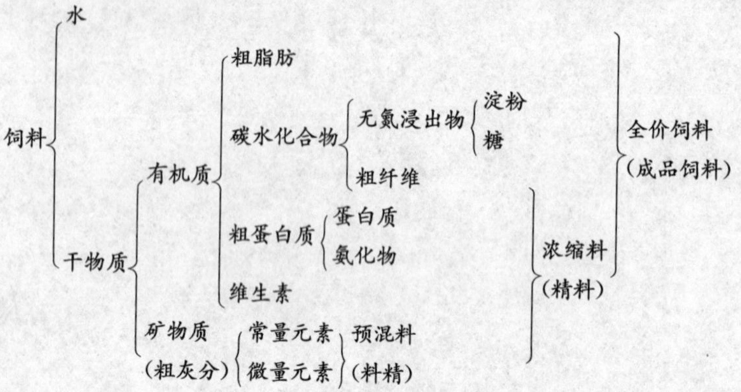

图 3-1　饲料中各种营养成分组成图

(一)蛋 白 质

蛋白质是生命的基础，猪体的多种组织及由此而产生的酶、激素、乳汁、血液、精子、卵子、抗体等都是由其作为主要成分而产生的，并且在机体组织的修补、更替中需要不断得到补充。

蛋白质由 20 多种氨基酸组成。需要从体外得到补充的氨基酸称必需氨基酸。动物性饲料就含有大量的蛋白质和氨基酸，其次作物子实和饼粕中也较多。常用的必需氨基酸有赖氨酸、蛋氨酸、色氨酸、精氨酸和苏氨酸等10种。前3种又为限制性氨基酸。猪缺乏这些营养物质后就会产生食欲减退、被毛粗糙、皮肤发炎、贫血、生长迟滞、精神失常及生殖障碍性疾病等。

(二)碳水化合物

碳水化合物主要包括淀粉、单糖和纤维素，植物性饲料中含量较多。主要作用是为猪的生命活动提供能源和维持正常的体温。碳水化合物消耗剩余部分可转化成脂肪在体内储存起来。粗纤维中含碳水化合物很少，不易消化，但可刺激胃肠黏膜促进分泌和蠕动，日粮中不可多加也不能没有。

(三)脂　肪

脂肪除参与细胞组成外，主要为猪体活动提供能量，且能量值很高，是同量碳水化合物的2.25倍。此外，还有助于脂溶性维生素的吸收利用。缺乏时，可产生脱毛、皮肤粗糙、生长停滞和性功能衰退等。动物性及植物性饲料(如豆类、饼类、米糠)中含量均较多。

(四)矿 物 质

矿物质是构成细胞组织，特别是骨骼和牙齿的主要成分，是维持水盐代谢、体液平衡、心脏的正常活动和凝血的主要因素之一，还是许多酶和激素的关键成分。如果日粮中矿物质含量缺乏或过量都会引起某些病症的发生(表3-1)。根据猪体内含量的多少，分为常量元素和微量元素两大类。

1. 常量元素　其含量占体重的0.01%以上。

(1)钙、磷　钙、磷是骨骼和体组织的重要成分。猪对钙、磷的需要量，因年龄不同而有差异。妊娠母猪、哺乳母猪、仔猪的需求量大。缺乏时易患佝偻病和骨质疏松症。

钙、磷在体内以1～2∶1的比例存在，过多过少或比例失衡都不行。普通饲料均含有钙、磷，但以骨粉、石粉、蛋壳粉、贝壳粉中含量为最多。

(2)钠、氯　钠可调节血液的酸碱度，增强酸的活化，提高食欲，促进碳水化合物吸收。氯是胃酸生成的原料，对维持体液酸碱平衡有重要作用。缺乏钠、氯时，食欲减退，被毛粗乱，有异嗜现象。常用食盐补充钠、氯的不足。但仔猪用量过多时，也会引起食盐中毒等病。

(3)钾、硫、镁　钾、硫、镁也是猪体中不可缺少的常量元素，但一般饲料中均含有，不需专门添加补充。

2. 微量元素　其含量占体重的0.01%以下。

(1)铜、钴　铜与机体多种功能有关。参与红细胞的形成，促进生长，减少疾病发生。缺乏则出现贫血、生长迟滞等。钴是维生素B_{12}的重要组成部分，一般饲料中均含有，但补铜、钴可促进仔猪的生长，补铜应严格掌握不可超量。

(2)铁　铁参与血红蛋白的形成，哺乳仔猪因奶中含量很少，易缺铁，表现为贫血、生长迟滞等，故应及时补铁。

(3)锌　锌为机体多种代谢所必需，饲料中普遍存在，故缺锌症很少。缺锌时，表现脱毛、皮肤粗糙、生长停滞、抗病能力降低等。

(4)硒　硒多为地区性或断奶后缺乏。缺乏时表现为肌肉变性(白肌病)、皮下水肿、肝细胞坏死，母猪产仔数减少、泌乳量降低等。可用铁硒注射液肌内注射作为补充，或内服亚硒酸钠防治。

(5)碘　存在于甲状腺中，缺乏时可致生长迟滞、皮毛发育不良、死胎、弱胎等。海带中含碘较多。

(6)铬　可提高母猪产仔数，促进断奶后及时发情。

表 3-1　猪矿物质元素失衡时的不良表现

元　素	缺乏引起的病症	过量引起的病症	日粮干物质中含量的致毒反应量
钙	骨质疏松症，骨软症，副趾触地，母猪瘫痪	影响消化，扰乱代谢，骨畸形	持续含 1%以上
磷	佝偻病，骨软症	甲状旁腺功能亢进，跛行，骨折	持续含 0.75%以上
镁	痉挛、惊厥、	降低采食量，腹泻	持续含 0.6%以上
钾	生长停滞，痉挛，瘫痪	影响镁的代谢，为镁痉挛的原因	
钠	生长迟滞，被毛粗乱，异食癖	仔猪食盐中毒	含 1%以上
氯	生长慢，神经系统病变，异食癖	仔猪食盐中毒	含 0.6%以上
硫	食欲不振，虚弱		硫酸盐形式的硫含 0.05%以上
铁	仔猪贫血，生长迟滞，腹泻	腹泻，肾功能障碍	
铜	贫血，骨质疏松，后肢瘫痪，生长迟滞，胚胎死亡	红细胞溶解，血红蛋白尿，黄疸	每千克干物质中含 250 毫克以上
钴	仔猪生长迟滞，母猪流产	食欲减退，贫血	10 毫克/千克
硒	白肌病，皮下水肿，肝坏死，产仔数减少，泌乳量降低	慢性：消瘦，贫血，跛行 急性：痉挛，衰竭，眼瞎	10 毫克/千克
锰	生长停滞，骨质疏松，繁殖率低	食欲不振，缺铁性贫血	超过 1000 毫克/千克

续表 3-1

元素	缺乏引起的病症	过量引起的病症	日粮干物质中含量的致毒反应量
锌	生长迟滞，皮肤粗糙，脱毛，睾丸发育不良	影响铁铜吸收而贫血	500毫克/千克以上
碘	甲状腺肥大，生长迟缓，皮毛发育不良，弱胎，死胎		4.8毫克/千克以上
铬	胆固醇或血糖升高，动脉硬化，母猪产仔数减少	致畸，致癌，抑制胎儿生长	
氟	牙齿不良	齿、骨变形，跛行	20毫克/千克以上
钼	生长不良	贫血，骨质疏松，后肢瘫痪，腹泻，消瘦	6毫克/千克以上
硅	骨骼和皮毛发育不良	泌尿系统形成结石	

（节摘自李如治等，2003）

（五）维生素

维生素是一类功能不同的有机化合物，体内含量很少，需要量也不大，但对机体有着十分重要的生理作用。如果缺乏任何一种维生素，都会引起相应的不良表现，见表3-2。

1. 维生素A 为上皮、神经和骨组织正常发育所必需的物质。缺乏时，引起食欲不振、腹泻、流产、夜盲等，甚至造成死亡。鱼肝油、胡萝卜、紫穗槐叶等可补充维生素A的不足。

2. 维生素D 能促进钙、磷吸收，增加其在骨骼中的沉积。维生素D缺乏时易造成佝偻病和骨质疏松症的发生。

3. B族维生素 包括维生素B_1（硫胺素）、维生素B_2（核黄素）、烟酸、维生素B_{12}、胆碱等。体内缺乏B族维生素，会使蛋白质和碳水化合物的代谢发生障碍、食欲不振、生长缓慢、皮炎、感觉神经和心血管系统功能紊乱等。谷类、麸皮、马铃薯、酵母粉、动物性饲料中含量较多。

4. 维生素 E　又名生育酚，可保持猪只的正常生殖功能。公猪或母猪缺乏时，都能造成性欲及性功能衰退等生殖功能障碍性疾病。维生素 E 在谷物胚芽、糠麸中含量较多。

表 3-2　猪维生素缺乏时不良表现

维生素名称	缺乏时不良表现	备　注
维生素 A	干眼症、夜盲；黏膜角化；皮毛干燥，蓬乱；繁殖力下降、不育；胚胎早死，流产；抵抗力降低	
维生素 B_1（硫胺素）	神经紊乱；食欲不振或废绝	
维生素 B_2（核黄素）	食欲减退；腹泻	
维生素 B_3（泛酸）	皮肤和黏膜发炎；肠道和呼吸道疾病；生殖功能紊乱；呈高阔步步态；胚胎死亡率高	幼猪和种猪多见
维生素 B_4（胆碱）	肝脂肪变性；后腿叉开站立，运动失调，呈犬坐姿势；骨关节畸形	幼猪和种猪多见
维生素 B_6（吡哆醇）	皮毛焦燥，皮炎；神经系统病变；心、肝受损；繁殖能力降低	
维生素 B_{11}（叶酸）	血象紊乱，贫血；繁殖能力降低，胚胎死亡率高；骨短粗	幼猪和种猪多见
维生素 B_{12}（氰钴素）	糙皮病，皮炎，贫血；胚胎死亡率增高；饲料转化率降低	
维生素 C（抗坏血酸）	易患传染病；黏膜自发性出血	在特定情况下需要补充
维生素 D	钙、磷代谢紊乱，骨质钙化停止（佝偻病、骨软症），骨关节变形，易发生骨折；牙齿发育不良	

续表 3-2

维生素名称	缺乏时不良表现	备　注
维生素 E（生育酚）	心肌和骨骼肌变性；突发性心力衰竭，桑葚状心脏病变；胰脏萎缩；妊娠后期胎儿死亡，生育、繁殖受损；运动失调；渗出性素质，肝坏死	与硒和含硫氨基酸缺乏有关
维生素 K_3	凝血时间延长，出血不止	
生物素	生殖功能紊乱；蹄周围发生皮炎，蹄裂	幼小动物敏感

（六）水

水是组成体液的重要成分，猪体内水分占 55%～65%。只有在水的作用下，细胞的新陈代谢才得以正常进行。水是多种营养物质的最佳溶剂和运输媒体。水在维持血液循环、排泄废物、调节体温和渗透压中至关重要。饮水不足，可引起食欲减退、代谢失调、被毛粗乱、心功能衰竭，甚至造成低血溶性休克，很快死亡。任何时候，必须保证清洁充足的给水量，尤其是夏暑炎热天气更应加倍。平时每千克体重每日供水量应达到 50～80 毫升。

二、饲料的类型及营养含量

（一）饲料的类型

饲料的类型很多。按其组成情况可分为单一饲料、混合饲料和配合饲料；按其形态可分为颗粒饲料、粉状饲料和液态饲料；按其营养类型可分为蛋白质饲料、能量饲料、矿物质饲料和维生素类饲料等。现就养猪中最常用的配合饲料和其他几种常见饲料分别介绍如下。

1. 配合饲料　也称全价配合饲料。是根据猪只不同种类、不同生长阶段对营养物质的不同需要，将多种饲料按规定比例，科学加工配制而成。

应用配合饲料具有保证各类猪只营养需要，提高料肉比，减少疾病发生，促进生长，提高肉品质量，充分利用当地饲料资源，减少饲料浪费等特点。配合饲料根据其营养成分和生产阶段的不同又可分为预混饲料（饲料添加剂）、浓缩饲料和全价配合饲料 3 个类型。

(1)预混饲料（饲料添加剂、料精）　多由全价饲料中的矿物质、维生素、氨基酸及其他必要的微量物质组合而成。由于其在配合饲料中所占比例很小（占 1%～6%），且在大批量的配合饲料中不易混合均匀，所以一般只供饲料厂和有条件的大猪场配制浓缩饲料时应用。

(2)浓缩饲料（精料）　由预混饲料与蛋白质饲料（鱼粉、血粉、饼粕等）按比例共同混合加工配制而成。浓缩饲料含蛋白质高（占 30%～45%），所以，养猪户也不能直接用来作饲料喂猪，只能供饲料厂或养猪场（户）用来配制全价饲料。

(3)全价饲料（成品饲料）　由浓缩饲料与能量饲料（麦麸、玉米、麦谷等）按（1∶3～2∶3）比例共同混合加工配制而成。全价饲料根据猪的生长阶段不同，又分为哺乳仔猪料（多为全价颗粒料）、小猪料、中猪料和大猪料（含公猪料、母猪料）。

2. 动物性饲料　鱼粉、血粉、肉粉、骨粉、蚕蛹粉、蚯蚓等，含有丰富的优质蛋白、多种氨基酸、脂肪及钠、磷、钙等矿物质。喂饲后，对猪只的生长发育、配种繁殖、生产性能的提高，均有显著的功效。

3. 矿物质饲料　骨粉、石粉、蛋壳粉、贝壳粉等因含有大量的钙、磷，对猪只的生长和骨骼的发育起着重要作用。补充氯化钠，对促进水盐代谢、调节酸碱平衡等有不可缺少的作用。

4. 精饲料　粗纤维少、营养价值高，包括子实类及其加工副产品，如大麦、玉米、豆类、糠、麸、饼、渣等。

5. 粗饲料 主要包括干草、秸秆和糠秕等。此类饲料营养含量很少，一般不作猪饲料，有时粉碎后仅作体积不足时填充用。

6. 青绿饲料 凡可以作为饲料用来喂猪的青草、青菜、嫩树叶、水生植物等统称为青绿饲料。该类饲料来源广、产量高、成本低、营养丰富、适口性强、易消化、猪喜爱吃。常见的有红薯秧、水浮莲、聚合草、苜蓿、青玉米秸等。有时也可制成青贮饲料，青贮后喂猪。常喂青饲料可基本满足猪对维生素的需要。

7. 多汁饲料 指块根、块茎及瓜类等含水分多，含粗纤维少，含钾较多，含钙、磷、钠较少的一类饲料，统称为多汁饲料。如胡萝卜、红薯、马铃薯、南瓜等。

8. 添加剂类 添加剂是饲料的重要组成部分之一，对促进猪的生长发育、提高饲料转化率、改善肉品质量、预防疾病发生等具有重要作用。一般可分为：

(1)营养性添加剂(可参与组合饲料添加剂)

①维生素 维生素A、维生素D、维生素E、维生素K_3、B族维生素及生物素、胆碱等，对集约化或规模化养猪，作用十分重要，日粮中必须添加。

②微量元素 补充微量元素对猪的生长发育和饲料利用率有明显的促进作用，但应注意搅拌均匀。麦饭石主要含有二氧化硅和氧化铝，其他成分有铁、铜、钴、碘、铬、钼、锰、锌、硒等，饲喂后可提高增重约10%，提高饲料转化率达15%之多。

③氨基酸 饲料中缺乏某些氨基酸，则影响猪只的生长发育及生产性能，甚至危及生命，因此不可忽视。目前，生产人工合成的蛋氨酸和赖氨酸，按0.1%～0.2%加入饲料中拌句饲喂后，猪的长势和生产性能明显提高。

(2)药物性添加剂 由抗生素、磺胺类、驱虫类、中草药等兽药加入预混物制成，添加于饲料中用于防治疾病，如土霉素、磺胺二甲基嘧啶、伊维菌素等。新产品需经农业部审批。兽用原料药不得直接加入饲料中使用,但制成预混剂后方可加入饲料中使用。

(3)其他类型添加剂(也可参与组成饲料添加剂)　包括微生物制剂、酶制剂、酸化剂、防腐剂、调味剂等。如促菌生、胃蛋白酶、六味酸、喹乙醇、潮霉素 B、越霉素 A、丙酸钠及羟乙基喹啉等,对促进猪只生长、提高饲料转化率等有显著效果。

(4)常用饲料添加剂之间配伍关系

①矿物质间的相互配伍关系　钙与磷相互制约,在配合饲料中比例为 1.5～2∶1 才能发挥应有的作用。缺少一方或比例失衡对猪的生长都不利。

钙与镁相互制约。镁有阻碍畜体内的钙化作用,食入镁过多,可影响钙的吸收和沉淀。若钙过多,会增加尿中镁的排泄量。钙用量过多会降低铁、锰、铜、钾的吸收,因而添加这些物质时,不要过多添加含钙的石粉、贝粉、骨粉等。

钙与锌有拮抗作用。猪饲料中含钙过多引起锌的不足,易使生长猪出现不全角化症,又称粗皮症。

硫与钙有拮抗作用。猪饲料中含硫过多,易引起钙的流失。

铁和铜有协同作用。二者都是血红蛋白合成和红细胞成熟所必需的元素,配合使用,可防治贫血。

铜、钼、硫之间有拮抗作用。硫和铜、钼结合会影响铜的吸收,增加铜从体内的排出量。

铜和锌有拮抗作用。猪日粮中锌过量会导致贫血,铜不足可引起锌过量中毒。含锌高的饲料中补加锌能使肝脏中的含铜量降低。

②维生素间的相互配伍关系　维生素 E 和维生素 A、维生素 D 有协同作用。维生素 E 能促进维生素 A、维生素 D 的吸收以及维生素 A 在家畜肝脏中的储存,并保护其免遭氧化。同时,维生素 E 对胡萝卜素转化为维生素 A 亦具有促进作用。

维生素 B_1 和维生素 B_2 之间有协同作用。二者配合可促进体内糖和脂肪代谢。

维生素 B_1、维生素 B_2、维生素 B_3、维生素 B_4、维生素 B_{12} 与维生素 B_5 具有协同作用。

维生素 B_{12} 和维生素 B_3、维生素 B_6、维生素 B_{11}、胆碱之间的关系，饲料中维生素 B_{12} 不足，将提高维生素 B_3 的需要量。维生素 B_3 不足，加重维生素 B_{12} 缺乏症的症状。维生素 B_{11} 和维生素 B_{12} 有协同作用，能促进维生素 B_{11} 转化为活性形式。维生素 B_{12} 能促进胆碱的合成。维生素 B_6 不足可影响维生素 B_{12} 的吸收，提高维生素 B_{12} 从粪中的排出量。

维生素 C 和其他维生素的关系，维生素 C 能减轻因维生素 A、维生素 E、维生素 B_1、维生素 B_2、维生素 B_{12} 及维生素 B_3 不足出现的症状，增加维生素 B_1 在体内的储存量。维生素 A、维生素 E 不足能影响体内维生素 C 的合成。

胆碱和维生素 C、维生素 B_1、维生素 B_2、维生素 K、维生素 B_3 的关系，胆碱碱性较强，可使维生素 C、维生素 B_1、维生素 B_2、维生素 B_3 和维生素 K 破坏失效。

③矿物质与维生素之间的配伍关系　微量元素铁、碘、铜、锰、锌等化合物，可使维生素 A、维生素 B_1、维生素 B_6、维生素 B_{11}、维生素 K_3 的效用降低；含铁的添加剂可加快维生素 A、维生素 D、维生素 E 等的氧化破坏过程。

微量元素硒和维生素 E，二者具有类似作用。在一定条件下，维生素 E 可代替一部分硒，而硒代替不了维生素 E。

钙、磷和维生素 D 的关系，维生素 D 能影响钙、磷的吸收。维生素 D 不足，即使有充足的钙、磷，也得不到很好的利用。

锰和维生素 B_5（烟酸）之间具有协同作用。饲料中缺锰时，维生素 B_5 不易被利用。饲料中补锰时，应含有足量的维生素 B_5 才能有效。

铜和维生素C一般不同时应用，只有在日粮中铜过量时，补饲维生素C能消除过量铜造成的不良影响。维生素C能促进肠道内铁的吸收，提高血铁含量。

④抗生素与其他添加剂之间的配伍关系 饲料中添加铜，可提高抗生素的作用效果。

抗生素对助消化类的食母生、乳酶生等具有抑制作用。

家畜饲料中各种营养物质之间相互影响，关系复杂，应该同时考虑各种营养物质在体内消化过程中的相互关系。下面就常用饲料添加剂之间的相互配伍关系绘图说明(图3-2)。

(二)猪常用饲料的营养含量

猪生长过程中约需要30多种营养物质，广泛分布于多种饲料中。现就常用饲料中几种主要营养物质的成分含量列表说明，以便配制全价饲料时参考应用，见表3-3。

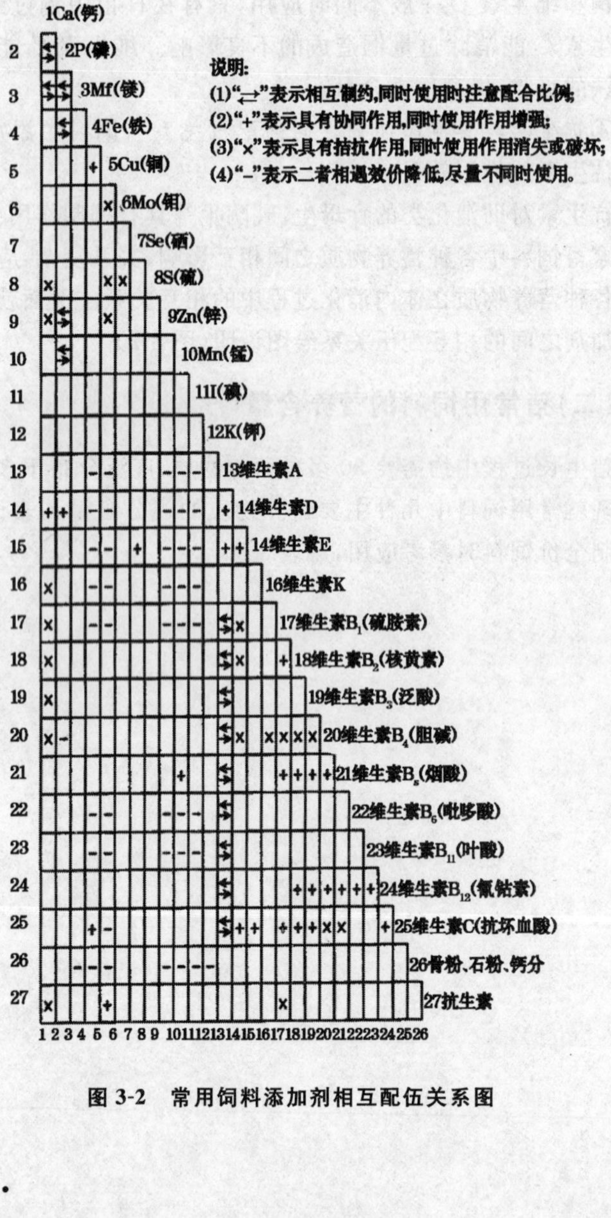

图 3-2 常用饲料添加剂相互配伍关系图

表 3-3　猪常用饲料营养成分含量表

饲料名称	干物质(%)	消化能(兆焦/千克)	粗蛋白质(%)	粗纤维(%)	蛋氨酸(%)	赖氨酸(%)	胱氨酸(%)	植酸磷(%)	钙(%)	磷(%)	铁(毫克/千克)	铜(毫克/千克)	硒(毫克/千克)	锰(毫克/千克)	锌(毫克/千克)
玉　米	86	14.39	8.9	1.9	0.15	0.24	0.14	0.15	0.02	0.27	51	1.8	0.03	6.5	19.1
小　麦	87	14.18	13.9	1.9	0.25	0.30	0.24	0.19	0.17	0.41	88	7.9	0.05	45.9	29.7
大　麦	87	12.64	11.0	4.8	0.18	0.42	0.18	0.16	0.09	0.33	87	5.6	0.06	17.5	23.6
高　粱	86	13.18	9.0	1.4	0.17	0.18	0.12	0.19	0.13	0.36	87	7.6	0.04	17.1	20.1
稻　谷	86	12.09	7.8	8.2	0.19	0.29	0.16	0.16	0.03	0.36	40	3.5	0.04	20.0	8.0
大　豆	87	16.95	35.1	4.4	0.49	2.47	0.55	0.18	0.27	0.48	111	18.1	0.06	21.5	40.7
大豆饼	87	13.51	40.9	4.7	0.59	2.38	0.61	0.25	0.30	0.49	187	19.8	0.04	32.0	13.4
大豆粕	87	13.18	43.0	5.1	0.64	2.45	0.66	0.30	0.32	0.61	181	23.5	0.06	27.4	15.4
棉籽饼	88	9.92	40.5	9.7	0.46	1.56	0.8	0.55	0.21	0.83	266	11.6	0.11	17.8	44.9
棉籽粕	88	9.46	42.5	10.1	0.45	1.59	0.82	0.64	0.24	0.97	263	14.0	0.15	18.7	55.5
菜籽饼	88	12.05	34.3	11.6	0.58	1.28	0.79	0.63	0.62	0.96	687	7.2	0.29	78.1	59.2
菜籽粕	88	10.59	38.6	11.8	0.63	1.30	0.87	0.65	0.65	1.07	653	7.1	0.16	82.2	67.5
花生仁饼	88	12.89	44.7	5.9	0.39	1.32	0.38	0.22	0.25	0.53	347	23.7	0.06	36.7	52.5
花生仁粕	88	12.43	47.8	6.2	0.41	1.40	0.40	0.23	0.27	0.56	368	25.1	0.06	38.9	55.7
小麦麸皮	87	9.37	15.7	8.9	0.13	0.58	0.26	0.68	0.11	0.92	170	13.8	0.07	104.3	96.5
米　糠	87	12.64	12.8	5.70	0.25	0.74	0.19	1.33	0.07	1.43	304	7.1	0.09	175.9	50.3
甘薯干	87	11.80	4.0	2.80	0.06	0.16	0.08	—	0.19	0.02	107	6.1	0.07	10.0	9.0
甘薯叶粉	87	4.98	16.7	12.60	0.17	0.61	0.29	—	1.41	0.28	35	9.8	0.20	89.6	26.8
苜蓿草粉	87	6.95	19.1	22.70	0.21	0.82	0.22	—	1.40	0.51	372	9.1	0.46	30.7	17.1
槐树叶粉	89.1	10.00	17.8	11.10	—	0.78	—	0.00	1.91	0.17	—	—	—	—	—
进口鱼粉	88	12.47	62.8	1.00	1.84	4.9	0.58	0.00	3.87	2.76	219	8.9	1.93	9.0	96.7
国产鱼粉	88	13.05	52.5	0.40	0.62	3.41	0.38	0.00	5.74	3.12	670	17.9	1.77	27.0	123
皮革粉	88	11.51	77.6	1.70	0.80	2.27	0.16	0.00	4.4	0.15	131	11.1	—	25.2	89.8
羽毛粉	88	11.59	77.9	0.70	0.59	0.89	2.93	0.00	0.2	0.68	1 230	6.8	0.80	8.8	53.8
血　粉	88	11.42	83.3	0.00	0.77	6.37	0.98	0.00	0.29	0.31	2 800	8.0	0.70	2.3	14.0
麦芽根	89.7	9.67	28.3	12.5	0.37	1.30	0.26	—	0.22	0.73	198	5.3	—	67.8	42.4
骨　粉									30.12	13.46					
石　粉									35.0	0.00					

三、猪的饲养标准和饲料配合

(一)饲养标准

根据猪只的类型和生长发育阶段,对其所需的每种营养物质,通过研究、验证,找出了一个最佳数据,这个数据即为该类猪的饲养标准。根据饲养标准,可制定各类猪只在不同生长阶段的日粮配合,合理利用,对降低饲养成本、提高养猪效益具有重要作用。目前,世界各国都根据当地实际情况制定了本国猪的饲养标准。我国猪的饲养标准(2004)见附录一。

(二)饲料配合

1. 饲料配合的意义 饲料原料种类很多,每一种饲料原料所含养分也不尽相同。根据猪的饲养标准,把几种饲料原料按一定数量比例配合在一起,使其符合该类猪每日所需营养数量要求,此即为饲料配合。这样,可起到营养互补,平衡协调,保证猪只得到最适数量的营养物质。做到既不缺乏某种营养,又不浪费某一饲料,合理配制,科学喂养。

2. 饲料的加工与调制

(1)加工调制的目的 提高饲料的适口性,使猪能吃、爱吃;提高饲料的转化率,使其好消化、易吸收;增强饲料的营养价值;去除饲料中的毒素;防霉变,易保存,减少营养物质的损失。

(2)加工调制的方法

①粉碎 为了便于储存、调制和采食,所有青嫩多汁饲料、干粗饲料和子实类饲料都需要进行粉碎或打浆处理。一般以1～4毫米筛孔通过为宜。如干薯秧、干青草、玉米、豆子等给予粉碎,嫩青草、鲜薯秧、土豆等须粉碎或打浆处理。

②浸泡　有些饲料浸泡后发生膨胀、软化，便于采食、咀嚼、消化和吸收；有些饲料浸泡后去除异味，猪易接受；还有些含毒饲料，经水或药液浸泡后，能够去除毒性，防止发生饲料中毒，如饼粕、豆谷等。

③风干　饲料含水多则易霉变，故应进行风干，去除水分，防止发霉变质，便于保存。必要时，适当加入某些防腐剂，如丙酸钙、卵磷脂等也有利于饲料的保存。

④拌匀　在调制过程中，要注意各种饲料的混合应当均匀，避免某一成分过分集中。特别是在补充各种添加剂的时候，由于量少，更要搅拌均匀；否则，就会降低其效用，甚至会产生个别中毒等不良后果。

开始调配之前，先把各种粉碎好的饲料按照配方规定的比例准备好，把那些用量较少的原料进行初步的混合。待其中各种成分混匀之后，再与比例大的那些饲料进行充分混合。小批量调配时，可直接用铁铲将原料搅拌翻动，直到将各种成分充分地混合均匀为止；若大批量调配时，可借助专门的机械搅拌混匀。

⑤青贮　把青嫩多汁含糖较多的饲料进行有效贮存，可以减少营养丢失，延长饲喂青饲料时间，增加适口性，提高消化吸收率。所有的青绿和多汁饲料，如玉米秸、红薯秧、青草、水生植物及块根、块茎类饲料，均可用于青贮。青贮方法大致分为池贮、袋贮和堆贮 3 种。

池贮：在室内外水泥池中装入切碎压实的青绿饲料，表层用塑料薄膜覆盖，边缘和上面用 60 厘米厚的泥土压实密封，以防漏气。如果无水泥池者，也可在地势高燥、土质坚实的地方挖土池代替。池子大小依贮量多少而定，但深度应保持在 1～1.5 米，距地下水位 0.5 米以上。池子应光滑、坚固、不透气、不渗水。

袋(缸)贮：将青饲料切碎后，分层装入厚 0.2 毫米的塑料袋(或缸)内，压实不留空隙。袋口处由于向上收拢，最好将袋口捆扎数道，严防透气和鼠咬。

堆贮：在高燥倾斜处，铲去表层地面，铺上 30 厘米厚垫草，然后将切碎的青贮原料逐层堆积压实，最后覆以塑料薄膜。表层和周边再用 70 厘米厚的湿土覆盖密封即可，以防止透气、渗水、鼠咬等。青贮 50 天后，即可在一端打开 1 个小口，取出使用，取后立即将口封严。

3. 配制饲料时原料选择 配制饲料时，应按照饲养标准要求，选择营养丰富、清洁卫生、品种多样、适口性强、价格便宜、取材方便、资源充足、无毒无害、体积适当的饲料作原料，进行配制。主要饲料原料的选购，一是原料营养价值应符合规定指标；二是质量必须达到无毒、无害、无霉变的标准。现对主要原料的质量要求介绍如下。

（1）玉米 主要的能量饲料，一般含消化能 14.27 兆焦/千克，眼观籽粒饱满、整齐、金黄鲜亮、无异味及霉变。含水量在 14%以下，含蛋白质 8%以上。杂质小于 1%，不规整粒小于 5%。胚芽不发黑，黄曲霉毒素含量小于 20 微克/千克。由于玉米中缺乏赖氨酸，因此配制日粮时应予添加等量的赖氨酸。粉碎后易变质发苦，夏季宜在 10 日内喂完。饲喂霉玉米易造成性欲降低、发情减少、流产等不良反应。

（2）小麦 能量与玉米相似，蛋白质含量、品质和适口性较玉米为好。但由于生物素含量较低，赖氨酸含量缺乏。所以，配制时应注意补充。同时，还应添加植酸酶和戊聚糖酶，以控制小麦中的抗营养因子，提高饲料的消化吸收率。喂量不应超过 30%，否则易致腹泻。粉碎时，粉粒不宜过细，以免粘口。

（3）糠麸 能量饲料，消化能约 11 兆焦/千克，粗蛋白质含量为 15%，赖氨酸含量为 0.67%，B 族维生素含量丰富，含钙、磷为 1∶8。脂肪含量大于 3%，水分含量小于 12%，黄曲霉素不超过 30 微克/千克。因体积较大，仔猪、生长猪用量应小。有轻泻作用，母猪可增大用量在20%以内。因含植酸磷等抗营养因子较多，故配制饲料时应添加植酸酶。

(4)鱼粉　质优者呈金黄色或黄白色，干燥，粉状，膨松，无结块，无异味，无霉变。水分低于10%，脂肪不超过10%，食盐低于3.5%，富含蛋氨酸、赖氨酸和胱氨酸，以及维生素A、维生素D、维生素B，尤其是维生素B_{12}较多。另外，含钙、磷、锰、铁、碘等。含粗蛋白质60%～65%。具有提高食欲、增重和饲料转化率的作用。一般用量为3%～5%，但应防止霉变、腥臭、含盐过多和掺假现象。由于价格较高，故多用于仔猪和种猪。

(5)大豆饼粕　呈米黄色，无霉变，无异味。含粗蛋白质44%～49%，赖氨酸、色氨酸、维生素B_2、烟酸含量较高。纤维含量低于7%，水分含量不超过12.5%。黄曲霉毒素小于50微克/千克，尿素酶0.05%～0.25%。因乳猪消化功能尚未发育完善，缺乏消化酶分解，因而乳猪料中用量应少，否则常致腹泻发生。用此配料时，常添加植酸酶、胃蛋白酶，以增加蛋白质和磷的消化吸收，减少磷对环境的污染。

(6)菜籽饼粕　含粗蛋白质36%，因含有较多的芥子苷产生毒素，对仔猪的肝脏、肾脏造成损害，或致中毒死亡。故饲料中用量应严格控制，一般在5%～8%。

(7)棉籽饼粕　粗蛋白质含量为41%～44%，代谢能为10.03兆焦/千克。因含有游离棉酚，可使猪中毒或发生隐性病损，故仔猪和种猪不得使用。一般应在脱毒后限量使用，且还应补充赖氨酸和钙的添加。

(8)矿物质、维生素、氨基酸　饲料中矿物质、维生素和氨基酸的选购，应选正规饲料添加剂厂生产的预混合饲料(料精)，这样可节约成本，防止购入伪劣产品。

(9)添加剂类　饲料中除上述供猪生长发育所需的维生素、矿物质、合成氨基酸等预混料中各种营养物质外，还常常添加六味酸、酶制剂、抗氧化剂等以满足猪只健康生长中不同的消化需要。

四、全价配合饲料的生产与应用

随着人们生活水平的提高和国内外市场对食品安全的迫切要求，饲料生产除了满足营养品质的基本需要外，生产无毒、无害、无致病微生物及其毒素的全价配合饲料也是一项极为紧迫的重要任务。为了搞好全价配合饲料的生产，国家已制定了相关法规和标准；除此，大力推行 HACCP(危害分析与关键控制点)管理办法和 ISO 9002 等质量体系认证，对确保全价配合饲料的质量安全，加快我国饲料行业管理与国际标准接轨，都具有十分重要的意义。

(一)全价配合饲料的质量标准

第一，饲料色、气、味正常，适口性好，无结块、霉败、变质现象。

第二，性能稳定、效果确实，对人、畜无毒副作用，对环境无污染。

第三，符合农业部《饲料卫生标准》、《无公害食品生猪饲养允许使用的饲料添加剂品种名录》、《允许在无公害生猪饲料中使用的药物饲料添加剂》及《饲料标签》的有关规定。

(二)全价配合饲料生产的具体要求

第一，质量安全的全价配合饲料生产所用原料应来源于无公害饲料生产基地，原料中应无超量农药、化肥、重金属、抗生素等有毒、有害物质的残留。

第二，所用饲料添加剂应符合农业部《饲料药物添加剂使用规范》及《允许使用的饲料添加剂品种目录》的具体规定。

第三，农业部《禁止在饲料和动物饮用水中使用的药物品种目录》和《食品动物禁用的兽药及其他化合物清单》中规定的违禁药品，如β-兴奋剂类（盐酸克伦特罗等）、性激素类（己烯雌酚等）、镇静剂类（安眠酮等）及氯霉素、呋喃唑酮、玉米赤霉醇等不得应用于肥育猪。

第四，饲料中不得添加兽用原料药物和药物废渣，如抗生素原粉、土霉素渣等。必须添加时，有的原料药需先制成饲料药物添加剂，批准文号用"药添字"后方可加入饲料中。如杆菌肽锌预混剂、土霉素钙预混剂等，长期添加用作促生长和预防疫病。但有些药物制成预混剂（批准文号须用"兽药字"）后，也不得随便长期添加到商品饲料中销售。因这些药物作为防治疾病只能在兽医指导下按一定疗程，短期应用。添加只是作为一种用药途径，如伊维菌素预混剂、复方磺胺嘧啶预混剂等。

第五，严格控制抗生素、磺胺类药物在饲料中的添加。因为该类药有用药量大、需长时间连续用药、易产生抗药性、耐药菌株和残留后危害人、畜健康等特点，滥用这些药物不仅增加成本，疗效不佳，而且后患无穷，公害严重。因此，应严格控制抗生素、磺胺类药品的添加使用。

第六，严格控制重金属的使用。因为高铜、高锌及超标的磷、砷等制剂都会给人、畜造成残留危害，也会给环境带来严重污染。

第七，饲料在生产、加工、运贮过程中，应防止生物及其代谢产物的污染。老鼠、昆虫、寄生虫及其产生的毒素致饲料污染后，不仅使饲料品质降低，而且对人、畜健康造成危害。因此，要防止如埃希氏大肠杆菌、沙门杆菌、李氏杆菌、弯曲杆菌、霉菌及其毒素的污染及危害。

第八，在饲料生产中，为了既保持其原有的正常营养品质，又充分发挥其安全性作用，可于饲料中适当添加天然中草药、六味酸、复合酶、戊聚糖、生物肽、抗氧化剂、有益微生物制剂、生物复合微量元素等无残留、无毒副作用、符合国内外饲料质量标准的安全、高效型的饲料添加剂。

（三）全价配合饲料的配制与应用

目前我国大型饲料厂多以生产预混饲料（1%、4%饲料添加剂）为主，中小饲料厂以生产浓缩饲料和全价饲料为主。目前我国养猪场使用的全价配合饲料多采用由大型饲料厂商生产的预混饲料（添加剂、料精），再加上蛋白质饲料（鱼粉、豆粕等）和能量饲料（麦麸、玉米等），按比例混合配制而成，既实用又经济；而广大中小养猪场、户多采用一般饲料厂商生产的浓缩饲料（料精）再加上能量饲料按比例配制成全价饲料饲喂，这样方法更为简单、易行、方便、实用了。

第四章　生猪肥育技术

一、猪的特点、习性与生长规律

猪在进化发展过程中经历了由野生到人工饲养这样一个漫长的历史阶段,并形成了一些独有的特性。我们要想把猪养好,使它产仔多、生长快、产肉量大、肉质好,就必须首先了解猪的生理特点、生活习性及其对营养物质的消化方式与吸收过程。

(一)主要生理特点

猪是单胃杂食动物,许多种类的饲料都可以吃,有较强的消化吸收能力。

猪的消化系统由消化器官和消化腺两部分构成。消化管是从口腔到肛门的肌性管道,主要包括口腔、咽、食管、胃、肠(十二指肠、空肠、回肠、盲肠、结肠、直肠)和肛门。消化腺是分泌消化液的腺体,主要由唾液腺、胃腺、胰腺、胆囊、肠腺等组成。

猪对饲料的消化方式分为以机械摩擦和胃肠蠕动为主的机械消化和以消化液参与为主的生理消化两种。

猪采食时,唾液腺分泌的唾液与牙齿磨碎的食物经舌头搅拌混合,再由唾液里的淀粉酶将饲料进行初步消化。食物经咽、食管进入胃以后,就接受胃蠕动和胃液的进一步消化。胃内的消化液主要是消化酶和胃酸。消化酶主要有胃蛋白酶、凝乳酶和脂肪酶,用来消化蛋白质和脂肪,但胃液消化脂肪的能力较差。胃酸能活化蛋白酶和促进胰腺、胆汁的分泌,并有一定的杀菌作用。胃主要吸收少量的水和简单的糖。饲料在胃蠕动作用下,与胃液混合形成食糜进入小肠，在肠液、胆汁、胰液等消化液的作用下，饲料中的淀粉、蛋白质和脂肪被分解转化成葡萄糖、氨基酸和脂肪酸等。小肠吸收饲料全部营养的70%～80%。较难消化的饲料（如粗纤维）和水分进入大肠后继续被消化、吸收，其中未被消化吸收的部分残渣成为粪便经肛门排出。

（二）重要生活习性

1. 猪的嗅觉和听觉都很灵敏 猪可以闻出于地下2米深以内的矿物质。平时我们看到猪拱地、啃墙壁、跳圈、吃鸡粪等现象，就是因为饲料中缺乏它所需要的矿物质，而进行自我探求的表现。一旦饲料中满足了对这些物质的需要，就不会出现上述现象。另外，猪的听觉也很灵敏，很小的声音都会引起惊动，产生应激反应。

2. 猪爱干净 基本生活习性是三处定位，即采食在一处，排粪在一处，睡觉在一处。当你买猪填圈时，可以训练让猪把粪便排在一个固定的地方，便于打扫。方法是，事先在漏缝地板上或圈栏后边角落处洒点水，把其他的地方打扫干净，这样，猪进圈后就会找洒水的地方排粪尿，如果没排到指定的位置，就把第一次排的粪便放在指定的位置，只要引导两三次，猪就会定点排粪尿了。

3. 猪有好斗争食的特性 猪一般都是以强欺弱，强猪抢食吃得多，弱猪吃得少，往往造成猪的生长不平衡。从哺乳时就要搞好乳头定位，使仔猪哺乳均匀、生长一致。平时要强弱分群饲养，努力做到个体发育均匀整齐。要特别注意，不能把数量少、身体弱的猪放进数量多、身体强的猪群里。对个别弱小的猪，要注意加强饲养管理。在一圈猪中，如果一头猪生了病，其他猪会群起而攻之。如果各栏剩下的猪要合圈，为避免互相咬斗，须先把猪一同赶到圈外面，让它们一块玩几个小时，互相熟悉后再赶到另外的圈里，这样新合群的猪就不会互相咬斗了。

4. 繁殖率高、生长速度快 猪为多胎动物，母猪一般每胎可产8～12头仔猪。当生长到4～5月龄时，母猪开始发情，公猪有爬跨现象。若发育正常，7～8月龄就可以配种，1年内便可以见到猪仔。仔猪初生重1～1.5千克，在营养充足条件下4～5个月可达80～90千克。

5. 怕热畏寒　猪的汗腺退化，皮下脂肪层较厚，被毛稀少，较一般家畜不耐热也不耐寒，气温过高或过低都会影响猪的生长和发育。尤其大猪更怕热，仔猪更畏寒。

6. 追求良好的福利待遇　猪通人情、知好歹，喜欢好的生活环境条件。对猪应投其所好，善待猪只，禁止虐待打骂。只有这样，猪只才能愉快地健康生长，给主人以优厚的回报。

(三)生长发育规律

猪生长发育的不同阶段，猪体各部位组织的生长率受品种、杂交组合、营养状况、饲养方式的影响较大。瘦肉型猪及其杂交猪在良好的饲养管理条件下构成不同组织的增长规律，见图4-1。

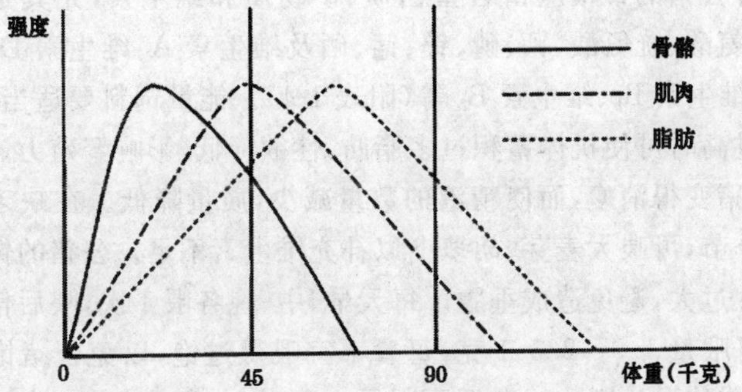

图4-1　猪骨骼、肌肉与脂肪增长规律示意图

从图4-1可以看出，骨骼、肌肉、脂肪的增长沉积是有一定规律的，虽然三者同时并进，但在不同时期、不同生长阶段各有侧重。

骨骼最先发育且最先停止，肌肉居中，脂肪在幼年沉积很少，中期次之，后期沉积加快，大量长膘。这种规律通俗称为“小猪长骨、中猪长肉、大猪长膘”。掌握了这些规律之后，我们就可以根据不同的生产目标，在不同的生长阶段随时调整日粮组成，以确定最佳的出栏时间，达到提高经济效益的目的。

二、种公猪的饲养管理

种公猪是指开始配种起，到失去性功能停止配种的生活阶段。此期间因每头公猪要担负 30～40 头母猪的配种任务，消耗大量的精力和营养，其体质的好坏又直接关系到几百头甚至几万头仔猪体况的优劣和生产效能的高低。因此，必须加强对种公猪的饲养和管理工作。

(一)优选饲料，保障需要

种公猪的日粮应富含蛋白质、矿物质和维生素，尤其是赖氨酸、蛋氨酸、胱氨酸、钙、磷、锌、锰、硒及维生素 A、维生素 D、维生素 E、维生素 B_1、维生素 B_2 等(附表 1-4)。能量饲料要适当应用，因为过高时可使机体蓄积过多脂肪，性欲降低，影响繁殖力。过低时，公猪变得消瘦，而使精液的数量减少，质量降低。在缺乏青绿饲料季节，可喂大麦芽、胡萝卜以补充维生素不足。公猪的饲喂体积不宜过大，避免造成垂腹。每天早、中、晚各喂 1 次，喂后任其饮水。日喂量 1.9～2.5 千克，每餐不宜喂得过饱，以免公猪饱食贪睡，造成体况过肥。饲喂后不得马上配种，一般应于早、晚饲前进行。日粮应随猪体肥瘦和配种强度而调整。配种季节可适当补加动物性饲料(如鲜蛋等)，使蛋白质饲料保持在 17%以上，以保障和提高精液品质，但休闲期也不能放松其营养供应。

(二)改善环境,坚持运动

种公猪圈舍及运动场应距母猪圈远一些,避免闻到母猪的气味或听到母猪的叫声。种公猪应实行单圈喂养,且圈栏要高而坚固,防止跳出圈爬跨母猪或造成自淫。有自淫恶癖者,应适当加大运动量。圈舍要勤打扫,保持清洁、干燥和通风。每日应定时刷拭公猪。种公猪的最适舍温为 18℃～21℃,夏季舍温超过 25℃时,应全天开窗,做好防暑降温工作,每天洗澡 1～2 次,保持猪体清洁卫生,凉爽。冬寒时,注意关闭门窗,防寒保暖。中午应开窗通风,促使有害气体排出。要适当进行运动,增强体质,提高繁殖能力,防止脂肪蓄积。公猪运动场要大,以便让其自由活动或进行驱赶运动,每日须保持运动 1～2 个小时,最好是早、晚各 0.5～1 小时。

(三)制订计划,适量配种

种公猪的配种要有计划性,特别是在配种旺季。配种计划要根据种公猪的年龄和体质合理安排使用。后备公猪于 7 月龄开始进行配种调教,调教时选用个体适当、性情温驯、发情良好的后备母猪。调教于早晚空腹时进行,每次调教 15～20 分钟,或让其观看其他公猪配种。8 月龄性成熟后即可配种,但为了不影响公猪发育,常于满 1 岁后、体重达 120 千克时才正式配种。1～2 岁尚属发育阶段,每周可配 3～4 次;2～5 岁已发育成熟,性功能旺盛,每日可配种 1～2 次,最多可连配 2 头,但应间隔 24 小时,且不得长期使用;5 岁以上公猪,每隔 1～2 日可使用 1 次。

配种应定点定时,春、夏、秋 3 季应于上午 7～8 时,下午 4～5 时进行。饲喂或饮水后不得立即配种。配种前用 0.1%高锰酸钾消毒公猪包皮和母猪阴门。配种后 0.5 小时以内不得饲喂或饮水,也不得用凉水冲洗身体。

为了减轻种公猪负担或减少种公猪喂养数量,实行猪人工授精,是一项值得应用的先进技术。1 头公猪可满足 300～400 头母猪的配种需要,成年公猪每周可采精 4 次,每日 1～2 次,每次可输注 8～26 头母猪。

三、种母猪的饲养管理

种母猪包括空怀母猪、妊娠母猪、分娩母猪、泌乳母猪 4 种类型。其主要职能是生长发育、繁衍与哺育仔猪。

(一)空怀母猪的饲养管理

凡成年或断奶后尚未妊娠的母猪,即为空怀母猪。

空怀母猪一圈可养 3 头,母猪在断奶后妊娠前阶段可喂大猪饲料(见表 4-5),每日 3 千克分作 2 次,于上午 8 时、下午 5 时喂给,但日喂量还要根据猪体营养状况酌情增减,使母猪保持中等膘情,有利于发情、受胎和产仔。

母猪除妊娠外为常年发情动物,其发情周期(上次发情开始到这次发情开始)一般为 18～23 天,每次发情持续 2～3 天。发情开始后 24～48 小时内排卵,排卵持续 10～15 小时以上。卵子在输卵管内需要运行 50 小时,但只能保持 8～10 小时的生命力。精子在母猪生殖道内一般存活 10～20 小时。因此,配种的最佳时间为母猪排卵前的 2～3 小时。若交配过早,卵子排出时,精子已死亡;交配过晚,精子输入时卵子已死亡。为了达到良好的配种效果,可采取一个排卵期内进行 2～3 次配种,每次间隔 12 小时,配种宜在早上和傍晚进行。第一次配种用生产性能较好、配种率高的主配公猪,第二次配种可选用性能稍次的公猪。

母猪一般断奶后 5～7 天就开始发情,且配种受胎率高,产仔数多。从断奶后第四天开始,每天用公猪试情。一旦发情,就进行配种(俗称热配)。

配种应选安静清洁之处。配种前先消毒，地面可垫上麻袋，以免滑脱。每次正式交配时间不应少于 4 分钟。

配种后第一、第二个情期应仔细进行观察，是否有返情现象，如果出现返情者应再次配种。对屡配不孕者，应查明原因进行调理。对配种后经过 21 天观察，未出现发情者，可视为已妊娠，调入妊娠舍继续饲养观察。

(二)妊娠母猪的饲养管理

母猪从配种妊娠开始到分娩产仔为止，此期间为妊娠期。母猪妊娠时间一般为 114 天(112～116 天)。即 3 个月 3 周零 3 天(俗称“三三三”妊娠时间计算法)。其间饲养管理的主要任务是保证胎儿的正常发育和顺利产出，力争做到产仔多、产仔壮、胎儿初生体重大。同时，还应保持母体营养状况良好。如果妊娠期营养不足，不但胎儿得不到良好发育，而且还会造成青年母猪发育不良，体躯矮小，即使以后再加强饲养，也难以得到补救。因此，要给予良好的福利待遇和生活条件。

1. 妊娠前期的饲养　母猪配种后，精子、卵子结合，形成受精卵，并向子宫角移动，附着在子宫角黏膜上，然后在其周围形成胎盘，通过胎盘从母体汲取营养。此期间(为 20 天左右)，由于胎儿着床尚不牢固，常因应激因素、运动过度、饲料霉变或营养不足等而造成流产。因此，要按饲养标准，定时、定量给予全价优质饲料，还可以加些新鲜、清洁的青绿饲料，每日 2～3 次，同时供应足量的清洁饮水。

2. 妊娠后期的饲养　此期为产前 1 个月左右。由于这时胎儿大，生长快，需营养多(配方见表 4-5)。所以，应加大母猪饲料的喂量，一般比妊娠前期平均每日增加 0.2 千克。但由于胎儿占据了母体大部分腹腔，挤压了胃肠，影响消化。所以，应坚持少量、多次给食的原则。

3. 妊娠期的管理

①单圈或单栏喂养(图 5-9),以避免发生争食咬斗、拥挤碰撞等,尤其是妊娠后期。但要经常驱赶,促其站立和运动。

②防止追打、惊吓和在光滑的地面上运动。

③保持舍内空气清新,温湿度适宜。做好夏防暑、冬保暖的防护工作。

④圈舍要勤打扫,保持清洁、卫生和干燥。

⑤按照免疫程序和给药保健规程,搞好防疫驱虫工作。

(三)分娩哺乳母猪的饲养管理

母猪在分娩前 7 天为产仔准备阶段。此期为了保证母猪安全分娩和仔猪的顺利出生,应搞好适合于此阶段特点的饲养管理工作。

母猪分娩后进入泌乳期,应使其有足够的泌乳量,保证仔猪正常生长发育,以提高仔猪成活率和断奶体重,并使母猪保持一定体况,以便在下一个配种期内能够正常发情与排卵。

1. 分娩哺乳母猪的饲养 于产前 5 天,开始调整饲料喂量(附表 1-4,表 4-5)。对乳房膨胀明显、营养好的母猪,喂量由每日每头 3～4 千克,以每日 0.5 千克的量减至每日每头 2 千克。分娩后 4 小时内不喂料,4～8 小时内可喂给哺乳母猪料 0.5 千克。第二天喂给 2 千克,以后逐日增加 0.5 千克,直增到标准量为止(标准量:2 千克+0.25 千克×哺乳仔猪数)。对体质瘦弱泌乳少的母猪,应加喂些蛋白质饲料,以促进泌乳。

母猪每日的泌乳次数约 20 次以上,每次喂奶,母猪都要付出很大的体力消耗。1 头带仔 10 头的母猪,平均 1 昼夜泌乳 4.1 千克,全期可泌乳约 130 千克。每头仔猪整个哺乳期内需奶量达 13 千克以上。鉴于母猪泌乳期的沉重负担,必须最大限度地满足哺乳母猪的营养需要。同时,还要随着哺乳母猪体重的增加和带仔数的增多而加大营养量的供给。断奶前 1 周母猪开始减料，到断奶预定日期的前 3 天，饲料量减半，前 1 天只喂给日粮的 1/3，断奶当天不喂料，只供给饮水。喂料量根据体况灵活掌握，若上次的料吃不完，下次应减量。剩余的料应弃去，不要留在饲槽内。

2. 分娩哺乳母猪的管理

①保持圈舍清洁卫生，防止粪、尿沾污乳头，避免仔猪哺乳时受到感染，发生腹泻等消化系统疾病，影响仔猪生长发育，甚至造成死亡。每日上、下午要各清扫 1 次粪尿，训练母猪定时、定点排粪尿，保持猪舍卫生。舍内要通风透光，保持猪舍干燥。有条件者可采用高床网上分娩或高床网上保育（图 5-10）。猪舍可采用漏缝地板饲养。

②保持猪舍安静，防止大声喧哗，惊吓母猪。

③保护好母猪乳房，让仔猪固定乳头吮乳，防止争咬损伤。对损伤的乳头应进行治疗。无固定乳头的仔猪应让其他母猪寄养或辅以人工哺乳、补料喂养等。

④给以清洁卫生的饮水，给水量一般为饲料量的 4～5 倍。

四、仔猪的饲养管理

仔猪发育快，物质代谢旺盛，对营养的需求，不论在数量上或质量上都很高。但由于消化器官不发达，消化腺功能不完善，初生仔猪胃内只有凝乳酶、胃液及含量很少的胃蛋白酶，并且胃蛋白酶没有活性，不能消化蛋白质。所以，初生仔猪只可吃乳而不能消化吸收植物性饲料。初生仔猪没有先天性免疫力，只有从初乳中获得母源抗体。胃中缺乏胃酸，对食入的病原微生物缺乏抵抗抑制能力，从而易引起仔猪发病。乳汁中铁、铜含量不足，易引起仔猪贫血。体温调节功能不全，加上毛稀皮薄，所以仔猪的抗寒能力差，易被冻僵冻死。因此，必须根据不同时期的不同特点，严密做好仔猪尤其是哺乳仔猪的饲养管理工作。对有条件的养猪场，可采用母猪高床产仔哺乳栏（图 5-11）进行高床产仔和哺乳。这样有利于母仔猪的饲养管理、清洁卫生，并预防仔猪受到踩踏挤压。

（一）哺乳仔猪的饲养管理

仔猪出生后，由于各个组织器官发育尚未健全，各项生理功能也很低，神经反应及先天免疫能力都很差，所以出生后 1 周内会经常出现有窒息、冻死、压死、咬死、饿死等不良事故的发生，造成仔猪成活率的降低。因此，要加强对仔猪特别是新生仔猪的护理，建立昼夜值班制度，值班人员负责检查产圈内仔猪及母猪的姿态、呼吸、粪便以及哺乳状况、舍内温度、卫生、上料、供水等情况，以保证仔猪的正常生长发育。除此，还要积极做好以下几个方面的工作。

1. 新生仔猪护理　对新生仔猪应首先于脐部 3 厘米处剪断脐带，结扎消毒。然后擦干口、鼻内黏液，以防造成窒息。若有出现假死者，对假死仔猪应立即实施急救，即提起后肢，头部向下，轻拍背部，至出现叫声即可。对仔猪进行称重登记，并进行猪瘟疫苗乳前 3 头份免疫注射。固定乳头，必要时要给以人工帮助，让其尽早吃上富有营养和免疫抗体的初乳，最晚也不要超过 2～4 小时。由于母猪乳池各不相通，以第四对乳头乳量最多，前后两端较少，尤以最后乳头泌乳量更少。由于母猪每次放乳时间短、放乳量少，所以仔猪每小时要吮乳 1 次。仔猪有固定乳头吮乳的习惯，如果一时找不到自己固定的乳头，就要发生争夺，咬伤乳头。因此，出生后 1～3 天要帮助仔猪固定乳头。把弱小仔猪固定到乳多的乳头，强壮的仔猪固定到最后几个泌乳量少的乳头。当仔猪少、乳头多时，可将弱小仔猪固定于 2 个乳头上，不可留空闲乳头，以免长期不用而造成功能退化萎缩，失去泌乳能力。当仔猪多于乳头数时，应将无固定乳头的仔猪寄养给产期相近、带仔量少且性情温驯的母猪。寄养方法是把寄仔与原仔群放到一块交融，待母猪乳房发胀欲急哺、仔猪发生饥饿需快哺乳时，一起放出则可实现顺利吮乳寄养。或在所有仔猪身上稍许洒些来苏儿，当母猪闻不到寄仔异味时即可接受其吮乳。寄养最好于夜间母猪处于安静状态时进行比较容易成功。寄养后还要跟踪观察，以防母猪认出后啃咬寄养仔猪。

2. 防寒保温、防挤压　初生仔猪毛稀皮薄，体温调节功能低，御寒能力差，保温不当就会造成感冒、腹泻，甚至冻死、压死等。1～3 日龄仔猪所处的环境温度不应低于 32℃，4～7 日龄所处环境温度应为 28℃～30℃，15～30 日龄应为 22℃～25℃（见附录四）。因此，仔猪舍冬、春要堵好门窗，水泥地上要铺垫草 5～10 厘米厚，并保持舍内干燥。必要时生火炉或安装红外线灯照射保温。冬季安装 250 瓦的红外线灯泡，夏季用 100 瓦的白炽灯泡，距地面 45 厘米处舍温可达 34℃。保温灯的开、关应根据舍内温度高低而定，一般达 35℃时就应关闭。仔猪卧下时，如挤在一堆，证明舍温低，应打开电源。如远离灯泡，证明舍温偏高，应关闭电源。如仔猪均匀地卧于灯泡周围，证明舍温正常。目前，不少养猪场采用保温箱、电热地板、沼气保温伞及防护栏等进行保温、防挤压措施。

3. 人工喂养　仔猪出生后如果因母猪突然死亡且又无适宜的寄养母猪者，为确保仔猪能顺利存活，可及时进行人工喂养。其方法是，将鲜牛（羊）奶 500 克（若无鲜奶可用 10%奶粉液替代），用巴氏消毒法（65℃～75℃保持约 30 分钟）消毒后，待温度降至 50℃，加入五维他口服液 5 毫升（或复合多维片、钙片各 1 片压碎），5%葡萄糖氯化钠 5 毫升，混匀备用。1～3 日龄仔猪，每 2 小时 1 次，每次 2 毫升；4～6 日龄，每 2 小时 1 次，每次 3 毫升。1 日龄、7 日龄分别肌内注射铁硒注射液 1 头份。6～7 日龄开始补饲乳猪全价颗粒（或膨化）饲料。自由采食，由少至多，以不造成腹泻为宜。仔猪始终都应供给充足的清洁饮水。

4. 剪犬牙　仔猪出生后当天要用齿钳齐根把仔猪的犬牙剪

掉，断面要与其他牙齿剪平，以防咬架或吮乳时咬破乳头。

5. 断尾 仔猪出生日，要用断尾钳或剪子在距尾根 1/3 处，把尾巴剪断。剪后止血，并涂抹碘酊消毒。这样，可减少尾巴生长时的营养消耗，节省饲料，有利于清洁卫生及防止咬尾、流血及感染等不良现象发生。

6. 补铁、铜、硒 于产后 1 日龄、7 日龄分别给仔猪肌内注射富铁力（含铁、硒）或牲血素 1～2 毫升，以防止发生缺铁性贫血和白肌病。铜也是造血和酶的重要物质，还有促进生长之作用。因此，在补铁、硒的同时也应适当补铜。可把 2.5 克硫酸亚铁和 1 克硫酸铜溶于 1 000 毫升水中，每日 2 次，每次 10 毫升，内服。

7. 打耳编号 出生后第一天给仔猪打耳或用耳标编号，不仅对记录、管理、防疫、育种，而且对产品质量追踪工作都很必要。打法为：左大右小，上大下小，左耳为十位、百位，右耳为个位、百位，耳根为代次。公为奇数，母为偶数。以此方法，依次编排（图 4-2）。目前我国养猪场户多提倡采用耳标编号的方法，进行猪号编排。

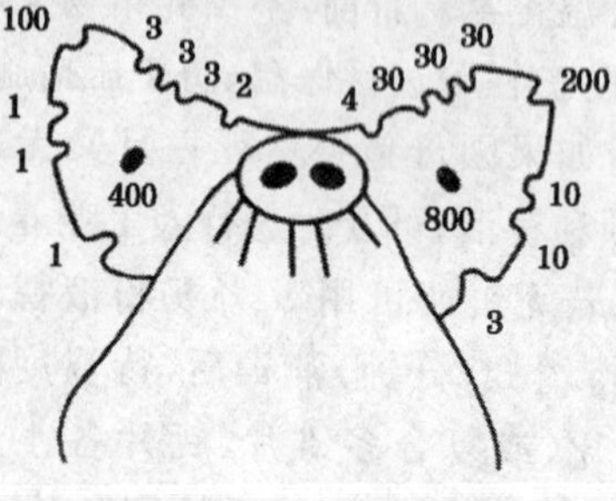

图 4-2 猪耳号标记示意图

8. 阉割 过去，我国采用当地品种，性成熟早，且有喂大猪、养肥猪的习惯，所以，阉割是一种普遍行为。当前养猪不仅绝大多数采用引进瘦肉型良种，性成熟晚，而且新方法养猪生长快，出栏又早，所以国外引进或培育品种的商品代育肥公猪及商品代育肥母猪一般不需要进行阉割，因其达性成熟（5～8 月龄）时已到出栏期（5 个月）。仅对目前社会上饲养量很少、不需要作种用的地方品种公猪，因其性成熟较早（3～4 月龄），须于 7～40 日龄时对其进行手术阉割。阉割时可用手术摘除睾丸和附睾，伤口处涂以碘酊消毒即可。

9. 提早补料　仔猪的生理特点表明，哺乳仔猪生长发育迅速，对营养物质的需求不仅量大而且质高。母猪的泌乳量往往满足不了仔猪生长的迫切需要，这样不仅会造成营养不足，严重影响生长发育，而且还会导致多种疾病的发生。因此，尽早教槽补料才是预防此类现象发生的有效途径。试验证明，颗粒料采食时间短，日增重高，千克体重消耗饲料少。乳猪因消化功能尚未发育成熟，喂大量生料容易造成消化不良，故应喂以全价颗粒饲料或全价膨化颗粒饲料。仔猪5日龄前后即将开始长牙，此时牙龈发痒，喜欢啃咬饲料等物品，所以此时正是开始教槽的好时机。首先，将少量乳猪全价颗粒饲料在仔猪当天最为活跃且比较饥饿的时候(一般于上午10时，下午3时左右)，撒在干净的饲槽内，让仔猪独立自由啃食。喂后在干净的水池内给予清洁的饮水，饮水用量见表4-7(有条件者可训练用自动饮水器饮水)。随着日龄的增加，其饲料给予量和饲喂次数也要逐渐增加，仔猪每头每日全价饲料用量见表4-6，每头每日营养需要量见表4-1。补饲期间饲槽、饮水池要勤刷洗，保持清洁卫生。饮水要新鲜，饲料添加要少量多次，忌食残渣剩食。断奶前每日可喂4～5次，其中，夜里还要加喂1次，每次喂量不宜过多，以不超过胃容积的2/3或不发生腹泻、厌食为适度。对仔猪提早补料，可促进胃肠发育，弥补母乳不足，减少饲料转换次数，提高饲料转化率，增强仔猪对断奶后饲喂方式突然改变的适应性。

表4-1　仔猪每头每日营养需要量

项　目 \ 体重(千克)	1～5	6～10	11～20
消化能(兆焦)	3.35	6.99	12.6
粗蛋白质(克)	54	101	173
赖氨酸(克)	2.8	4.6	7.1

续表 4-1

项目 \ 体重(千克)	1～5	6～10	11～20
蛋氨酸＋胱氨酸（克）	1.6	2.7	4.6
苏氨酸(克)	1.6	2.7	4.6
异亮氨酸(克)	1.8	3.1	5.0
钙(克)	2.0	3.8	5.8
磷(克)	1.6	2.9	4.9
食盐(克)	0.5	1.2	2.1
铁(克)	33	67	71
铜(克)	22	48	71
锌(克)	1.3	2.9	4.5
锰(克)	0.9	1.9	2.7
碘(毫克)	0.03	0.07	0.13
硒(毫克)	0.03	0.08	0.13
维生素 A (单位)	480	1060	1560
维生素 D(单位)	50	105	179
维生素 E(单位)	2.4	5.1	10.0
维生素 K(毫克)	0.44	1.00	2.00
维生素 B_1(毫克)	0.3	0.6	1.00
维生素 B_2(毫克)	0.66	1.4	2.6
烟酸(毫克)	4.8	10.6	16.4
泛酸(毫克)	3.0	6.2	9.8
生物素(毫克)	0.03	0.05	0.09
叶酸(毫克)	0.13	0.29	0.54
维生素 B_{12}(微克)	4.8	10.6	13.7

10. 补饲酸化剂 在仔猪补料的同时，还需要在水槽内放入

含有1%六味酸的清洁饮水，以帮助消化，增加食欲，抑制有害菌，促进有益菌的生长，有利于预防腹泻及口蹄疫等疫病的发生。

11. 仔猪断奶 当仔猪生长到一定阶段时，都要进行断奶。断奶无论对母猪或仔猪，都是一次较大的生理变化过程。如果断奶时间、方法等处理不当，就会产生不安、腹泻、消瘦、生长发育不良、断奶综合征，甚至死亡等严重的不良后果。

(1)断奶时间 过去传统养猪，一般于60日龄断奶，体壮者最短也有45日龄断奶的。通过大量试验之后，现代养猪法认为，断奶的最佳时间应为28日龄左右(21～35日龄)，体重达6千克以上。提早断奶有以下好处：

第一，可提高母猪的年生产能力(繁殖力及经济效益)。据有关试验证明，仔猪21日龄断奶，母猪年产仔猪可达2.5胎，比42日龄断奶1年可多产仔4～6头。

第二，21～35日龄断奶，对仔猪生长毫无不良影响，而且能够提高其成活率。据试验，仔猪20千克体重时，早期断奶日龄与常规断奶日龄几乎无差异；且由于早期按照饲养标准得到全价饲料，原来弱小仔猪，可因此而强壮起来且免遭死亡。

第三，降低了仔猪饲养成本。仔猪21日龄断奶与42日龄断奶相比，不仅使母猪多产仔猪4～6头，而且可节省饲料20千克以上。因此，每头仔猪的成本就降低4%～9%。

第四，提早断奶可保持母猪良好的体况，不会因长期哺乳而使母猪体力过于损耗。

(2)断奶方法 断奶方法概括起来有一次断奶法、分批断奶法和逐渐断奶法3种。其中以逐渐断奶法最为稳妥。即从24日龄开始逐步减少哺乳量，增加饲料喂量，至28日龄时，将哺乳母猪移出分娩哺乳舍，将整窝哺乳仔猪留在原分娩哺乳舍，停止哺乳，按饲养标准(表4-1，表4-6)分次供给仔猪颗粒类全价饲料。

(二)断奶(保育)仔猪的饲养管理

仔猪断奶后进入保育期(约 28 日龄,7.5 千克体重至 70 日龄,25 千克体重阶段),由主要依赖母体获取营养而转变为独立采食,靠自身消化获取营养,生活上是一个大的转折,饲养管理稍有不当就会对仔猪的生长发育乃至生命安全造成不良影响。所以,此期应严格把好饲养管理关。

第一,饲料不应突然改变,仍应继续采用断奶前补料时每日每头的营养标准,给予乳猪全价颗粒饲料。

第二,断奶后半个月内供给量不宜过多,一般应占仔猪体重的 5%。次数仍应保持日喂 4～5 次。此后,随着日龄的逐步增加,可按饲养标准逐渐加量(表 4-6)并将日喂次数减为 3～4 次。

第三,断奶时可采取去母留仔法,只将母猪于断奶日转出。断奶后 7 天内,为了减少应激因素的发生,可暂时不让其转圈。待仔猪适应 1 周后,再按原窝或按性别、大小及强弱等分类组群转圈。一般 8～15 头为一群。给以充足清洁饮水(表 4-7),并促其运动和晒太阳。圈舍内仔猪第一次排便处就是其今后固定的排便处。所以,在入圈前,有意在预设排便处放些粪便,仔猪以后就会在此处固定排便;否则,应对其进行诱导训练,使其养成固定地点采食、固定地点饮水、固定地点睡觉及固定地点排便等“四固定”的良好生活习惯。

第四,转圈时,原则上要求整窝转移,每头占面积 0.2～0.4 米^2。若因个体差异或圈栏面积限制必须调群时,要本着“调多不调少”、“留弱不留强”、“夜并昼不并”的原则进行。对新组建的猪群,1 周内要加强监护,直到相处关系正常。为了防止咬斗,可在圈舍上方吊一铁环,供猪啃咬玩耍。

第五,转入保育圈后,饲料可改颗粒料为粉状保育猪饲料,配方由浓缩饲料 24%、玉米 65%、麸皮 15%共同粉碎混匀组成,可参见表 4-5。

第六，猪舍应保持适宜的温度、湿度及空气新鲜度，见表 4-8。猪栏、食槽、饮水器等应经常刷洗，以保持清洁卫生。地面要勤打扫、冲刷、消毒并经常保持干燥。条件较好的规模化养猪场目前多采用网上保育栏(图 5-13)进行网上保育饲养。一网栏饲养一窝(9～15 头)，网孔可以排落粪尿，减少仔猪接触地面和粪污，这样既可避免仔猪接触地面受凉，又能保持环境清洁，减少疾病发生。

第七，保育猪幼小体弱，抵抗力差，必须按时进行一系列的免疫和保健处理。其免疫接种程序和保健程序分别见表 7-1 及表 7-3。

五、后备猪的饲养管理

后备猪指 4 月龄到配种前的阶段，后备猪 35 千克时开始限饲，日喂中猪料 1 千克(附表 1-6，附表 1-7 及表 4-6)，以后每周增加 0.2 千克，体重 60 千克时每日喂 2 千克。配种前 2 周增加到 3 千克。日喂 2 次，上午 8 时，下午 5 时。少喂能量饲料，多喂青绿饲料，防止过肥。

后备母猪达 5～6 月龄时，性功能渐趋成熟，卵巢开始产生卵子并表现发情。发情表现为食欲下降，起卧不安，拱地啃门，跳墙窜圈，按压腰背时站立不动，接受公猪爬跨，阴门红肿松弛等。瘦肉型猪发情表现较轻。此时虽有配种要求和受胎可能，但不宜过早配种，否则不仅产仔少，还会影响母猪自身的发育。应当拖过 3～5 个情期后再行配种；相反，如果长期不配种，不仅同样能影响猪只的生长发育，而且还会影响性功能。故引进瘦肉型品种应于 8～10 月龄、体重达 100 千克左右，地方品种应于 6～8 月龄、体重达 70～90 千克时才能开始配种。如果后备母猪不能正常发情者，可采取按摩乳房，让母猪接触公猪，让发情母猪爬跨或将其转移栏舍，断食 24 小时，每日用公猪诱情 10～15 分钟等方法。必要时，采用苯甲酸雌二醇1～3毫升或用同期发情激素(PG600),一次肌内注射进行催情。

后备公猪于7月龄开始进行配种调教。调教时,选用个体适当、性情温驯、发情良好的后备母猪。调教应于早、晚空腹时进行,每次调教15～20分钟或让其观看其他公猪配种。8月龄虽已性成熟,但一般应于1岁达体成熟后方可让其开始配种。

六、生长育肥猪的饲养管理

(一)生长育肥猪的饲养

生长育肥猪包括生长期和育肥期两个不同饲养阶段。生长育肥猪的饲养要根据其不同生长发育阶段和产品发展方向,选好饲料配方、饲养方式和饲喂方法。

1. 选用全价配合饲料配方 首先,饲料配方要满足生长育肥猪生长发育阶段所需的营养物质(表4-2至表4-5)。如果配方选用不当,所需营养得不到满足,猪只就会影响生长。不同发育阶段的猪,需要的营养物质也不一样。61～90日龄,体重50～60千克,为生长期,此时肌肉进入了旺盛生长时期;91～150日龄,体重60千克以后,脂肪沉积能力增强,瘦肉生长处于缓慢状态,此期被称为育肥期。育肥期需要能量饲料较多,如不限制,猪的采食量加大,摄取能量营养物越多,日增重相应也越大,而体内脂肪的沉积也就越多,屠宰后的胴体瘦肉率也就越低。因此,要根据发育阶段和饲养目标,选好用好饲料配方,使其不仅增重快,而且符合质量要求。

为了保证各类猪只都能获得生长与生产所需的营养物质,应根据各猪群猪只的生理阶段、发育状况及对产品的质量要求,按饲养标准或配制饲料条件的不同,分别采用予混料、浓缩料配制全价配合饲料。即生长猪(61～130日龄,31～60千克体重)全价饲料由浓缩饲料20%、玉米64%、麦麸16%,共同粉碎拌匀配制而成;育肥猪(131～160日龄,61～100千克体重)全价饲料由浓缩饲料15%、玉米60%、麦麸25%,共同粉碎拌匀配制而成。每头生长育肥猪的全价饲料具体用量可见表4-6"不同日龄猪配合饲料用量表"。

为了便于叙述和理解,现以我国长期以来应用范围较广,影响力较大的正大、正大康地预混料和正大浓缩料为例,将其配制成全价饲料的配方组成比例分别列表说明如下(表4-2至表4-5),供广大养猪场(户)应用时参考。其他品牌饲料,可按其说明书的具体介绍,配制使用。

表4-2　猪各生长阶段正大1%预混料配制全价饲料参考表

项目＼配料比例(%)＼生长阶段	5～15千克	16～30千克	31～60千克	61～100千克	妊娠前期、非配种公猪	妊娠后期或哺乳母猪、配种公猪
玉　米	59.40	60.80	65.50	62.80	58.40	65.30
麦　麸	—	8.00	10.00	18.00	24.40	10.00
豆饼(粕)	28.70	25.00	—	16.00	14.00	19.00
优质鱼粉	3.00	2.00	21.00	—	—	1.00
乳清粉	5.00	—	—	—	—	—
磷酸氢钙	1.10	1.30	1.20	1.00	1.20	1.20
石　粉	1.00	1.00	0.90	0.80	1.00	1.10
食　盐	0.30	0.40	0.40	0.40	0.40	0.40
油　脂	0.50	0.50	—	—	—	1.00
1%正大复合预混料	1.00	1.00	1.00	1.00	1.00	1.00
粗蛋白质≥	20.00	19.00	16.30	15.00	14.00	16.00
消化能(兆焦/千克)	13.80	13.20	12.90	12.30	11.60	12.70
钙≥	1.00	0.90	0.80	0.60	0.65	0.65
总　磷≥	0.70	0.65	0.60	0.50	0.55	0.55

表 4-3　猪各生长阶段正大康地 4%预混料配制全价饲料参考表

项目 \ 配料比例(%) \ 生长阶段	5～15千克	16～25千克	26～60千克	61～100千克	妊娠期	哺乳期
豆粕	29	29	26.5	26.5	18	30
鱼粉	5	5	2.5			1
玉米	60	60	67	66.5	58	64
麦麸				3	20	
食油	2	2				1
4312S	4					
4312		4				
4313			4			
4314				4		
4325					4	
4326						4
消化能(兆焦/千克)	13.6	13.2	13.1	12.9	12.1	13.4
粗蛋白质	20	20	18	17	15	18
钙	1.1	1.1	1.0	0.8	1.0	1.0
总磷	0.65	0.55	0.5	0.42	0.7	0.62

表 4-4　猪各生长阶段正大康地 6%浓缩料配制全价饲料参考表

项目 \ 配料比例(%) \ 生长阶段	<7.5千克	7.5～15千克	16～25千克	26～60千克	61～100千克	妊娠母猪	哺乳母猪
豆粕			32	28.5	25	16.5	29.5
鱼粉	688	689	—	—	—	—	—
玉米	688B	689B	61	65.5	65	59.5	63
麦麸			—	—	4	18	—

续表 4-4

生长阶段 配料比例(%) 项目	<7.5 千克	7.5～15 千克	16～25 千克	26～60 千克	61～100 千克	妊娠母猪	哺乳母猪
食　油			1	—	—	—	1.5
6312	人工乳配合饲料	人工乳配合饲料	6				
6313				6			
6314/6318					6		
6325						6	
6326							6
消化能(兆焦/千克)			13.6	13.2	13.1	12.9	13.4
粗蛋白质			20	18	17	15	18
钙			0.9	0.8	0.7	1.0	1.0
总　磷			0.65	0.5	0.45	0.67	0.62

注：该配方特点：

①本表中 688/688B、689/689B 为新研制的人工乳配合饲料，具有独特的教槽、防病、促生长作用；

②63 系列浓缩料为预混料加进口鱼粉制成，营养价值高；

③6312 有预防消化及呼吸道疾病、生长快、省饲料、皮毛红嫩的功效；

④6313 有快速促进骨骼、肌肉生长、提高饲料转化率作用；

⑤6314/6318 为出口型精心设计特殊产品，增加育肥阶段肌肉生长，减少脂肪沉积，保持良好体型和生猛特性，预防运输应激和掉膘；

⑥肉品鲜美、红润，无公害、瘦肉多。

表 4-5　猪各生长阶段正大浓缩料配制全价饲料配比表　(单位：%)

饲养阶段	普通浓缩料	玉　米	麸　糠	合　计
10～30 千克	24	65	11	100
31～60 千克	20	64	16	100
61～100 千克	15	60	25	100

续表 4-5

饲养阶段	普通浓缩料	玉 米	麸 糠	合 计
妊娠母猪	17	65	18	100
哺乳母猪	18	70	12	100

2. 选择直线快速育肥方式 生长育肥猪的营养需要,包括维持和生长两部分。维持需要指育肥猪体重不增不减,无任何生产活动的情况下,用于维持生命活动所需要的营养物质。生长需要是指猪体骨骼、肌肉、内脏及其他组织增长所需的营养物质。生长快慢主要受营养物质、饲养方式和健康因素的影响。因此,采用一个合理的饲养方式,对缩短饲养周期,减少维持营养的消耗是非常重要的。

目前,国内育肥猪的主要饲养方式已经由过去传统的"吊架子"改变为现代的"快速直线育肥"技术。快速直线育肥技术即从幼猪开始就给以较多的高蛋白质、高能量饲料,敞开饲养,直到育肥后期才把蛋白质供应量由18%降到14%或更少,因为此期以长脂肪为主。这样一直供给大量高营养饲料,使猪生长速度呈直线上升。一旦出现增重停止,即应屠宰上市。不要喂大猪、养肥猪,以求降低养猪成本,获取更大的经济效益。这样,既缩短了饲养周期,又提高了日增重和出栏率,加快了资金周转及养猪设施的利用效率。

3. 改进传统饲喂方法 长期以来,我国多采用水煮饲料喂猪的传统方法,费事费时效果不理想。现在,猪只多采用饲料生喂、干喂的方式,这样饲料生喂比熟料喂猪,日增重提高15%以上,降低饲料消耗11%以上。这是因为饲料蒸煮时高温容易引起蛋白质变性,维生素被破坏有关。生喂不仅营养物质不被破坏,而且可促使猪细嚼慢咽,刺激唾液分泌,延长饲料在胃肠道中停留时间,使其消化完全,吸取充分,日增重提高。

干喂、生喂方法简单易行,省燃料,省人工,不用热水烫,不用加水拌,吃完干料后或补喂一些青饲料,再给予充足清洁的饮水即可。不同猪群的饲料用量和需水量标准见表 4-6,表 4-7。

表 4-6　不同日龄猪配合饲料用量表

日　龄	饲料用量(千克)		日　龄	饲料用量(千克)	
	日用量	周用量		日用量	周用量
5～10	0.2	1.4	91～100	1.2	8.4
11～20	0.3	2.1	101～110	1.4	9.8
21～30	0.4	2.8	111～120	1.6	11.2
31～40	0.5	3.5	121～130	1.8	12.6
41～50	0.6	4.2	131～140	2.1	14.7
51～60	0.7	4.9	141～150	2.4	16.8
61～70	0.8	5.6	151～160	2.7	18.9
71～80	0.9	6.3	161～170	2.7	18.9
81～90	1.0	7.0	171～180	2.6	18.2

表 4-7　不同类别猪群需水量标准表　(升/头·日)

猪群类别	总需水量	饮用水量
种公猪	31	13
空怀及妊娠猪	25	13
分娩哺乳猪(带仔)	60	20
保育仔猪	7	2
生长猪	10	5
育肥猪	15	8
后备猪	16	6

注:总需水量包括饮用水、冲洗用水和饲料调制用水等。

表 4-8　各类猪舍内气温和相对湿度标准表

猪舍类别	空气温度(℃)	相对湿度(%)
种公猪	10～25	40～80
成年母猪	10～27	40～80
哺乳母猪	16～27	40～80
哺乳仔猪	28～34	40～80
保育仔猪	16～30	40～80
生长育肥猪	10～27	40～85

注:①表中的温度和湿度范围为生产临界范围,超过此范围时,猪的生产力会受到明显影响。②表中哺乳仔猪气温下限标准为:1 周龄 28℃,2 周龄 26℃,3 周龄 24℃,4 周龄 22℃。③表中数据均为猪舍地面以上 1 米处所测温度和湿度。

(二)生长育肥猪的管理

搞好生长育肥猪的管理,对提高饲养效果、缩短育肥周期、保证猪只健康成长有着极为重要的意义,尤其对规模养猪更应倍加重视。

1. 优化居住环境　舒适的居住环境对猪体的生长发育非常重要,温度、湿度、气流、密度、调教,对提高猪的生产能力和育肥速度都有密切的关系。

(1)温度、湿度、气流　“大猪怕热,小猪怕冷”,低温能加大能量消耗,高温能降低食欲,甚至使育成率降低。因此,应根据年龄、季节和圈舍条件,冬季增设防寒保温设施,如装暖气管、电热板、红外线灯或搭塑料暖棚等。夏季通风降温,防止中暑。一般猪舍的适宜温度,哺乳仔猪为 25℃～35℃,其他猪为 15℃～25℃。湿度对猪体散热和增重影响很大,相对湿度以 60%～70%为宜。不同生长阶段所需适宜的温度和湿度见表 4-8。猪舍空气要保持流通,换气良好,每头每小时能换气 50～100 米^3。

(2)饲养密度要合理　圈舍内猪只的密度应随猪只生长发育

阶段而适时调整。猪的密度和日增重及饲料转化率有关。密度过高、运动不足、圈内温度升高等均可致使生长育肥猪采食量减少，易患病，饲料转化率下降等。有试验统计证明，猪群的生长状况和发病率与猪群的数量和密度呈密切正相关。冬季 15 米^2 猪圈可养 23 头，7.98 米^2 猪圈可养 12 头，每头占地 0.65 米^2 左右为最适宜。但也要根据南、北方地域位置，冬、夏季气候温差和猪舍类型不同而调整。

2. 按类组群分圈饲养

第一，应将猪群按品种、性别、年龄、体重、体质、性情和采食速度等进行按类分群管理，分圈分槽喂养，使各类猪只都能得到公正待遇、充裕空间并健康成长。

第二，猪群的大小应根据具体条件确定。分群后经过一段饲养，发现生长速度不均、个体差异悬殊时，可进行第二次分群、调圈。

第三，为了避免组群初期猪只相互咬斗，调圈时一般可采取“留母进公”、“留弱进强”、“拆多不拆少”、“夜调昼不调”的办法。对需要并圈的猪，身上应喷以同样气味的药品，如来苏儿等，使彼此气味相似，不易辨别。并圈后，管理人员最初几天应加强看护，以防咬伤。

3. 调教 饲养管理人员应与猪多接触，行动谨慎、操作轻便、不粗暴，使其乐于接近，老实驯服。这样，便于喂饮、清扫、运动、转圈、称重、注射、配种、助产等工作的顺利进行。平时应训练猪只养成定点采食、定点饮水、定点睡觉和定点排便的“四固定”习惯。

4. 运动 运动可促进猪的新陈代谢，增加采食量，提高猪只对环境条件的适应性，抵御干扰及抵御疾病发生的能力。但育肥猪在育肥后期，为减少能量消耗，应限制其运动。运动方式可采取自由运动或驱赶运动，但不宜剧烈。

5. 搞好猪舍卫生 猪喜欢清洁干燥的环境，每日应定时打扫。在清理粪尿时，要注意观察粪尿状态，及时了解猪的健康状况。保持饲槽清洁卫生，自动供料槽应每2日清理1次，避免长时间积存造成饲料结块变质。

6. 防止应激因素发生 环境条件（湿度、温度、空气）急剧改变，噪声、撕咬、追打、惊扰、剧烈运动等突然发生，都会使猪减食、消耗体力、引起应激综合征或造成死亡。

7. 保证充足饮水 猪饱食大量饲料后，必须给以充足的饮水，才能保证其正常的消化和代谢功能（表4-7）；冬季每日饮水量应为猪体重的13%，饲料量的2～3倍；春、秋季为猪体重的18%，饲料量的4倍；夏季占猪体重的23%，饲料量的5倍以上。让猪自由饮水是保证猪只健康和高速生长的重要条件。

8. 提高瘦肉率的措施 ①选择优秀瘦肉型父母代杂交品种（品系）；②保证优质蛋白质饲料，减少能量饲料的供应；③采取直线快速育肥技术；④适量增加运动；⑤保证按时出栏屠宰（体重<100千克，年龄<160日龄）。

9. 去势问题 据有关试验证明，不去势比去势猪达90千克体重时饲养期缩短，日增重、饲料转化率、胴体瘦肉率等指标都明显提高。

10. 预防猪病发生 要加强环境卫生，严格执行兽医卫生消毒制度（表7-5，表7-6），免疫接种程序（表7-1）和保健给药规程（表7-3）。经常进行严格消毒，定期开展免疫接种、驱除寄生虫及杀灭蚊蝇工作。

11. 生长育肥仔猪的选择 在养猪模式中，有一种不饲养种猪、不繁殖仔猪，单靠从外部购买仔猪进行育肥的养猪场（户）即非自繁自养场（户）。如何选好仔猪对其提高育肥效果极为重要。①不要选择刚断奶仔猪，因为此时生理生活环境变化大，易发生断奶综合征，导致大批发病死亡；②不从社会上零星购买散养户的仔猪，尤其不从染疫（场）区购买仔猪。以防把疫病引入本场，后患无穷；③选瘦肉型杂交三代仔猪；④选择体壮个大、增重快精神好、群体生长发育整齐者；⑤选择食欲旺盛、行动敏捷、无咳喘、不腹泻、皮毛光亮无疾病表现者；⑥买回后，要单独隔离饲养并检疫30天以上，然后无疫者方可准入本场。

(三)育肥猪生产技术指标的检测与评估

育肥猪的生长发育情况和育肥效果可通过以下生产技术指标进行检测，根据检测指标数据评估和指导科学养猪。目前，养猪中常用的指标检测计算方法有以下几项内容：

1. 出栏率　这是衡量养猪生产速度的一项指标，一般指在一定时期(1年)内，出栏商品猪头数与期初(年初)存栏猪头数之比。通常可用以下两个公式之一来计算，但①比②简便，适于社会宏观检验用；②比①客观科学，适于规模养猪场(户)检验应用。

$$①出栏率=\frac{期内出售商品猪头数}{期初存栏猪头数}\times100\%$$

$$②出栏率=\frac{\sum W/90}{\sum X/12}\times100\%$$

式中：$\sum W$为全年上市总毛重，“90”为每头出栏猪毛重标准(以千克计)，$\sum X$为全年各月生猪存栏头数总和，“12”为全年月数。

2. 日增重　日增重指饲养过程中育肥猪每日所增加的重量。实际工作中，常用平均日增重代替日增重，即一定时期内育肥猪体重增加的平均值。计算方法为该期总增重数除以该期天数。

$$平均日增重=\frac{期内增重数(克)}{期内天数}$$

3. 料肉比(饲料转化率)　料肉比是指某一时期内育肥猪增重和所消耗饲料量的对比，通常用作测定饲料作用大小和育肥猪对饲料的利用能力。目前，我国一般商品育肥猪的料肉比为3～5∶1。

$$料肉比=\frac{某一期内所消耗饲料量(千克)}{同一期内体重的增加量(千克)}$$

4. 料肉投入产出比　指生产一定体重的育肥猪与所消耗饲

料成本之间的比例关系，是一种衡量饲料经济价值的指标。

$$料肉投入产出比=\frac{期内消耗饲料(千克)\times饲料单价(元/千克)}{同一期内体重增加量(千克)\times增重单价(元/千克)}$$

5. 投入产出比 是衡量整个育肥过程中的养猪效率的指标。

$$投入产出比=\frac{总投入(元)}{总收入(元)}$$

式中：总收入是指整个育肥养猪生产周期结束后，通过养猪所获取的有关收入之和。总投入是指整个养猪生产过程中，各种仔猪、饲料、水电、人工及圈舍维修等所有消耗的费用。

6. 猪粮比价 是待宰活猪与玉米之间单价之比，是估测当时养猪效益的一种指标。目前我国将猪粮比价盈亏平衡点由原来的5.5∶1调整为现在的6∶1。大于该值者，养猪多赢利；小于该值者，养猪多亏损，风险就加大。

$$猪粮比价=\frac{待宰活猪市场单价}{玉米的市场单价}$$

(四)生态环保型养猪及规范化管理猪场

1. 发展循环经济，走生态环保型养猪之路 育肥猪饲养场由于饲养密度高和规模数量大，排泄物和废弃物的无害化处理工作就显得十分重要。不仅关系着本场经济效益的高低和持续发展的能力，而且也涉及社会和环保问题。因此，所有猪场都应发展循环经济，走生态环保型和资源节约型养猪的路子。

(1)粪尿的收集 目前，我国规模化养猪场粪尿的清除方式有干清、水冲和自流3种方式。

①干清粪法 用机械刮粪或用人工把粪便清除，然后通过污道送进粪场做堆集处理；尿液可通过尿沟流入污水池进行发酵处理。

②水冲清粪法 用高压水枪将粪尿通过漏缝地板或直接冲入粪沟流入粪池。

③自流粪法 粪尿直接流入贮粪池内，适于小规模及距粪池

近的猪舍。

(2)粪尿的分离 养猪场不仅粪尿量多,而且含水量高,给运输、存放、处理和应用造成很大困难,必须经过分离处理,使粪、尿水各走一路,分别处理和利用,才比较方便。粪尿的分离方法很多,归纳起来可分筛分、过滤和沉降3类,其中以过滤和沉降方法为宜。

(3)粪尿的利用与处理

①粪便的利用与处理

用作肥料:粪便中含有大量的有机质和微量元素,用作肥料可供给作物营养,提高土壤中的有机质含量,改良土壤结构,激活土壤肥力。粪便用作肥料有两种处理方法:一是新排出的鲜粪尿直接埋入土壤中,让其在土壤内发酵分解。这样不仅肥效不减、省力,而且对环境也无污染;二是堆积处理。利用需氧菌在适宜的环境(温度、湿度、酸碱度、氧气)下通过生长繁殖,分解粪肥中的有机质发酵产热,杀灭其中虫卵和病原微生物,腐熟粪便,提高肥力,达到无害化处理的目的。堆积一般需30天以上,冬天或寒冷地区需60天以上。

用作饲料:粪便中含有大量未被消化吸收的营养,经加工处理后不仅起到除臭、灭菌、便于贮运的作用,而且还可达到用作饲料喂牛、羊、鱼、蚯蚓等实现循环生态型养猪的目的。在日粮中的添加量为10%~20%。处理方法有脱水干燥法、堆积发酵法和与其他青绿饲料混合密闭青贮法,一般青贮30天左右即可应用。

生产沼气:粪便通过厌氧菌的发酵后就会产生以沼气(甲烷)为主的混合气体,这种甲烷气体可以用来作燃料、火焰消毒及沼气发电等,发酵后的沼渣可用作肥料施肥。

②污水的处理与利用

物理处理法:用沉淀池、滤网或灰渣,机械地把悬浮物除去,把杂质沉淀,把污水排入下水道或污水坑。

化学处理法：根据污水中存在的化学物质，用化学反应的方法加入其他化学物质，使其悬浮物和胶体物质沉淀，从而达到净化无害的目的。

生物处理法：利用污水中微生物的代谢作用，分解其中的有机物，使其变得无害。如果再采用好氧处理、厌氧处理或好氧与厌氧共同处理，则效果更好。

用上述任何一种方法处理过的污水，都可作为无害用水用作农田灌溉、鱼塘养鱼、冲洗圈舍等。

2. 科学地组织生产，规范化管理猪场 养猪场应该严格按照国家、行业制定的有关标准、法规、条例、办法规范管理，并结合自身实际条件，按照日（周）工作计划安排（表 4-9）及育肥猪生产工艺流程图（图 4-3）严格、有序地组织生产、管理猪场。

表 4-9 育肥猪场日(周)工作安排表

项　目	配种舍	妊娠舍	分娩哺乳舍	保育舍	生长舍	育肥舍
群体观察	√	√	√	√	√	√
配发饲料	√	√	√	√	√	√
供水检查	√	√	√	√	√	√
清扫粪污	√	√	√	√	√	√
环境检测	√	√	√	√	√	√
设备检修	√	√	√	√	√	√
环境消毒	周三	周三	周三	周三	周三	周三
带猪消毒	周一、五	周一、五	周一、五	周一、五	周一、五	周一、五

续表 4-9

项　目	配种舍	妊娠舍	分娩哺乳舍	保育舍	生长舍	育肥舍
熏蒸消毒	空圈冲洗干燥后	空圈冲洗干燥后	空圈冲洗干燥后	空圈冲洗干燥后	空圈冲洗干燥后	空圈冲洗干燥后
火焰消毒	进猪前	进猪前	进猪前	进猪前	进猪前	进猪前
免疫接种	按表 7-2	按表 7-2	按表 7-2(母)或表 7-1(仔)	按表 7-1	按表 7-1	—
保健给药	按表 7-3	按表 7-3	按表 7-3	按表 7-3	按表 7-3	出栏前 3 周禁用药物
转入猪只	发情猪	妊娠 21 日	分娩前 7 日	35 日龄	70 日龄	105 日龄
转出猪只	配种后 21 天孕检“+”	妊娠 107 天	母猪分娩后 28 日;仔猪 35 日龄	70 日龄	105 日龄	90～100 千克体重
发情鉴定	√	—	—	—	—	—
配　种	√	—	—	—	—	—
妊娠诊断	√	—	—	—	—	—
分　娩	—	—	妊娠 114 日	—	—	—
整理当日(周)资料	√	√	√	√	√	√
周末例会	√	√	√	√	√	√

注:表中“√”表示按项目内容进行操作;“—”表示无该项目操作任务。

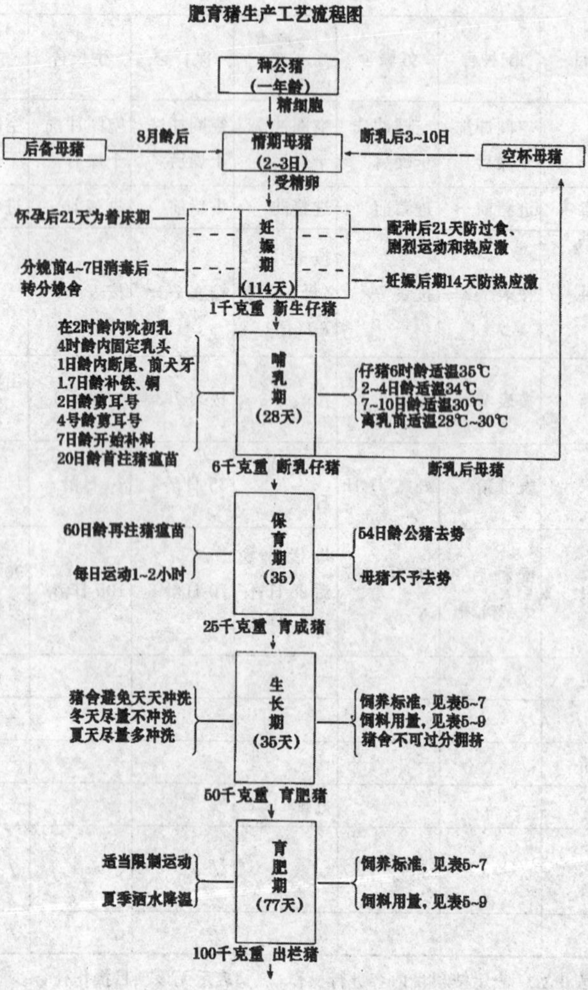

图 4-3 育肥猪生产工艺流程图

第五章　养猪规划、猪场建设及效益估算

当前我国养殖业发展很快、很好，生猪饲养量和猪肉产量均居世界之首。但与其他经济发达国家相比，还存在猪场建设、管理规范、饲养技术水平、疫病防控效果、产品安全质量等方面的差距。因此，加快经济转型，优化发展模式，提升养猪水平，按国家规定标准建设猪场、管理猪场，融入先进的饲养管理技术，迅速提升猪产品安全质量，才是我国养猪业持续快速发展，赶超世界先进水平的必由之路。

一、规模设计及效益估算

（一）规模设计

一般来说，有多少钱办多少事，有多大能力养多少猪，以条件决定规模，以规模决定效益。实践证明，每头公猪可满足 20～40 头（本交）或 300～400 头（人工授精）母猪的配种需要。平均 1 头母猪年产仔 2.2 窝，窝产仔 9 头，成活率平均为 85%。商品猪的生长期平均为 5 个月，出栏体重为 90～100 千克。故一般可按 1 头公猪配 32 头母猪，年出栏生猪约 500 头，需建猪舍 37 间，占地约 900 米^2，总投资需 28.4 万元，年创利税约 6.7 万元。规模设计时除需进行工作人员规划，根据猪场的生产方向、类型、规模、设备、条件、标准、要求和人员素质的不同，以年出栏育肥猪 10 000 头规模的商品猪场为例，约需配备饲料加工 2 人，饲养员 11 人（其中种猪舍、分娩舍、保育舍、育肥舍各 2 人，生长舍 3 人），配种员 1 人，助产员 2 人，兽医员 2 人，场长、会计、出纳、保管、厨师、门卫等

5～7 人，共计 23～25 人。

除此，还应认真规划规模与猪群数量、规模与猪舍面积之间的关系，详见表 5-1，表 5-2。

表 5-1　猪场规模与猪群数量关系表　（单位：头）

猪群类别		猪群数量					
年出栏肉猪		1800	3600	5400	7200	9000	10800
种公猪		4	8	12	16	20	24
种母猪		100	200	300	400	500	600
其中	空怀母猪	22	45	68	90	110	132
	妊娠母猪	59	117	174	234	295	355
	分娩母猪	19	38	58	76	95	113
哺乳仔猪		190	380	580	760	950	1130
保育猪		220	440	660	880	1100	1320
生长猪		375	750	1125	1500	1875	2250
育肥猪		225	550	675	900	1125	1350
后备公猪		1	2	3	4	5	6
后备母猪		25	50	75	100	125	150
存栏合计		1140	2380	3430	4560	5700	6830

表 5-2　猪场规模、种猪头数与各类猪舍面积关系表　（单位：$米^2$）

年出栏头数（头）	种猪头数		种公猪舍	空怀猪舍	妊娠猪舍	分娩哺乳舍	保育猪舍	育肥猪舍	其他建筑	总建筑面积	总占地面积
	种公猪	成年母猪									
1000	3	60	60	110	60	130	200	600	380	1540	6160
3000	9	180	180	260	190	380	560	1760	560	3890	14400
5000	12	290	260	400	320	630	890	2740	740	5980	19100

续表 5-2

年出栏头数(头)	种猪头数		种公猪舍	空怀猪舍	妊娠猪舍	分娩哺乳舍	保育猪舍	育肥猪舍	其他建筑	总建筑面积	总占地面积
	种公猪	成年母猪									
10000	16	570	330	590	510	1160	1760	5430	820	10600	31800
50000	25	2730	480	2600	2500	5840	8580	16120	1740	37860	120000

注:根据猪场类型、生产工艺、配种方式、猪舍跨度、猪栏形式、粪污处理设施的不同等,该表数据也应随之变动。

(二)效益估算

养猪是一项具有效益性的生产活动,获取最佳社会和经济效益是养猪的主要目的。猪的品种、饲料质量、饲养成本、管理方法、疫病防治效果、生猪销售价格等是决定养猪效益高低的主要因素。过去农户按传统养猪方法(土杂品种、单一饲料、熟食喂养、水料混饲、无圈散养、防疫无程序等)饲养 1 头猪约需 1 年才能出栏,有养大猪,养肥猪的习惯,这样,浪费饲料、场地、人工及时间,基本上无利可赚。目前实行科学养猪(优良品种、全价饲料、封闭式管理、严格执行养猪技术操作规程及兽医卫生制度等),具有饲料报酬高、日增重多、出栏时间短、疫病少、肉质好等特点,加之市场需求量大,猪价看好,每养一头猪可盈利 200 元之多。养猪数量多、规模大了,效益就会大增。表 5-3 列出了某猪场前三年投资收益统一表,仅供参考。

表 5-3　某万头猪场建场前三年投资收益情况表　（单位：万元）

年份	基本投资						生产支出							产品收入					利润额
	公猪	母猪	基建	设备	其他	合计	饲料	工资福利	管理办公	水电杂项	固定资产折旧	种猪折旧	合计	种公猪	种母猪	后备猪	肉猪	合计	
1	12	28	270	100	20	430	85	7	10	13.5	390 20	40 4	145	36	58	48	130	272	127
2							280	15	14	16	390 20	134 4	378	98	182	80	136	496	118
3						280	15	14	16	390 20	134 4	378	214	240	92	138	684	306	
合计	12	28	270	100	20	430	645	37	38	45.5	58.5	77	901	348	480	220	404	1452	551

注：①本表为年出栏 10000 头肉猪和部分种猪规模的估算表，如果规模变动，其他数据亦相应调整；

②土地占用费在“其他”项中列支；

③粪污处理开支与粪肥销售收入相抵消。

二、猪场选址与场点布局

（一）场址选择

按照动物防疫条件要求和生猪生产基地建设标准，为满足生猪健康生长所必需的生活环境，猪场选址应该满足以下条件，如图 5-1。

第一，地势高燥、有缓坡、易排污、背风向阳、面积充足（按年出栏每头 2.5～4 米^2 计），周围有足够的农田、果园或鱼塘，以便能够充分消化猪场的粪尿。

第二，交通便利、电力充足。水源上游 500 米内无污水、废弃物及生活垃圾；1 000 米内无饭店、居民区、公共场所及交通干线；3 000米内无医院、养殖场、屠宰场、畜产品加工厂及大型化工厂；

猪场应远离自然保护区、水源保护区、公害严重污染区及土地、城建、旅游规划区等。

第三，土壤坚实，渗水性强，卫生指标合格。水源丰富，每头猪每日按30～70升计，水质和空气环境质量良好；场区噪声小于80分贝。

第四，建场、征地、规划、设计应取得土地、环保、畜牧等有关部门的业务指导和审核批准。

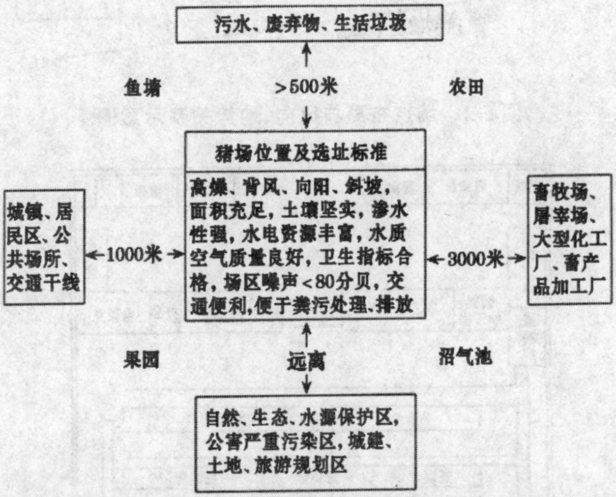

图5-1 猪场选址标准及与相关实体的距离示意图

(二)场点布局

场点布局要符合兽医卫生防疫条件和环境保护要求，便于组织生产操作和预防疫病发生。场点周围设围墙、绿化带或防护沟。场点内根据地势高低和常年主风向，依次划分为生活办公、饲养生产和污物处理3个区点(图5-2，图5-3)，每个区点之间也要设围墙进行隔离。

1. 生活办公区点 位于上风向和地势最高处。该区点设大

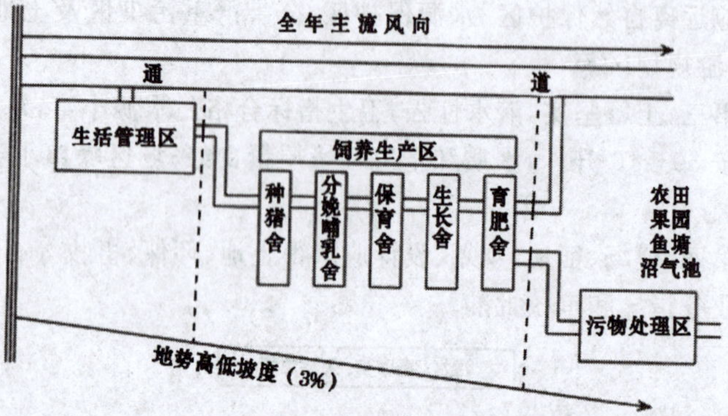

图 5-2　场点布局与风向、地势关系示意图

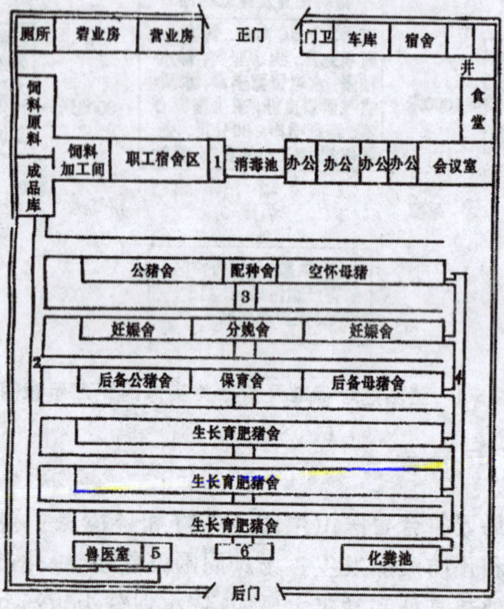

图 5-3　猪场布局平面示意图

1. 消毒室　2. 净道　3. 舍间转猪通道　4. 污道　5. 化制间　6. 装猪台

门，大门口设与门等宽，与一周半大型机动车轮等长，25～30 厘米深，水泥结构的消毒池及供人员出入消毒用的消毒室；区点内设办公室、生活用房、饲料加工仓储房及水、电、暖供应设施等，为生产提供管理、后勤支持。

2. 饲养生产区点　设在生活管理区点的下风向或侧风向处。地势较高且有 3%坡度，以利于水流排污。区点门口设消毒池和消毒更衣室。饲养生产区内设 3 个位点，即公、母种猪位点，分娩、哺乳、保育猪位点及生长育肥猪位点。各位点之间也应相对拉开一定距离，以防疫病传播；各位点内分别建造有关同类型猪的舍点(如种公猪舍、种母猪舍、分娩哺乳舍、保育舍、生长舍、育肥舍等)及人工授精室、防疫卫生室(防疫、检疫、消毒、免疫监测用)及检疫舍(进场和出栏猪检疫用)。区点内人员、生猪、物品运转应实行单向流动，道路设净道和污道，且互不交叉。净道从饲料仓库到各猪舍，主要作运送饲料用。各猪舍点净道入口处要设 1 米长的水泥消毒池(盆)，作为进入舍点运料车和人员消毒用。出栏猪育肥舍点或检疫舍点通过净道与装(卸)猪台相通。污道由各类猪舍点另一端与污物处理区点的病猪隔离舍、解剖室、化制室及贮粪场相通，作运送病、死猪和粪便用。也有在各猪舍之间修一条通道，作为猪只转舍用。各道路应建成硬化、平坦、防渗漏的水泥地面或石子路面。舍内粪污也可通过漏缝地板下的粪沟，经舍外排污暗沟流向污物处理区点。

3. 污物处理区点　设在距饲养生产区 50 米的下风向和地势较低处。此区点内设有包括兽医室、病猪隔离舍、解剖室、化制室、沼气池或氧化池、贮粪场等无害化处理设施。

4. 绿化隔离带　绿化有利于遮阴、防暑、防寒、防风沙、防噪声、防疫病传播，能够美化环境、净化空气、促进猪只健康成长。在猪场周围、各区点之间、舍点之间、道路两旁等所有空闲地上栽植树木、花草，力争使绿化率达到 40%左右。

三、猪舍设计与建造

（一）猪舍形式

1. 基本要求 我国冬季多西北风，故猪舍应坐北向南，偏离方向不应超过30°，且以向东偏斜为宜。猪舍依地形和类别应建成单列、双列或多列。每排猪舍间隔距离为单层同类7～9米、单层不同类或双层13～16米，单层舍内净高（顶棚至地面）为2.4～2.8米，猪舍开间为3～4.5米，跨度为8～15米（单列为4.5米），每排纵向总长度为45～75米。

根据生产工艺流程，猪舍建筑应按风向和地势高低依次建造种猪舍和妊娠舍、分娩哺乳舍和保育舍、生长舍和育肥舍，共3段6类。

2. 猪舍造型 猪舍按对环境条件的可控制程度和层数，分为封闭型、有窗型、半开放型、开放型和单层、双（多）层等类型。

（1）封闭型 该型舍内温度、湿度、空气、光线、电热和机械进行人为调控，现代化程度高，但造价和成本也较高。适用于要求环境条件较高的分娩哺乳舍和保育舍，尤其电价便宜，劳力昂贵的发达地区、寒冷地区及条件较好的种猪场较为适宜，如图5-4。

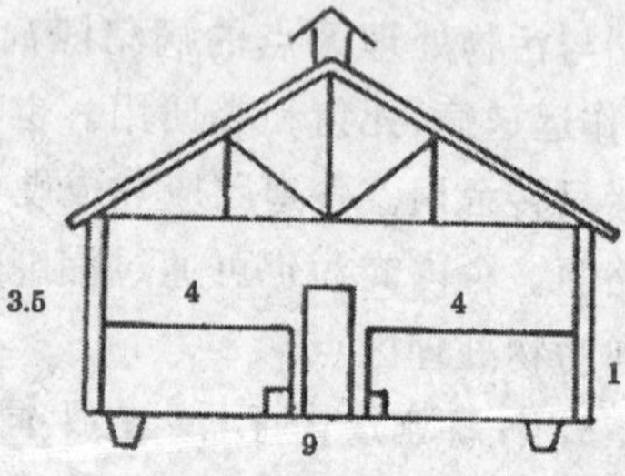

图5-4 封闭型双列猪舍

（单位：厘米）

（2）有窗型 靠开关门窗和通气孔作为舍内温度、湿度、空气、光线和噪声的调节手段。必要时，还要装置通风机和供暖设施。适用于种猪、育肥猪及温带地区各类养猪场，如图 5-5。

(3)半开放型　猪舍的一部分位于舍外，供排粪尿、活动和日光浴用。天气寒冷时，舍外部分可覆盖塑料薄膜或卷帘，以保持舍内温度。适用于我国中南部地区和普通养猪场(户)，如图 5-6。

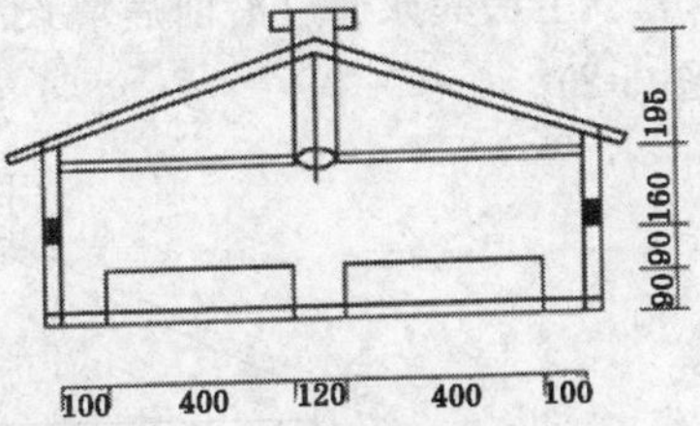

图 5-5　有窗型双列猪舍

(单位：厘米)

(4)敞开型　农村个体养猪户多见。简单易行，造价低，但不易防寒保温，易污染。若一般按坐北向南，由东西山墙和北侧后墙支持单坡屋顶，与运动场之间无隔离墙。圈门在南围墙处，水泥地面，坡度约3%，北高南低(图 5-7)。

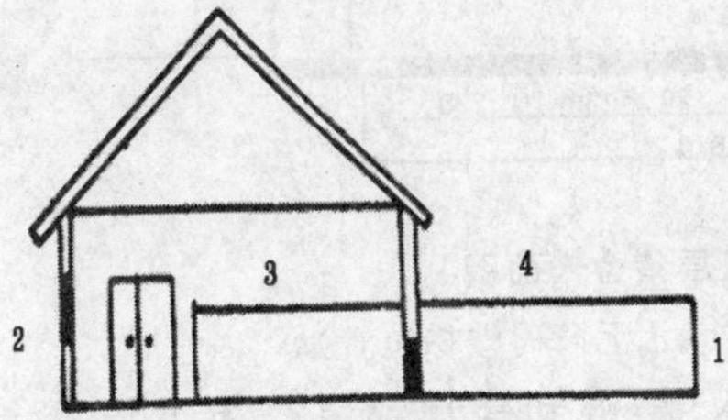

图 5-6　半开放型单列猪舍

(单位：厘米)

(5)双(多)层型　双(多)层猪舍的优点在于节约用地、降低成本、立体饲养、通风透光、干燥卫生、减少蚊蝇鼠害、有利于猪的福利条件改善和疫病防控。底层适于作妊娠、分娩及保育等需要保温、安静环境的猪舍；上层适于作种猪、生长及育肥等有怕热耐寒要求的猪舍。各楼层高 2.4～2.7 米。猪只、饲料及物品等上下楼运送由简易电梯(电动升降机)或水泥直坡无障碍防滑楼梯(限双层舍)完成。电梯间长 2.24

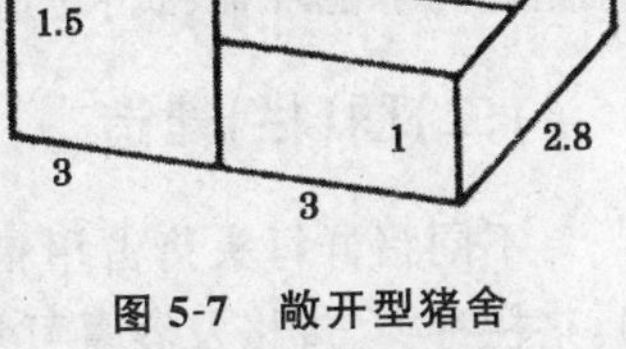

图 5-7　敞开型猪舍

(单位：厘米)

米，宽 1.8 米；无障碍楼梯的宽度约 1.56 米，坡长约 11.5 米，坡度约 22%。上层粪尿通过沿前后墙设置的落粪管道流落于地面粪沟内（图 5-8）。

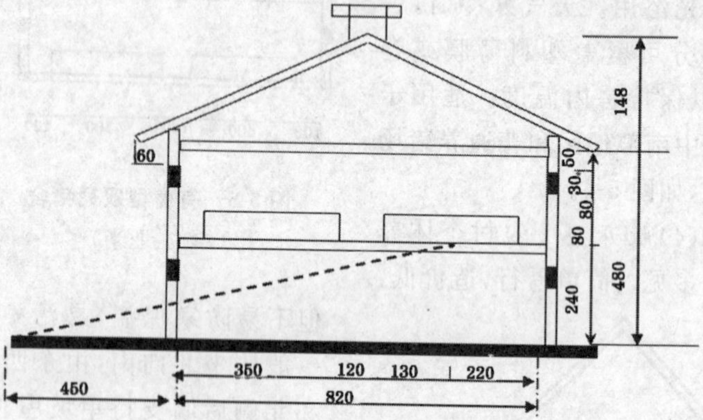

图 5-8　双层猪舍剖面图

（单位：厘米）（虚线表示无障碍楼梯位置）

3. 建筑结构　通常有砖木、砖混和轻型钢复合板组装式猪舍。前者目前多用，后者为新型建材，具有建造速度快、压力轻、坚固耐用、保温性能好、可拆装转移、节省开支等优点。建造猪舍时应考虑猪舍的保温、隔热、通风和降温性能。舍顶应采用导热系数不高的建筑材料或加装太阳能顶棚的形式，阻隔热辐射穿透屋顶传入舍内；也可将屋顶中间变成通风屋顶，使空气自由流通以降低太阳辐射热向猪舍内传导。墙体可采用空心砖、夹心钢板等隔热性能好的节能环保材料建造。

（二）圈（栏）建造

不同猪群每头猪占用猪圈（栏）面积和采食宽度可参考表 5-4，猪栏种类、规格及容量可参考表 5-5。

表 5-4　各类猪栏面积、装栏头数及采食宽度参考表

类　别	体重(千克)	栏面积(米²)	每栏头数	采食宽度(厘米)
公　猪	140～250	6～8	1	35～45
妊娠猪	140～250	1.2～1.5	1	35～40
分娩猪	—	1.3～1.5	1	40～50
哺乳仔猪	<7	0.16～0.25	1窝	—
保育仔猪	<25	0.3～0.32	8～12	18～22
生长猪	<50	0.5～0.55	8～12	25～35
育肥猪	51～100	0.9～1.20	8～12	35～40

表 5-5　常见猪栏种类、规格及容量参考表　(单位:厘米)

类　别	长	宽	高	隔离间距	每栏饲养数量(头)
配种栏	490	256	公 120 母 95	1.2	公 1 母 4
妊娠栏	210	60	100		1
产仔栏	220	170	50	0.4	母猪 1
母猪分娩栏	210	60	100	0.4	仔猪 1 窝
保育栏	180	170	70	0.7	1 窝
生长栏	270	190	80	1.0	1 窝
育肥栏	290	240	90	1.0	1 窝
后备猪栏	210	240	100	1.0	5

1. 公猪舍(栏)　置于上风向、较僻静处．跨度 12 米,中间设走道 1.1 米,双列单圈(栏),带运动场饲养。栏高 1.2 米,面积为 3.3 米×2.4 米,每栏 1 头,也可代替配种栏。

2. 空怀母猪舍　临近公猪舍和配种舍。跨度 8～10 米,中间设走道 1.1 米,双列单栏,栏高 1 米,面积 3.3 米×3 米,每栏饲养 5 头。

3. 妊娠舍(栏)　与产房临近,跨度 12 米,可单饲也可大栏群

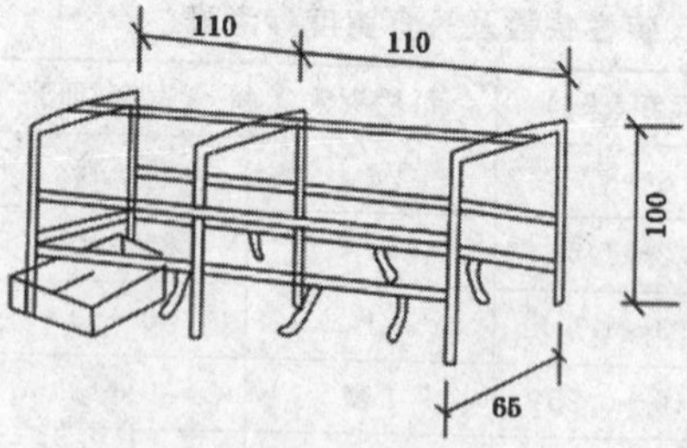

图 5-9 妊娠母猪限位栏

（单位：厘米）

养。群养时为双列大栏，中间设走道宽 1.1 米，栏高 1 米，面积为 4 米×3 米，地面坡度要小，防光滑，每栏养 3 头，也可同栏活动，定位采食，以防争食拥挤；单饲时在限位栏内饲养，限位栏栏高 1 米，面积 2.2 米×0.65 米（图 5-9），后部设 1 米长的半漏缝地板。

4. 分娩哺乳舍（栏） 该舍是分娩母猪和哺乳仔猪生活的重要场所，条件要求较高。所以，应建成具有密闭保温型高床网上分娩，漏缝地板排粪等条件的猪舍。猪舍跨度 10 米，形成三走道双列式。网上分娩栏网床高 30 厘米，网由金属编织而成。每栏饲养一窝母仔猪，如图 5-10。

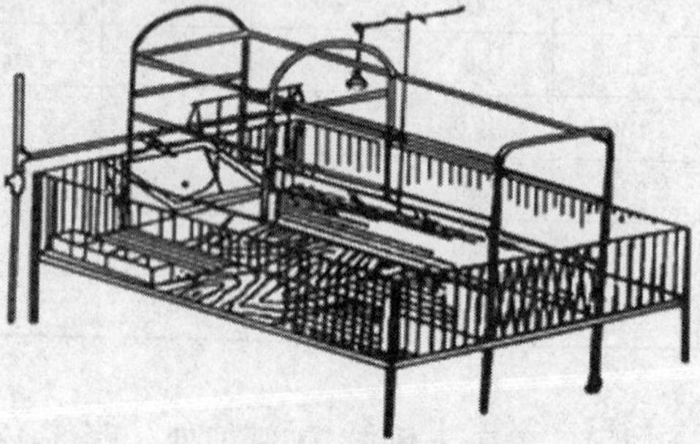

图 5-10 母猪高床产仔哺乳栏

网上中间设母猪限位栏（长 2.2～2.4 米，宽 0.6～0.7 米，高 1 米）和两侧设仔猪围栏（每个围栏长 2.2～2.4 米，宽 0.65 米，高 0.5 米）。仔猪区设饲槽、饮水器和保温箱。保温箱由加热地板、热风口、红外线灯或沼气保温伞供热。若非高床网上产仔者，也可在漏缝地板上设置母猪限位栏，两侧设仔猪活动区及保温箱或者按图 5-11 的结构设计建造哺乳分娩舍。

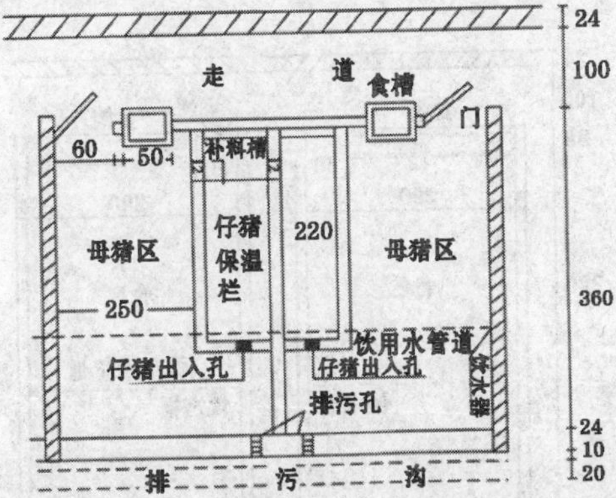

图 5-11　分娩哺乳猪舍平面结构图

（单位：厘米）

5. 保育舍（栏）　仔猪断奶后转入保育舍，此时因发育尚不健全，故对舍温和卫生条件的要求仍较高。采用双列式半漏缝地板，也可采用网上漏缝饲养，猪舍跨度 9 米，中间设 1.1 米走道。每栏饲养 1 窝 9～15 头仔猪，栏高 0.3 米，面积为 3.4 米×2.4 米，如图 5-12。

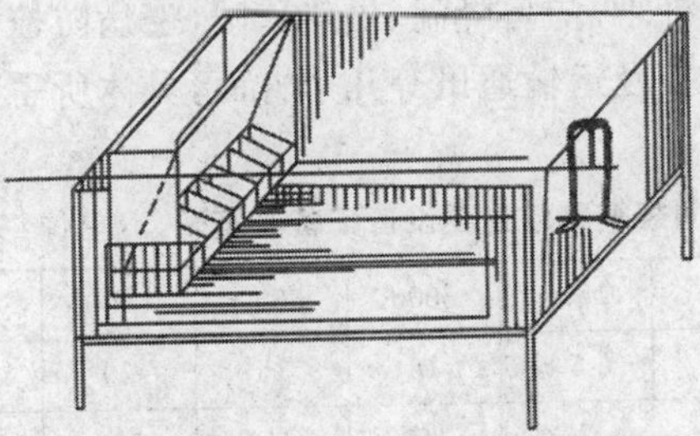

图 5-12　断奶仔猪网上保育栏

6. 生长育肥舍（栏）　跨度为 12 米，多采取双列地面大栏群养，中间设走道1.1米，每栏养10～15头。猪栏高1米，面积5米×3米，后部设1米宽的漏缝地板。或者按照图5-13的结构式样进行建造。

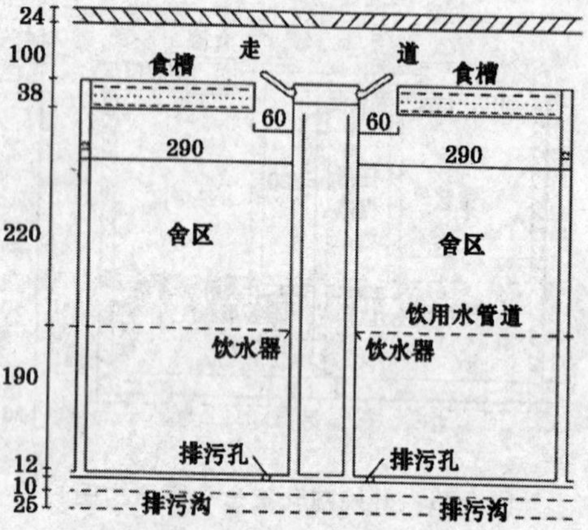

图5-13　生长育肥猪舍平面结构图

（单位：厘米）

（三）猪场常用设备

目前猪场常用的主要设备有漏缝地板、饲料自动供给、供水系统、粪污无害化处理、防暑降温、供热采暖、疫病防控、光气调节、灭火器具、电子监控及运输通讯等几个方面，具体所需物品和数量参考表5-6。

表5-6　不同规模猪场主要设备配备一览表　（单位：头、台、套）

年出栏数	1500	3000	5000	6000	7500	10000
公猪栏	5	10	15	20	25	30
空怀妊娠单饲栏	80	160	240	320	400	480

续表 5-6

年出栏数	1500	3000	5000	6000	7500	10000
空怀妊娠分组饲养栏	19	34	52	76	86	116
分娩哺乳栏	24	48	72	96	120	144
保育栏	24	48	72	96	120	144
生长栏	39	79	118	158	197	237
育肥栏	25	49	74	98	123	147
后备母猪栏	3	4	6	8	10	12
后备公猪栏	2	3	5	6	8	10
风　机	6	10	15	20	31	38
高压喷雾清洗消毒机	1	1	1	2	2	2
火焰喷射消毒器	1	1	1	2	2	2
饲料运送车	4	5	6	7	8	10
仔猪运送车	1	1	1	2	2	2
运粪车	3	4	5	6	7	9
交通工具	1	1	1	1	1	1
地　磅	1	1	1	1	1	1
电　脑	1	1	1	1	1	1
人工授精器具	1	1	1	2	2	2
兽医诊疗防疫设施	1	1	1	2	2	2
解剖设备	1	1	1	2	2	2
粪污无害化处理设施	1	1	1	2	2	2
电子监控设备	10	20	30	40	56	60
妊娠诊断仪	1	1	1	2	2	2
背膘测定仪	1	1	1	2	2	2
真空检测仪	1	1	1	1	1	1
高压蒸汽灭菌器	1	1	1	1	1	1

续表 5-6

年出栏数	1500	3000	5000	6000	7500	10000
焚尸炉				1	1	1
化制机	1	1	1	1	1	1
温度计	5	10	15	20	25	30
气流计	5	10	15	20	25	30
断尾器	1	1	1	2	2	2
断齿钳	1	1	1	2	2	2
去势器	1	1	1	2	2	2
耳标钳	1	1	1	2	2	2
低温冰箱				1	1	1
恒温箱				1	1	1
烘　箱				1	1	1
灭火器具	2	2	3	3	3	3

1. 漏缝地板　猪舍(栏)多为混凝土地面,具有坚固、耐用、不渗水、易清洗消毒等优点,但不易保持地面干燥和清洁卫生,更不利于粪便的清除及疫病的预防。目前,多数大中型猪场的猪栏地面全部采用漏缝地板或在猪栏后 1/3 处的粪沟上面安装漏缝地板,不仅易于清除粪尿,保持栏内干燥,而且有益于清洁卫生和防疫。常用的漏缝地板多由钢筋网(易腐蚀、使用期短、舒适度差)、钢筋混凝土(价格低廉、适于成猪舍)、塑料(耐腐蚀、易冲洗、舒适、不伤蹄、使用期约 10 年)和铸铁(耐热、耐腐蚀、坚固耐用、不变形、承载力强、适合各类猪群、使用期约 20 年)等材质分别做成,其中以铸铁和塑料漏缝地板为好。不同猪舍所需漏缝地板的板条和漏缝宽度见表 5-7。

表 5-7　各类猪舍漏缝地板板条和漏缝宽度　（单位：厘米）

猪群类别	哺乳仔猪	保育猪	生长猪	育肥猪	种母猪	种公猪
板条宽度	4～5	5～7	7～9	7～10	7～10	7～10
漏缝宽度	0.9～1	1～1.3	1.4～1.7	1.8～2.1	2.2～2.5	2.5～3

2. 饲料供给设施　猪的饲喂方式有机械自动（适大、中型）和人工（适中、小型）送料两种，其流程如图 5-14。饲料供给设备包括饲料加工机械、仓库、运料车、贮料塔、输送机、定量料箱（适限量饲喂猪舍）、饲槽等，自动喂饲的输送机，国内过去多用绞龙和链条输送机，目前多用塞管式和螺旋弹簧式输送机。后两种具有浪费少、噪声小、卫生、长距离（限 500 米内）、自由送料（拐弯处大于 90°）等特点。

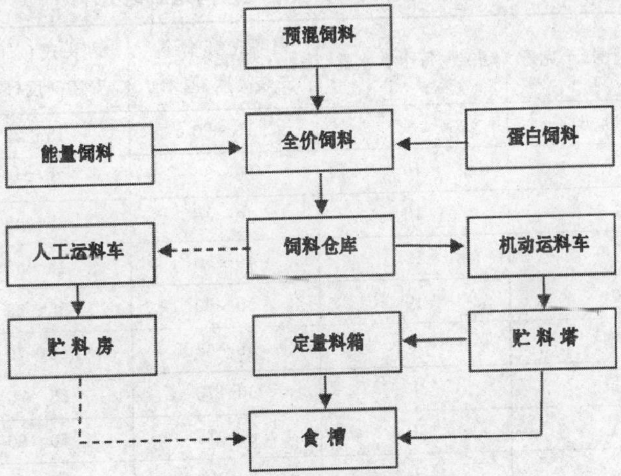

图 5-14 送料流程图

（虚线表示人工送料，实线表示机动送料）

饲槽主要有水泥、金属两大类制品。对限量饲喂的多采用混凝土地面饲槽或钢板饲槽。水泥饲槽坚固耐用，价格低，必要时也可兼作水槽。不足之处是,卫生条件差,对哺乳仔猪、保育猪、育肥猪栏可分别安装由钢板喷塑或半钢半水泥制成的、不同容量的食槽(自动饲槽)。长方形双面自动饲槽可安置在两栏中间,供两个栏的猪只共同自由采食。

3. 供水设施 猪场每日都需要大量清洁卫生的水作饮用、冲洗、消毒或暑季降温用.因此,供水设备是现代化猪场必不可少的重要设备之一。其中,包括提取、净化、储存、过滤、加压、管道输送、减压、自动饮水器、高压喷水机、淋浴器等。自动饮水器目前有鸭嘴式(大、小号)、乳头式和杯式 3 种,其中以鸭嘴式最为多见。饮水器每栏 1～2 个,安装在猪栏后部的漏缝地板上方,以保持猪栏干燥。不同猪栏在不同高度安装不同种类、不同型号的饮水器,见表 5-8。

表 5-8 自动饮水器安装高度与承载能力

体重范围(千克)	头数/每个饮水器	鸭嘴式 45°倾斜安装高度(厘米)	乳头式 60°倾斜安装高度(厘米)
出生至断奶前	1 窝	15～20	15～25
7～10	10	20～30	25～35
11～25	10	30～40	35～45
25～60	12	40～50	45～55
60～100	10	50～60	55～65
后备母猪	1	55～65	60～70
后备公猪	1	60～70	65～75
种母猪	1	65～75	70～80
种公猪	1	70～80	75～85

4. 供热保暖设施 根据猪群种类的不同,对舍温的需求也不相同。分娩哺乳舍、保育舍因仔猪体温调节功能发育尚未健全,抗

寒能力差，故应做好供热保暖工作。供热有集中供热和局部供热两种方法。集中供热是利用煤、沼气、天然气、电等能源，通过热水锅炉、燃烧器、电热器、热水管道泵、管道、散热器等设备，向猪舍内供热，以提高猪舍整体气温。其中，热水或热风供暖方法比较常用。局部供热是采用电热板、热水地板、沼气保温伞、红外线灯或自动调温器进行供热。尤其利用红外线灯(125 瓦/只)，1 窝 1 盏，照射仔猪，既可保证仔猪的取暖需要，又不影响母猪。红外线灯瓦数、悬挂高度和距离与供热效果有关，应以仔猪不互相挤堆并保持安静为宜。

5. 通风降温设施　为了排除猪舍内有害气体，降低舍内温度，调节局部温度和空气，猪舍应定时或不定时地进行通风换气。对猪舍容积小、门窗较多者，可采取打开门窗自然通风；对猪舍容积大、猪只密度高、采用漏缝地板的猪舍，应采用机械通风。机械通风可采用排气式通风，每舍用两级轴流式风机(型号为：9FJ-60 至 9FJ-140)2～4 个，可将舍内污浊空气抽出，舍外清新空气经进气口自然吸入。风机如与恒温控制器和定时器相连，就形成通风自动控制系统，既能控温又能定时。暑季舍温过高时，除采用通风换气降温外，还可采取喷淋和负压式水帘吸热降温系统。

6. 防疫消毒设施　该设备是维护猪场环境清洁卫生、防止疫病传播、保证猪体健康的重要条件。常用的有车辆消毒池、淋浴更衣消毒室、紫外线灯、高压冲洗喷雾消毒机、火焰喷射消毒器、高压蒸汽灭菌器、疫苗运输、储存、接种设备及病猪医疗、解剖、化制处理设备等。尤其高压冲洗喷雾消毒机，喷枪可调节，既可高压冲洗，又可喷雾消毒，优点很多，为集约化养猪场所必需；火焰喷射消毒器，利用煤油高温雾化或沼气燃烧产生高温杀灭各种病原体和芽孢，不仅杀灭病原微生物范围广，杀灭率高，而且无毒无害无污染，经济方便实用，是一种消毒功能十分优越的常用设备。

7. 粪污处理设施　根据粪污处理方式不同，所需设备也不一样。一般常用设备有推粪车、贮粪场、刮粪机、排污沟、沉淀池、污水泵、粪水分离机、罐车、厌氧池、氧化池和大中型沼气池等。我国以前多采用氧化池分级氧化处理的方法，这样不仅占用土地较多，而且露天发酵，滋生蚊蝇，散发臭气，污染环境，浪费资源；近几年，国家提倡发展循环型、资源节约型、生态环保型经济，一些现代化养猪场在猪舍下面建设大中型沼气池，不仅能够节约大量土地资源，保护生态环境，猪舍粪污就近填入沼气池做无害化处理，节省大量人力物力，而且通过舍温传导使池温提升，利于冬季沼气生产，沼气燃烧又可满足猪舍增温的需要。不仅粪便资源通过发酵实现循环再生利用，沼渣可用作施肥、养鱼，沼液可用作灌溉、养鱼和冲洗猪圈，而且沼气又可用作猪舍保暖、火焰喷射消毒、发电及烧锅炉等多种用途，从而达到节能环保，发展循环经济的目的。

8. 计算机及电子安防设施 随着电子时代的到来，不少大中型养猪场也都在充分利用这一现代工具。计算机及所开发的多种应用软件，已被猪场广泛用作信息搜集、电商网上交易、产品广告发布、饲料配方调制、养猪生产管理、数据统计分析、疫病诊断防治、疫情测报、电子邮件收发、网上微博微信交流、档案资料及劳动人事财务后勤管理等诸多方面。电子监控设备可把电子探头安装到猪舍内，对猪群饮食起居活动状态进行观察，不仅能够及时发现猪只的异常表现，而且避免了人员进入猪舍造成的环境污染和猪群应激反应的发生，既减少了工作强度，又增强了猪只活动情况的有效监控。

第六章　猪病的诊断与治疗

一、常用诊断技术

(一)接近病猪方法

对性情温顺的猪,诊断者可先用手轻轻搔其颈、腹或背部,使其安静下来再进行检查。一般的猪可由饲养员采用此法诱其安静,然后即可接近猪体进行检查。如果猪只性情暴躁,则需借助人力或药械加以保定后,再进行检查诊断。

诊断可分为常规的流行病学诊断、临床诊断及非常规的剖检诊断、实验室诊断、药物诊断、鉴别诊断、综合诊断等多种方法。

(二)常用诊断方法

1. 流行病学诊断　通过询问、调查,了解发病动物种类、年龄、性别、传染源、发病率、发病季节、传染途径、周边疫情、防疫情况、病死率、治疗效果、病程等进行初诊。

2. 临床诊断方法　临床上常用的诊断方法一般分为望、闻、问、切 4 种。

(1)望诊(视诊)　即用肉眼或借助于器械察看病猪的体态、精神、被毛、运动、食饮的病变情况以及口腔黏膜颜色变化等。同时,还要注意观察鼻镜等的变化,鼻镜干燥、龟裂是体温增高、缺水的表现;眼结膜发红充血或发绀,是热性病和循环障碍的征兆;发黄则为寄生虫病、肝病或其他贫血症的表现。此外,还需看肛门周围是否清洁,有无腹泻、下痢现象;看尾巴情况,如果尾巴下垂,不爱摆动则属病态；观察粪尿的颜色、排泄量、稀稠度，是否混有黏液、脓血、寄生虫或其他异物等。

(2)闻诊(嗅诊、听诊)　闻排泄物、分泌物、呼出气体的气味，如猪患肺坏疽时呼出的气体恶臭；患胃肠炎时粪便腥臭，口腔气味难闻等；借助听诊器听心音、呼吸、肠音等。

(3)问诊　调查了解饲养管理情况，如饲料、饮水情况，饲喂方法，发病时间、地点、食欲、粪尿情况，疾病发展变化情况，治疗效果以及猪的来源情况等。

(4)切诊(触诊)　用手触摸病猪的耳朵、体表、动脉血管，感测其温度、湿度、弹性、敏感度及脉搏跳动，查皮肤有无肿胀、疹块及损伤等病变。同时，也可借助叩诊槌进行叩诊，用体温计测量肛门内温度以帮助诊断。

(三)剖检诊断及注意事项

1. 猪的剖检技术

(1)外部检查　剖检前，首先进行体表检查，包括品种、性别、年龄、皮肤、毛色、营养状况、可视黏膜、尸僵、皮温、天然孔、体表污粪等情况。

(2)切开胸腹腔及摘出脏器　剖检时，使猪体仰卧，一般先切断两前肢与胸部肌肉，再切断两后肢股内侧的肌肉，切开髋关节及韧带，使四肢摊开平放在地上，然后沿腹中线从剑状软骨至肛门处将腹壁切开，再沿最后肋骨切开腹壁至脊背，这样腹腔脏器就全部暴露出来。此时，术者要观察腹腔各脏器的位置和有无异物(如纤维素、血块、脓汁、腹水数量及色泽等)。若需进行细菌学检查时，可用无菌操作方法采取被检病料。然后，由横膈处结扎，并切断食管，从骨盆腔内结扎并切断直肠，将胃、肠、肝脏、脾脏一起取出。然后，再摘出肾脏、膀胱等，分别进行检查。

必要时，由剑状软骨向前切开两侧肋软骨联合，将胸骨与肋软骨取下，暴露胸腔。然后切开下颌至胸前部皮肤和肌肉，将舌、喉头、气管、食管连同胸腔内的心脏、肺脏一起摘出，分别检查。在切开皮肤时，应注意检查皮下组织、肌肉及淋巴结的变化。

（3）脏器检查　将胸、腹腔切开后，注意观察内脏器官的位置、形态、大小、色泽、质地及出血点，胸、腹壁的色泽及光滑度，胸、腹腔液体数量、颜色、透明程度、气味及有无异物等。

2. 剖检应注意事项　当剖检传染病可疑病猪时，要注意防止病原的散播，并预防人被传染。

第一，剖检前，要了解死猪的来源、病史、症状、治疗经过及防疫情况。

第二，要准备必要的刀、剪、消毒药物及个人防护物品。手有外伤时，不宜参加剖检工作或戴上胶手套防护。

第三，剖检时间越早越好。猪死后，时间过长（尤其是在夏季），尸体容易腐败，对其病变观察和诊断不利。

第四，剖检后，死于传染病的尸体应于焚尸炉内焚烧、化制处理或挖坑深埋，连同血水、粪便及污染的表层土壤一起铲入坑内，上面撒上消毒药，然后盖土压实。剖检用具应洗净、消毒后保存备用。不要食用死猪肉，以防止传染疫病及中毒情况发生。

第五，剖检应按顺序进行，每个器官都须进行观察，并将所见病理变化详细记录，根据剖检变化综合分析，做出病理诊断。

3. 常见的病理变化

（1）充血　局部组织或器官的小动脉血管内血液增多者，叫充血。充血的部位呈红色，毛细血管明显，组织紧张、肿大。

（2）出血　血液流出血管或心脏之外，称为出血。出血发生在体表者，称外出血。出血发生在组织间或体腔内者，称内出血。微血管没有明显破裂，而只是由于血管壁的渗透性发生改变，使血细胞通过血管壁向周围组织渗出而造成的出血，称渗出性出血。渗出性出血是在组织内形成出血点或出血斑。多见于某些急性败血性传染病。

(3)淤血　局部组织或器官的静脉血液回流不畅或淤滞者称为淤血。淤血组织呈暗蓝紫色,肿胀,长期淤血还会引起水肿、变性或坏死,局部组织发凉。

(4)贫血　全身或局部组织和器官中的血液减少,叫贫血。眼结膜、口腔黏膜及贫血组织或器官,颜色变淡或呈苍白色。长期贫血,可使组织发生萎缩、发凉、变性及坏死。

(5)水肿和积水　组织内的组织液含量增加,称为水肿。自然腔(如心包腔、胸腔、腹腔、关节腔、脑室)内的组织液含量增加,称为积水。水肿的组织或器官肿大,切面湿润,或流出多量透明或胶状液体。皮肤水肿时,生前指压有压痕。

(6)萎缩　由于某种原因,组织或器官的体积缩小、功能减退者,称为萎缩。

(7)变性　由于某种原因,组织细胞营养障碍,代谢紊乱,细胞内的化学成分和结构发生变化,同时功能也发生紊乱者称为变性。蛋白质变性时,变性器官表现为浑浊肿胀,包膜紧张,质脆色淡,结构模糊;脂肪变性时,变性的组织肿大,淡黄色,质脆,无弹性。

(8)坏死　机体的局部组织细胞发生死亡,称为坏死。发生凝固性坏死时,坏死组织干燥、硬固、呈灰黄色,与健康组织有明显界限。发生液化性坏死时,坏死组织发生软化溶解,失去原有的结构,病变部分界限不明显。

(9)梗死　由于供给组织营养的动脉血管因某些原因发生堵塞而出现的组织坏死部分,称为梗死。

(10)炎症　炎症是机体与致病因素相互作用时所发生的综合性病理过程,它是机体的一种复杂的自卫防御反应。

(四)实验室检验及采样送检

作为大多数养猪场(户)多无标准实验室检验条件,但学会采取病猪或病死猪尸体的血、粪、尿、组织、器官等相关病料送有关实验室内进行检验诊断是应该掌握的一项重要技术。那么,怎样采集、保存、送检病料呢?

第一,选取病料要精准。选典型的受害部位;受害部位不典型时,可选全身主要器官组织;败血性传染病可选全身各器官及淋巴结;做血清学检验时,可取全血于试管内,静置凝固析出血清后,收集血清于无菌小瓶内送检。猪常见疫病送检病料的选取,见表6-1。

表6-1　猪常见疫病病料采选表

病　名	选取病料	检验项目	备　注
猪　瘟	肝、脾、肾、淋巴结、回盲瓣血液涂片、组织涂片、血清	眼观检查、动物接种试验、附荧光抗体检查、酶联免疫吸、试验	
猪丹毒	心、肝、脾、肾、血液、组织	眼观检查、分离培养、细菌形态镜检	
猪肺疫	肝、肺、脾、肾、血液、组织	眼观检查、分离培养、细菌形态镜检	
副伤寒	病变大肠段、肝、脾、心血	眼观检查、分离培养、细菌形态镜检	
炭　疽	濒死期血液、病灶组织、颈部淋巴结	眼观检查、分离培养、细菌形态镜检	一般不得剖检;病料应密封送检
黄白痢	全猪或十二指肠一段	细菌学检查	
传染性萎缩性鼻炎	于臼齿处将鼻道锯开送检、鼻分泌物	眼观鼻甲骨形状、病原学检查	
口蹄疫	水疱皮、水疱液、血清	病毒学、血清学检查、动物接种实验	严防散毒
水疱病	水疱皮、水疱液、血清	病毒学、血清学检查、动物接种实验	

续表 6-1

病名	选取病料	检验项目	备注
蓝耳病	脾、淋巴结、血清、精子及胎儿胸腹水、肺、脾、淋巴结	荧光抗体检查、酶联免疫吸附试验、聚合酶链式反应	
圆环病毒病	脾、肺、淋巴结、血清	荧光抗体检查、病毒分离鉴定	
副猪嗜血杆菌病	脾、肺、淋巴结、胸腹水、心囊液、血清	分离鉴定、琼扩试验、间接血凝、聚合酶链式反应	
伪狂犬病	脑组织	兔接种、猫食用	
狂犬病	海马角、延髓、小脑	镜检包涵体、小白鼠接种	
乙型脑炎	脑组织	病理组织学检查	

第二，采取病料应无菌。用作病原学检查的病料，在采取时，要无菌操作，防止其他微生物污染，影响结果判定；但也最好采集未经抗生素或驱虫药治疗的病料。

第三，送检病料应新鲜。采集病料应于病猪死后立即进行，最长不得超过 6 小时，夏季不得超过 4 小时。

第四，病料包装应严密。

①病毒性检验材料：应保存在 50％甘油磷酸盐缓冲液中加塞封口，于冰瓶中快速送检。

②细菌性检验材料：应保存于饱和氯化钠溶液或 30％甘油磷酸盐缓冲液中，加塞封固，于冰瓶中快速送检。

③组织学检验材料：应置于 10％甲醛溶液或 95％的酒精中固定。固定液用量应为检验材料的 10 倍。若用 10％甲醛固定时，应于 24 小时再换 1 次新的固定液。该病料应防止冻结。

第五，病料送检应快速。不同病料采用不同的包装方法包装后，要快速送检。一般派专人负责。

(五)其他诊断方法

其他诊断有药物诊断、鉴别诊断及综合诊断等。

二、常用的治疗技术

(一)保定方法

1. 保定架保定 此法适用于体大暴躁的猪,将猪引进保定架后,前后上下可用木棒或绳索固定。

2. 鼻绳保定 用一根长 2～4 米柔软而结实的细绳,在绳的一端打一个“活结”绳套,套在猪的上颌犬齿的后方,用力拉紧,另一端拴在柱子上;然后,把猪头提成上仰水平,即可打针灌药。解脱猪只时,只需一拉短绳头,绳圈即可全部松开。

3. 抓耳提起前肢保定 对仔猪或体重较轻的猪,在针刺或注射投药时可采用本法保定。保定者两手分别握紧猪的两个耳朵,并骑夹在猪的鬐甲部,两手用力向上提拉猪耳,使猪头高抬,两前肢悬空。同时,保定者用两腿紧紧夹住猪的肩肘部。

4. 后肢提起保定 用手将猪的后肢抓住,向上提起,使猪倒立,即可进行诊治。

5. 侧卧保定 两人协作,一人抓住猪的一条后腿,另一人握住猪耳朵,两人同时向一侧用力将猪放倒,并适当按住头颈和四肢,即可进行诊治。

6. 其他 还可采用鼻捻棒保定及网架保定等方法。

(二)给药方法

1. 群体给药法

(1)混饲给药 这是现代集约化养猪中最常用的一种给药方

法。即将药物粉碎后均匀混入饲料中，让猪在吃料的同时也将药物吃进。该法简便易行，适用于长期投药。但对于重病猪只，其食欲降低时，不宜使用。

(2)饮水给药　饮水给药也是比较常用的给药方法之一。它是指将药物溶解于饮水中，让猪自由饮用，在饮水的同时，饮入药物。此法可用于预防或治疗猪病，尤其适用于因病不能采食，但能饮水者，且所用药物必须是水溶性的。

(3)气雾给药　气雾给药是指将药物以气雾剂的形式喷出，使之分散成微粒(直径 5～50 微米)，弥散到空气中，让猪只通过呼吸道吸入而产生治疗作用。此法操作简便，产生药效快，尤其适用于大型现代化养猪场。气雾吸入要求药物没有刺激性，否则会引起咳嗽，诱发呼吸道炎症。

(4)外部环境给药　为了杀灭环境中或猪体表的寄生虫和病原微生物，除采用上述给药方法外，还可采用通过对圈舍、用具、饲槽等环境喷洒(撒)药液(粉)的办法给药。或通过浸泡、洗刷、撒布的办法用药。

2. 个体给药法

(1)内服法

①自动口服法　猪有一定的食(饮)欲时，可将没有特殊气味的药物加入饲料或饮水中，让猪自由采食或饮用。

②器具灌服法　将药物调成液状或糊状，装入空酒瓶或汤匙内，抓耳提起两前肢(提起高度以嘴角不超过眼为止)保定后，用开口器或木棒将嘴打开，从口角插入药瓶或汤匙，缓慢将药液灌入。每次少量，避免药液灌入气管，引起异物性肺炎。灌药时如果发生咳嗽，应暂停灌药，让其把药液咳出。

③胃管投药法　将猪站立或横卧保定后，用开口器或木棒打开口腔，然后，将胃管通过开口器的小孔缓慢送至咽喉部，待猪出现吞咽动作时，趁机把胃管送进食管。这时，将橡皮球接在胃管的

另一端，手捏橡皮球不鼓起或耳听管口没有呼吸气流呼出时，即证明已送入食管，再继续送入适当深度，接上漏斗，即可投药。

④灌肠给药法 根据不同的治疗目的，使用不同的药物。主要有温肥皂水、生理盐水及液状石蜡等。首先把猪保定好，把灌肠器的插头涂上润滑油，插入直肠内，举起灌肠桶，药液即可灌入直肠内。灌肠器插入直肠时，切忌粗暴，以免损伤直肠。

(2)注射法 用注射器直接把药液注入体内，方法简便易行，发挥作用快。常采用的方法有以下几种。

①皮下注射 系将药液注射到皮下结缔组织中。一般注射后5～15分钟发挥药效。采用皮下注射的药物一般是易溶解、无强刺激性的药液。注射部位，要选择血管和神经分布较少的部位，如耳后、大腿内侧等。注射时，先把注射部位消毒，用左手拇指、食指、中指提起皮肤捏成皱褶，右手将注射针头刺入皱褶中央皮下，然后推入药液。注射后迅速拔出针头，进行局部消毒。如注射药量过大时，可分点进行注射。

②肌内注射 选择大血管和神经分布少、肌肉丰满的颈部和臀部。先将局部消毒，将针头垂直快速刺入肌肉内，抽动注射器活塞，确定未发现回血时，即可用力推入药液。注射完毕，将针头拔出，用碘酊棉球消毒。入针时针头不宜全部刺入肌肉，以免因猪只骚动将针头折断时留于皮内。具有强刺激性的药物，不宜做肌内注射，必要时可分点做深部肌内注射。

③静脉注射 系将药液直接注入静脉血管内，使药液迅速在血液中达到有效治疗浓度并遍布全身。不适宜做皮下注射、肌内注射的刺激性较强或剂量较大的药物及需要补液、输血的危重病猪均用此法治疗。常用注射部位是耳静脉。用碘酊棉球进行局部消毒后，左手压迫耳静脉近心端使血管怒张，右手持注射器针头，向耳根方向，顺着血管呈10°～15°角，刺入静脉血管，抽动注射器活塞，见到回血，表示针头刺入部位正确。用左手固定针头及刺入

部位，右手推动注射器，将药液缓慢注入静脉血管内。注射完毕，用酒精棉球压迫注射部位，右手快速拔出针头，以免发生出血或淤血。

④腹腔注射　是将药液直接注射到腹腔内的一种方法。将猪只倒立（小猪）或侧卧保定后，在耻骨前缘3～5厘米腹白线侧方2厘米处，剪毛消毒后，用左手捏起局部皮肤，将针头垂直刺入腹腔，当刺入顿觉无阻力且回抽注射器活塞无血液、尿液和粪便等内容物抽出时，方可将药液注入。用作腹腔及腹腔器官疾病的治疗。

⑤蛛网膜下腔注射　将猪只横卧或伏卧保定。在腰荐之间正中凹陷处（百会穴）剪毛、分别用碘酊和酒精棉球彻底消毒。刺法，左手拇指切压注射部位，右手持经消毒的12号8～10厘米长的封闭针头，垂直刺入，深度5～8厘米，当刺入蛛网膜下腔时，有一种穿透薄纸的感觉，此时可将玻璃注射器接上并回抽无血液流出时，再将药液缓慢推入。然后，拔出针头，针孔用碘酊棉球消毒。用作后躯麻痹、后肢疾病治疗和后躯封闭。

⑥交巢穴注射　将后躯提起或侧卧保定，于尾根下肛门上的凹陷处用碘酊棉球消毒后，将12号封闭针头斜向前上方呈15°角刺入2～5厘米，注入药液。用作肛门封闭或治疗腹泻与下痢。

（3）涂擦法　在体表或患处涂擦药物，通过皮肤吸收或局部刺激作用达到治疗猪病的目的。

（三）去势手术

对公、母猪性腺的摘除或破坏，并消除其生殖功能的手术称为去势术，也称阉割术。

去势的目的，在于温驯动物性情，便于饲养管理，促进机体的生长和育肥，提高经济价值，并能选优去劣及治疗某些生殖器官的疾病等。去势的时间，要根据年龄和生殖系统发育情况而定。

1. 公猪去势　小公猪以7～40日龄去势为宜。大公猪则不受年龄限制。阴囊疝可结合去势进行手术治疗，若传染病流行和睾丸肿胀时，应暂缓去势手术。

(1)保定　术者右手握住猪的右后肢跖部将猪提起。左手握着猪的右膝褶，向前摆动猪头部，使其左侧卧于地上。左脚踩住猪颈环椎翼部，右脚踩住尾根。

(2)术式　手臂、器械及术部常规消毒，术者用左手腕向猪腹侧推拉其右后肢，并以微屈的食指及中指捏住阴囊颈部，把睾丸推向阴囊底部，使阴囊皮肤紧张，便于切开。右手持刀，沿阴囊缝际的外侧 1 厘米处切开皮肤和总鞘膜，挤出睾丸，右手随之抓住睾丸，以左手拇指与食指捏住鞘膜韧带与总鞘膜连接部，并将其撕裂，此时睾丸即向外脱垂。再用左手拇、食指固定精索，其余三个手指将总鞘膜及鞘膜韧带推向腹壁。右手松开睾丸，并用拇指、食指在睾丸上方 1～2 厘米处，反复刮挫精索，直至两侧精索分别被挫断为止。然后，涂布 3%碘酊即可。

2. 母猪去势　快速养猪法，由于商品猪 5 个月即可出栏，故多不进行去势。必要时酌情采用下列方法。

(1)小挑法　适于 30 日龄左右的母猪。

①保定　术者用左手抓住左后肢，右手捏住左后肢的股阔筋膜张肌，将猪右侧着地，用右脚踩其左侧颈部，将左后肢向后伸直，左脚踩住猪的左后肢，并使其后躯转为半仰卧姿势，以便施术。

②术式　在左腹下部，左侧倒数第二、第三乳头之间的外缘，距离左侧乳头 2～3 厘米，与左侧髂部内角相对处，进行清洗、剪毛、碘酊消毒、酒精棉球脱碘后，术者右手持刀，左手拇指和食指、中指固定紧左侧髂区内角，拇指用力压迫，几乎达到与两指相接的程度，压得越紧卵巢、输卵管越易从切口挑出，然后用刀尖轻微将皮肤切破，切成长 0.5～1 厘米的切口，用刀柄尾端乘猪鸣叫腹压增大时斜向右腹背，戳破腹膜，溢出腹水，这时卵巢、子宫将自切口脱出或用刀柄左右拨动几下，也可将卵巢、子宫拨出来。拨出后即

可用左手将卵巢、输卵管及子宫角轻轻用手拉出，待子宫体一部分脱出时，用手指掐断所脱出的子宫体连两侧卵巢和输卵管一并除去。最后伤口涂布 3%碘酊消毒。术者左手抓住猪左后肢，轻轻提起，放开猪只即可。

(2)大挑法　适用于成年母猪。

①保定　取左侧横卧保定，使猪背向术者，由助手保定头部和两后肢(向后牵引伸直)。

②术部　在髋结节前下方 5～10 厘米处约相对于倒数第二、第三排乳头之间。

③术式　术部剪毛消毒。术者右手持刀，将皮肤切开 3～5 厘米长的弧形切口，用右手食指戳破腹肌及腹膜，伸入腹腔，并沿腹壁伸至腰椎左侧先摸左侧卵巢。摸到后，用食指尖端压住，沿腹壁向外将其钩出。卵巢达到切口时，也可用刀柄钩将卵巢及子宫同时钩出。将子宫及两侧卵巢全部拉出，即可结扎两侧输卵管并将两侧卵巢摘除。然后，分别缝合腹膜、腹肌及皮肤，结节缝合 3～4 针，伤口涂布 3%碘酊即可。

(3)大母猪倒立吊起切开去势术　适应于 3 月龄以上或 20 千克体重以上的猪只。其优越性在于，猪倒立吊起后，腹腔脏器向胸腔方向推移，器械不易刺伤肠管。腹中线血管少，因而出血少，且肠管不易发生粘连。方法简单易行，容易掌握。

①器械物品准备　外科刀、剪、镊子、缝针、缝线、碘酊、酒精、脱脂棉、纱布、来苏儿、消炎粉（氨苯磺胺）、圆绳 1 根、止血钳、持针器等。

②禁食　猪术前应禁食 12 小时。

③保定　用圆软细绳系紧两后肢，倒立将猪吊起。

④消毒　在母猪后腹部，用 3%来苏儿刷拭后，用 5%碘酊消毒术部，再用酒精棉球脱碘。

⑤施术方法　术者右手执刀，沿腹中线于倒数第二、第三乳头

之间分别切开皮肤、皮下筋膜、腹直肌连接部组织、脂肪层。为了不损伤肠管，腹膜可用手指捣破。小猪切口3～4厘米，大猪切口6～10厘米，后以食指和中指伸入腹腔（大母猪可把手全部伸入腹腔），在耻骨前缘下方、膀胱下方或两侧，触摸卵巢并拉出腹腔外，结扎输卵管后，在结扎线外1.5～2厘米处剪断，以同样的方法处理另一侧卵巢。用结节缝合法分别缝合腹膜、腹直肌和皮肤，并分层撒布消炎粉。术中要注意止血和清洗。防止肠粘连，可在闭合腹膜最后1针时将10%樟脑油注射液10～20毫升灌注于腹腔。

3. 隐睾去势术 猪的隐睾多为腹腔型，并多位于腹腔肾脏后方，此手术适用于2～4月龄的猪只。术前禁食12小时，不麻醉，采用侧卧，髂区切口或腹白线旁切口。

（1）方法 将猪倒立吊起两后肢，头朝下，施术部位在猪腹白线旁3～4厘米倒数2～3乳头中间处。切开皮肤5～7厘米，切开腹膜后，伸入中指、食指，按腹股沟区、耻骨区、肾脏后方腰区的排列顺序寻找睾丸。将找到的睾丸拉出切口，于结扎精索后截除。分别清洗、消毒及缝合腹膜、腹肌和皮肤，3%碘酊消毒切口。

（2）术后注意事项

第一，防止破伤风，术后注射破伤风抗毒素3 000～5 000单位。

第二，防止肠管粘连，术后适当运动，不宜卧下，并坚持2～3天。

（四）针灸治疗

通过进行针（圆利针、小宽针、血针、水针、火针、电针、激光针）灸（烧、烤、敷、烙）刺激穴位的方法，治疗猪病，简便易行，效果明显。

（五）其他治疗技术

除上述主要治疗技术外，其他如洗胃、穿刺、灌肠、导尿、助产、气管切开、剖腹及其他手术等治疗技术也应予以掌握。

第七章　猪病的防控措施

在国家制定的重大动物疫情应急条例和应急预案中，对重大动物疫病的预防、控制、扑灭等都制定了严格的措施，包括疫情报告、疫情诊断、疫点疫区的隔离、封锁、扑杀、消毒、紧急免疫接种、紧急应急体系、经费来源和保证等。一旦发生重大疫情，应立即启动重大动物疫情紧急防控预案进行预防，以便尽快控制和扑灭疫情。对此，应坚持预防为主的方针，实施以养、防、检、隔、封、消、处7个方面为主要内容的综合防控措施。

一、搞好饲养管理，强健猪群体质

(一)创造良好的生活环境

圈舍场地位置要适当，布局应合理。做到背风向阳、干燥、宽敞、符合动物防疫条件要求。圈舍应具备冬防寒、夏防暑、通风透光、地面平坦坚实等条件，便于清扫、洗刷、消毒。经常保持清洁卫生，场内不准饲养其他动物，防止蚊、蝇、蚯蚓、老鼠等传染媒介的侵扰。

(二)严格兽医卫生管理制度

严格兽医卫生制度，禁止非工作人员、动物、车辆、污物等进入圈舍，以防携带病原体而传播猪病。必须进入猪场者，应通过消毒池和消毒间进行严格消毒后方可进入；猪场食堂不得外购猪肉，场内兽医和配种人员不得对场外开展诊疗和配种业务，以防病原体引入。

(三)按类分圈精细饲养

要给予品质优良、营养丰富的全价配合饲料和清洁的饮水。饲喂要定时定量、吃干喝稀。按照不同年龄、体重、性别、强弱而进行分群、分圈、分槽,并按不同的饲养标准喂养,让所有的猪只都能吃饱喝足,满足其对各种营养物质的需要,尤其对妊娠母猪和哺乳仔猪更应给予特殊照顾。

二、坚持免疫接种,配合药物预防

(一)生物制品接种预防

免疫接种是将兽用生物制品按照免疫程序,定期对健康或假定健康猪只进行注射或内服,使其自身产生免疫抗体,在一定期限内起到预防相应疫病发生的作用。因此,全面掌握免疫接种知识和兽用生物制品的使用方法,对预防生猪疫病的发生,具有重要意义。

1. 兽用生物制品的分类、性状及运输保存 兽用生物制品作预防接种用的称疫(菌)苗。疫(菌)苗有冻干和液态两种。冻干苗多为弱毒活苗,保存期较长,需要在－15℃条件下保存。运输时,需用冷藏车或铁皮箱加冰降温,温度高时则易失效。液态苗多为灭活苗(死苗),要求在0℃～8℃冷暗处保存,常温下也可保存一段时间,但要防止冻结。

2. 兽用生物制品使用注意事项

第一,为了做到合理使用疫苗,事前应对当地和本场进行疫情调查,并按照适合当地和本场疫情实际制定免疫程序和防疫注射方案。对疫点的防疫应慎重,对老、弱、病猪或近7天内使用过抗生素及磺胺类药物的猪只,最好不要进行预防注射。

第二，预防注射前，要做好药品、器械的准备。除疫苗外，还要做好碘酊、酒精、稀释液、急救药、药棉、毛剪、镊子、注射器、针头等物品的准备工作。针头要求1猪1个，防止交互传染。

第三，注射前应做好疫（菌）苗名称、质量、剂量、有效期、包装、封口的检查。对冻干疫（菌）苗还要检测其真空度，对真空度不合格者不能使用。检测真空度的方法是，将装有稀释液的注射器通过针头插入疫苗瓶内后，如果稀释液自动被吸入瓶内者，可视为合格（有条件者可用真空检测仪进行检测）。

第四，冻干苗应按规定的头份、剂量进行稀释。常用的稀释液有生理盐水、磷酸盐缓冲液、蒸馏水、氢氧化铝溶液等，严禁用含氯的酸性自来水和热水稀释疫苗。冻干苗稀释后应于6小时内用完，否则应废弃。再次冻结后也不能再用。其他液态疫（菌）苗，启用后也应于当日用完。

第五，若需同时注射两种以上疫（菌）苗时，可用生物药厂生产的二联苗或三联苗，如无联合苗可分点肌内注射单一苗。但不能把两种以上的单一苗自行混合注射。

第六，接种后，有的猪只会发生反应。如果反应强烈者，应给予急救处理。尤其进行紧急预防接种时，有的被接种猪处在疫病潜伏期，接种疫（菌）苗后，会促其提前发病。对此，我们不应视为是接种疫（菌）苗所引起。

第七，预防注射疫（菌）苗时，应严格按剂量和时间进行。剂量不足，则产生抗体太少，达不到有效免疫量；剂量过大时，能够造成猪只的免疫麻痹，也同样达不到有效免疫的目的。免疫接种时间过早时，疫（菌）苗在体内会被原有的免疫力（含新生猪的母源抗体）所抵消，起不到免疫效果；接种时间过晚时，体内免疫力低下，容易感染发病。所以，结合当地疫情按照科学的免疫程序或进行免疫监测后，根据抗体水平再确定免疫接种时间。

猪的免疫程序，见表7-1，表7-2。

第七章　猪病的防控措施

表 7-1　猪场育肥猪、后备猪免疫接种程序表　（参考）

日　龄	疫苗名称	接种方法	备　　注
1/150	猪瘟兔化弱毒苗	肌内注射 2 头份	适于疫区初乳前 2 小时接种
8	副猪嗜血杆菌灭活苗	肌内注射 1 头份	适于受威胁猪场
15	猪气喘病弱毒苗	胸腔注射 1 头份	接种前 15 天后 60 天禁用抗生素
18	猪水肿病、链球菌病二联苗	肌内注射 1 头份	适于受威胁场
20	猪瘟弱毒苗	肌内注射 3～4 头份	适于各类猪场
22	副猪嗜血杆菌灭活苗	肌内注射 1 头份	适于受威胁场
28	传染性萎缩性鼻炎苗	肌内注射 2 毫升	适于受威胁场
29	伪狂犬病灭活苗	肌内注射 1 毫升	适于受威胁场
30	繁殖与呼吸综合征灭活苗	肌内注射 2 毫升	适于受威胁场
31	猪口蹄疫 O 型灭能苗	肌内注射 1 头份	适于各类猪场
33	仔猪副伤寒弱毒苗	肌内注射 1 头份	适于各类猪场
34	猪肺疫弱毒苗	肌内注射 1 毫升	适于各类猪场
36	传染性胃肠炎弱毒苗	交巢穴注 1 毫升	适于受威胁场
38	传染性胸膜肺炎灭活苗	肌内注射 1 毫升	适于受威胁场
40	猪丹毒弱毒苗	肌内注射 1 毫升	适于各类猪场
42	猪流行性腹泻灭活苗	交巢穴注 1 毫升	适于受威胁场
46	猪水疱病弱毒苗	肌内注射 2 毫升	适于受威胁场
50	猪链球菌病灭活苗	肌内注射 5 毫升	适于受威胁场
56	猪口蹄疫高效苗	肌内注射 3 毫升	适于各类猪场
65	猪瘟、丹毒、肺疫三联苗	肌内注射 1 头份	适于各类猪场
80	流行性腹泻灭活苗	交巢穴注 2 毫升	适于受威胁场

续表 7-1

日龄	疫苗名称	接种方法	备注
90	传染性胃肠炎弱毒苗	交巢穴注 2 毫升	适于受威胁场
100	伪狂犬弱毒苗	肌内注射 1 毫升	适于受威胁场
4 月份	猪乙脑弱毒苗	肌内注射 1 头份	适于受威胁场

表 7-2　经繁种猪免疫接种程序表　（参考）

猪别	疫苗种类	接种方法	接种时间	备注
公母猪共用	猪瘟冻干苗	肌内注射 4 头份	1 月、7 月份各 1 次	适于各类猪场
	猪丹毒、肺疫二联苗	肌内注射 5 毫升	2 月、8 月份各 1 次	适于各类猪场
	猪口蹄疫高效苗	肌内注射 2 毫升	2 月、10 月份各 1 次	适于各类猪场
	猪伪狂犬弱毒苗	肌内注射 2 毫升	2 月份或产前 1 个月	适于受威胁场猪
	乙型脑炎弱毒苗	肌内注射 1 头份	4 月、5 月份各 1 次	适于受威胁场
	猪链球菌灭活苗	肌内注射 5 毫升	6 月、12 月份各 1 次	适于受威胁场
母猪用	猪细小病毒灭活苗	肌内注射 5 毫升	配种前 30 天、15 天各 1 次	适于受威胁场
	气喘病弱毒苗	右侧胸腔注射 1 头份	配种前 15 日 1 次	适于受威胁场
	繁殖与呼吸综合征灭活苗	肌内注射 4 毫升	配种前一周 1 次	适于受威胁场
	副猪嗜血杆菌灭活苗	肌内注射 1 头份	产前 50 天、29 天各 1 次	适于受威胁场

续表 7-2

猪别	疫苗种类	接种方法	接种时间	备 注
母猪用	仔猪黄白痢 K88、K99、987P 三价苗	肌内注射 1 毫升	产前 40 天、15 天各 1 次	适于受威胁场
	猪口蹄疫高效苗	肌内注射 3 毫升	产前 30 天 1 次	适于各类猪场
	仔猪红痢灭活苗	肌内注射 5～10 毫升	产前 30 天、15 天各 1 次	适于各类猪场
	猪萎缩性鼻炎疫苗	肌内注射 2 毫升	产前 30 天、15 天各 1 次	适于受威胁场
	猪流行性腹泻灭活苗	交巢穴注 3 毫升	产前 30 天 1 次	适于受威胁场
	猪传染性胃肠炎弱毒疫苗	交巢穴注 2 毫升	产前 25 天 1 次	适于受威胁场
	猪传染性胸膜肺炎灭活苗	肌内注射 2 毫升	产前 20 天 1 次	适于受威胁场
公猪用	繁殖与呼吸综合征灭活苗	肌内注射 4 毫升	2 月、8 月份各 1 次	适于受威胁场
	猪传染性胸膜肺炎灭活苗	肌内注射 2 毫升	3 月、9 月份各 1 次	适于受威胁场
	猪细小病毒灭活苗	肌内注射 1 头份	4 月、10 月份各 1 次	适于受威胁场

(二)添加药物保健预防

除应用上述兽用生物制品通过免疫接种方法预防猪的多种传染病外，通过药物保健方法，用其他药物预防猪的其他疾病发生也是一项重要的工作。按照猪病给药保健程序，定期给猪只投服药物,使其在一定时期内不发生某些疾病,有着不可忽视的作用。猪的保健给药程序见表7-3。

表7-3　猪的保健给药防病程序表　(参考)

日　龄	药物名称	给药方法	用药目的	备　注
1/48	促菌生	内服3亿活菌,1天1次,连用3天	预防黄白痢	服药后1周禁用抗生素
1、8	铁钴注射液	肌内注射1毫升	预防缺铁性贫血	促生长
3、10	亚硒酸钠维生素E注射液	肌内注射1毫升	预防硒、V_E缺乏	促生长防腹泻
22	伊维菌素	肌内注射0.3毫克/千克体重	驱体内、外寄生虫	休药期18天
38	驱虫散	0.1%混饲1周	驱附红体	
50	磺胺二甲基嘧啶	0.1克/千克体重,1天2次连服3～5天,首次加倍	防治萎缩性鼻炎及弓形虫	休药期7天
80	虫蝇净	0.25%饲料中添加1周	驱虫灭蚊蝇	
90	丙硫苯咪唑	10毫克/千克体重内服	广谱、驱旋毛虫	休药期14天
100	驱虫散	0.1%混饲1周	驱杀附红体	
110	伊维菌素	0.1%混饲1周	驱杀体内、外寄生虫	
7～100	六味酸	1%～2%饮水或饲料添加	助消化、促生长、防腹泻、除粪臭	
妊娠猪产前2周	伊维菌素	0.1%混饲1周	广谱驱虫	
种猪季初	驱虫散	0.1%混饲1周	驱附红体	

(三)泻痢类疫病的综合预防

仔猪生长发育快,需食量多,但由于消化、免疫、体温调节功能发育尚未健全,因而受到环境、饲料、饮水、气候等应激因素的影响后,很容易发生腹泻和下痢,甚至发展成为顽固性腹泻。不仅影响仔猪的生长发育,而且常常导致脱水死亡,给养猪业造成了极为严重的危害。

由于本病病因复杂,病情顽固,给防治工作造成很大困难,因而必须制定一套综合性的预防程序,以减少该病的发生和传播。

①净化猪场,防止猪只有关腹泻类疾病的存在及发生。

②平时搞好猪舍内、外环境的清洁卫生,经常打扫清除粪污,防止污染舍栏和母猪乳头,采用漏缝地板、高床网上分娩、网上哺育或保温箱等设备。维护舍内应有湿度、温度和清洁卫生。

③分娩哺乳舍于产前1周妊娠母猪进舍之前3天用高锰酸钾按20克/米^3、甲醛40毫升/米^3,进行空舍熏蒸消毒,产前1周妊娠母猪进舍前再用2%火碱按1升/米^{3}量进行高压喷洒消毒。

④搞好环境消毒,母猪乳房、体躯及仔猪接触物品经常用0.1%高锰酸钾溶液进行擦拭清洗。

⑤母猪分娩前40天,接种仔猪黄白痢K88、K99、987P三价苗1毫升;分娩前30天,分别接种仔猪红痢灭活苗8毫升和流行性腹泻灭活苗3毫升;产前25天,交巢穴注射传染性胃肠炎弱毒苗2毫升;产前15天,分别接种红痢灭活苗5毫升和黄白痢K88、K99、987P三价苗1毫升。

⑥分娩前1天,用0.2%次氯酸钠对产床、地面、墙壁进行带猪喷洒消毒;产后吃初乳前,用0.1%高锰酸钾溶液消毒猪体及乳头。

⑦新生仔猪出生后立即内服促菌生3亿个活菌量,连服3天,且服药前、后1周内不得应用抗生素;出生后8小时内肌内注射拜

有利5毫升。

⑧尽早让仔猪固定乳头，吃到初乳，获得母源抗体。

⑨将仔猪置于适宜温度的保温箱中或网床上保育。适宜温度即：

1～3日龄	32℃～35℃	4～7日龄	29℃～32℃
8～14日龄	26℃～28℃	15～28日龄	24℃～28℃

⑩1日龄肌内注射传染性胃肠炎弱毒疫苗0.5毫升，适于疫区内猪场；2日龄交巢穴注射流行性腹泻灭活疫苗0.5毫升，适于疫区内猪场；3日龄内肌内注射右旋糖酐铁、牲血素等铁制剂1毫升；缺硒地区肌内注射亚硒酸钠0.5毫升。

⑪5日龄开始教槽，选用优质的全价颗粒饲料或膨化颗粒饲料。但应注意，蛋白质含量不宜过多，尤其豆粕易致仔猪发生腹泻，故喂量应严格掌握。7日龄开始补饲，让其自由采食，用量逐渐增加。此时每日喂量应保持0.2千克，但以不造成腹泻为主。一旦出现腹泻，应减少或停止喂量。若饲料中添加2%～5%的正大康地饲富肥888，可有效地防治仔猪下痢病。

⑫全程补给六味酸。早期给予含量约2%清洁饮水，让其自由饮用；饲喂饲料后按2%比例混合于饲料中喂饲。六味酸不仅具有改善胃肠道内酸性环境，增强消化吸收，促进生长发育，抑制有害病原体生存，利于有益微生物繁殖增长，防止腹泻类等疫病发生的功效，而且还能使粪便干化，消除恶臭，减少蚊蝇滋生，利于环保养猪，经济、社会效益都十分可观。

⑬及时清除粪污。及时采用消毒溶液擦拭猪体、猪栏及环境。一般不得采用喷洒消毒，或喷洒后立即用抹布擦干猪体和猪栏。

⑭母猪分娩后1周，应按饲养标准喂料，防止喂量过多时造成乳多乳浓，引起乳猪腹泻下痢。随着仔猪月龄逐渐增加，补料量也应随之增加。直至28日龄断奶时，应达到日喂量0.4千克。母猪的哺乳量应日益减少，直至21～28日龄早期断奶日停止哺乳。

⑮断奶日母猪应转出分娩哺乳舍，离开仔猪，但为了减少断奶所造成的不适，仔猪可继续留在分娩哺乳舍，适应1周后再转入保育舍。

⑯补饲、断奶、更换饲料品种或料型都应逐渐进行，切忌突然改变。以防适应不了或食量过大，造成消化困难，导致腹泻发生。

⑰按照表7-1中育肥猪的免疫程序，于断奶后也要搞好能够引起腹泻发生的有关疫病的免疫接种工作。

⑱环境不洁、舍温过低、冷空气侵袭、舍内温度过高、食量过多、饲料霉变质差、饮水污浊过冷等都是导致腹泻发生的诱因，平时应加强饲养管理，杜绝诱发因素的产生。

⑲仔猪一旦发生腹泻，应消除病因、对症治疗、加强护理。哺乳母猪给以滑石600克、甘草100克拌饲，2天喂完，连喂4天；仔猪给以诺氟沙星、甲砜霉素、磺胺脒等进行及时治疗，以防蔓延扩散。

⑳坚持自繁自养，防止引入传染源。转圈应采取全进全出，休圈1周并严格进行消毒，彻底杀灭病原体。

三、加强疫情监测，定期进行检疫

养猪应提倡自繁自养，这样可以避免或减少很多疫病的发生与传播。

（一）检疫监测方法

在进行流行病学调查的基础上，将被检猪隔离在安全的检疫舍内，通过感官或借助仪器对猪只的精神、状态、被毛、运动、饮食、呼吸及粪尿等相关情况每日进行检查。若在1个月以上的检疫期内无明显症状表现，并按农业部重点疫病监测方案和本场需检疫病项目检测结果为阴性者，即可认定为临床健康无疫猪，必要时还需通过实验室定期采样进行血清学等有关方面的检测，以便做出准确判定。经2次驱虫(间隔14日)后，方可并入本场健康猪群。否则，应按病猪就地进行无害化处理。

(二)产地检疫

猪场对现有存栏生猪，每日早、晚要进行1次普遍观察。发现病猪及时确诊，立即上报疫情，迅速给予隔离治疗或淘汰处理，避免疫情进一步扩散蔓延。猪场新引进的种猪到场后，根据检疫需要，应在隔离舍观察15～30天。在隔离观察期内，须进行群体、个体检疫；除此，对口蹄疫、猪瘟、猪水疱病、猪支原体肺炎及猪密螺旋体病等还要进行临床检查和实验室检验。经检查确定为健康猪只，方可供繁殖、生产使用。

(三)调运检疫

猪场的仔猪、育肥猪在出售或者调出之前，须向所在地动物防疫监督机构提前3天报检，种猪则须提前15天报检。对具有合格的免疫标志且检疫合格的生猪，应由检疫员发给检疫合格证明，加盖验讫印章或加封规定的检疫标志。对检疫不合格的生猪，必须按照国家有关规定，在动物防疫监督机构监督下，进行无害化处理。

四、严密隔离疫点，杜绝次生传染

当猪场发生农业部公告的一、二类等重大动物疫病时，该场即成为该病的疫点，应立即将病猪就地置于不能向外界传播病原体的隔离舍(场)内，严禁与外部人、畜、物品、用具等进行接触和交流。同时，还要将疫情及时向上级畜牧主管部门和同级人民政府进行报告，并对病猪和同群猪进行扑杀深埋、焚烧或化制等无害化处理。将受到污染的猪场、养猪小区或村庄划定为疫点，每日进行1次消毒处理，以达到控制病猪、消灭病原体、切断传播途径、防止疫情继续向外扩散、蔓延的目的，杜绝次生传染的现象发生。

五、尽早封锁疫区，防止疫情蔓延

在发生疫病猪场的周边5 000米处，由同级人民政府发布封锁令，划定封锁线，设立监督岗哨，在交通要道处设立检查消毒站，严禁封锁区内外的人、畜、车辆、物品等随便进出。对必须进出者，应通过严格消毒，以防病原体向外扩散。

疫区划定应掌握早、快、严、小的原则，即尽早划定，快速行动，严格封锁，所划疫区范围尽量缩小。这样，便于减少经济损失，快速扑灭疫情。疫区内的病猪和同场猪给予隔离治疗或扑杀深埋无害化处理，对假定健康猪只做好紧急免疫接种或服药预防。疫区内环境和物品每周进行1～2次消毒灭菌工作。另外，在疫区周围3 000米内(受威胁区)也要迅速给猪只进行疫苗注射，以便建立免疫带，阻止疫病向安全区传播。疫区封锁的解除时间应掌握在最后1头病猪消除(治愈或淘汰)后，再经过长于该病潜伏期的时间，不再有新病例发生时，经过严格的终末消毒，方可撤销或申请解除封锁。

六、定期严格消毒，保持清洁无疫

消毒是指用物理、化学或生物学的方法，杀灭或消除环境、猪体、物品中的病原体。

(一)消毒类别

1. 常规消毒　平时未发生疫情时为杀灭病原体，防止疫病发生，所进行的预防性消毒叫常规消毒。一般为每年春秋两季定期对猪体、用具、圈舍、环境各进行1次全面彻底的清扫、消毒工作；平时每月进行1次消毒；出圈后入圈前保持空圈7～10天，同时要对圈舍、饲槽进行1次消毒；产仔舍在分娩前要进行1次消毒；运输时，装车前要对车辆、用具和猪体进行一次消毒。

2. 紧急消毒 当疫情发生后对疫点、疫区进行的消毒称紧急消毒。应坚持疫点每日消毒1次，疫区每周消毒1次的原则。

3. 终末消毒 即疫区解除封锁前进行的1次全面彻底的大清扫、大消毒。先把粪污清扫堆积起来做生物热发酵消毒；把表层土壤铲掉集中一起（硬化地面用水冲洗干净），然后，用消毒液进行彻底喷洒消毒。

（二）消毒方法

1. 物理消毒法

（1）日光、紫外线灯消毒杀菌法 一般病原体在日光或紫外线灯的直接照射下，经30分钟至数小时即可被杀死。

（2）高温消毒法 通过煮沸、蒸汽、火烧、干烘等高温的作用，均可杀灭各种病原体，作衣物、器械、用具、圈舍、环境、病尸的消毒灭菌用。100℃流通蒸汽或煮沸15～30分钟，可杀死一般病原体；高压蒸汽20～30分钟，干烘2小时或火烧，可杀死一切病原体及其芽孢体。

2. 化学消毒法 即利用化学药物的粉剂、溶液或气体，通过浸泡、喷洒、熏蒸、掺兑等途径，直接作用于被消毒物品，使其中的病原体失去侵袭能力的方法。适用于用具、猪体、饲料、水源、空气、圈舍、环境、粪尿等靶体，是一种常用的消毒方法。

3. 生物发酵消毒法 利用生物生长繁殖过程中使粪污等有机物发酵产热，从而杀灭其中病原体的方法称生物热发酵消毒法。多用于粪便的消毒，如把粪便堆积在一起，外面用泥土或塑料布密封包埋，经1～2个月即可杀死其中的非芽孢病原体及虫卵。

(三)消毒药物

猪常用的消毒药物，见表7-4。

表7-4　常用的消毒、杀虫、灭鼠药物表

药名	剂型	浓度	用途及用法	注意事项
氢氧化钠(火碱、烧碱、苛性钠)	白色、固态，含量94%的粗制品称烧碱	0.5%～1%溶液	手和猪体消毒(洗涤或喷雾)	热溶液消毒效果好；2%以上浓度对机体组织和铝制品腐蚀性强。消毒4小时以上时，消毒后需用清水冲洗
		2%～4%溶液	圈舍、场地、车辆、用具、排泄物等消毒(喷洒)	
		10%～30%溶液	适芽孢及芽孢菌污染物的消毒(喷洒、浸泡)	
生石灰(氧化钙)	白色块状	10%～20%溶液(将生石灰加等重的水制成粉剂，然后，再加水配成10%～20%的乳剂，现配现用)	用于猪痘、疥癣、霉形体及一般细菌污染的环境物品消毒	生石灰应放到干燥处，潮解后失效
草木灰	新鲜粉状	30%热溶液(现用现配)	用于场地、猪舍、车辆、用具、排泄物等喷洒消毒	对芽孢体无效

续表 7-4

药　名	剂　型	浓　度	用途及用法	注意事项
来苏儿（煤酚皂溶液）	液态，含煤酚50%	1%～2%溶液	消毒手指及器械（刷洗）	
		3%～5%溶液	作非芽孢菌污染的场地、猪舍、物品喷洒消毒	
新洁尔灭（苯扎溴铵）	液态，有1%、5%、10%三种制剂	0.1%溶液	皮肤、术区、手臂的消毒（浸5分钟），外科器械、胶手套消毒（泡30～60分钟），手术器械的储存和消毒（加0.5%亚硝酸钠防锈）	忌与碘剂、肥皂、高锰酸钾、升汞、过氧化物盐类等配合使用
漂白粉（含氯石灰）	粉剂，含有效氯不低于25%	5%～20%溶液（配后1～2小时内使用）	用于猪舍、车辆、物品、土壤、粪便的喷洒消毒及污水消毒	忌与酸、铵盐、硫磺配伍；忌用于金属和有色纺织品的消毒
次氯酸钠	5%溶液	0.02%溶液	作器械、用具的浸泡消毒用，时间为5～10分钟	性质不稳定，应避光密封保存
		0.3%溶液	按30～50毫升/米³带猪喷雾消毒用	
		1%溶液	按200毫升/米³猪舍及环境喷洒消毒用	

续表 7-4

药　名	剂　型	浓　度	用途及用法	注意事项
强力消毒王	粉剂，有效氯含量 20%以上	1 ∶ 500 ～ 1000 溶液	用于猪舍、场地、车辆、用具、器械的喷洒、洗刷消毒	现配现用；忌与农药、有机物、还原剂混用
		1∶800 溶液	用于消毒池（槽），4日更换 1 次	
		5 ～ 15 克/米^3	饮用水消毒	
二氯异氰尿酸钠（优氯净）	白色晶品，含有效氯 60%	0.01%（有效氯）溶液	猪舍、用具、车辆等消毒	新型高效消毒药，有氯臭，水溶液不稳定
		每升加 0.5 毫克	作饮用水消毒用	
复合酚（畜禽灵、菌毒敌、农乐）	红褐色溶液	1∶10～1∶400 溶液	用于猪舍、场地、排泄物、细菌、病毒、霉菌等消毒	密闭保存，不宜作屠宰场消毒，对口蹄疫、水疱病病毒也有效
过氧乙酸（过醋酸）	20%溶液	0.1%～0.5%溶液	用于猪舍、屠宰场、地面、食槽、车船、用品的喷雾消毒（喷后密闭门窗 1～2 小时）	性质不稳定，不宜长期保存。原液对皮肤和金属有腐蚀性
		3%～5%溶液	用于猪舍、仓库、加工车间、无菌室空间熏蒸消毒，用量为 25～50 毫升/米^3。熏蒸后门窗密闭1～2 小时	

续表 7-4

药　名	剂　型	浓　度	用途及用法	注意事项
高锰酸钾（灰锰氧）	黑紫色结晶	0.05%～0.1%溶液	用于饮水、蔬菜消毒	遇甲醛或甘油可剧烈燃烧，与活性炭共研易爆炸
		0.1%～0.2%溶液	用于冲洗创伤	
		结晶粉	与甲醛混合产气、作畜舍、仓库空间熏蒸消毒用	
甲醛溶液（福尔马林）	含甲醛36%～40%的液体	1%溶液	家畜体表消毒	气体消毒注意防火，熏蒸时生猪赶出，门窗密闭10小时即可；可用作标本防腐
		2%～4%溶液	畜舍、饲槽消毒	
		18%溶液	按25毫升/米³加热蒸发作畜舍、仓库熏蒸消毒	
		36%溶液	每立方米用高锰酸钾12.5克与甲醛溶液25毫升直接混合作熏蒸消毒	
百毒杀（双链季铵盐）	含50%和10%两种剂型	50%溶液5 000～10 000倍稀释	作饮水消毒，可杀灭各种病原微生物	
		10%溶液1000倍稀释	作圈舍、饲具消毒和带猪消毒、紧急消毒等	

续表 7-4

药 名	剂 型	浓 度	用途及用法	注意事项
食醋	溶液	3～5 毫升/米^3	加热作圈舍熏蒸消毒用,尤对呼吸道病原菌更为有效	
灭毒净	0.5%溶液 0.2%溶液	杀灭大肠杆菌、葡萄球菌、水疱病毒;可杀灭猪瘟、口蹄疫病毒	无毒副作用、无刺激、无污染	
克毒威		1∶800 溶液 1∶1200 溶液	作车辆、通道、圈舍消毒,作环境、带猪消毒按 300～500 毫升/米^2	
复方煤焦油酸溶液(农福、菌毒灭、毒菌净)	轻黏、液体	1∶100 溶液	按每平方米 300 毫升作畜舍、设备消毒,喷雾或浸泡	喷雾时,需保护人、畜皮肤,防沾染
		1∶160 溶液	每 7 天更换 1 次,作车轮、鞋靴消毒	
乙醇(酒精)	无色、液体	70%～75%溶液	用于手臂、术部、注射部位、皮肤、器械消毒,涂拭或浸泡	密封、避火保存
碘酊(碘酒)	液体	5%溶液	涂拭做注射部位、手术部位、器械、手指消毒;每升水中加 8～10 滴作饮水消毒	不可与红汞、甲紫同用

续表 7-4

药　名	剂　型	浓　度	用途及用法	注意事项
速效碘	碘、增效剂、强力络合剂络合成的1%液体	0.1%溶液7500倍稀释	饮用水消毒	新型含碘消毒剂，广谱、高效、无毒、无害、无刺激、无残留；忌与碱性药物同时使用，有效期2年，于－20℃～－40℃避光保存
		0.1%溶液400倍稀释	畜舍、器具喷雾、喷洒、浸泡消毒	
		0.1%溶液250倍稀释	手术器械浸泡涂搽消毒	
碘附（强力碘）	棕红色液体	5%～10%溶液	涂拭做注射部位、皮肤、器械、用具消毒	长时间浸泡器械，产生腐蚀性
敌百虫	白色粉剂或油乳剂	1%溶液	涂拭或药浴杀体表寄生虫；喷雾杀猪舍内蚊、蝇、虱、蚤等	遇碱后毒性增强
蝇毒磷		0.02%～0.05%	于蚊蝇滋生处每月喷洒2次，灭蚊蝇	
敌鼠钠盐	淡黄色粉末	0.25%～0.5%	先取热水溶解后拌入食饵掺匀，连续放药3～5天，用作灭鼠	放药后5～7天出现死鼠，及时拣出，防猪吃死鼠发生二次中毒，中毒后可用维生素K_1解救
磷化锌	灰黑色粉状，不溶于水	3%～5%毒饵，10%～20%毒粉	放置安全处让鼠食用，以便灭鼠	注意人、畜安全；放饵时，做好个人防护；经常变换药物，防止产生抗药性
溴敌隆	膨化型	0.5%	广谱、高效、低毒、抗凝血、慢性灭鼠	

(四)消毒药物的应用

1. 消毒剂的选择

①消毒剂应具有高效、广谱、低毒、速效、渗透性强、稳定性好、刺激性小、腐蚀性差、无公害、无污染、抗菌株耐受、价格适宜等特点。

②根据当地及本场的疫病种类、流行情况和消毒对象等,选择适合本场实际情况的几种不同性质的消毒剂(表 7-5)。

表 7-5 消毒药物选用表

消毒类别	选用药物
车辆喷洒消毒	强力克毒威、0.01%百毒杀、0.3%过氧乙酸、漂白粉
消毒池(盆)消毒用药	2%火碱、强力消毒王、4%来苏儿、20%石灰乳
人员消毒通道喷雾消毒	百毒杀、0.1%次氯酸钠、0.1%新洁尔灭、过氧乙酸
净道、环境喷洒消毒	强力克毒威、百毒杀、火碱、漂白粉、农富、石灰乳
污道、污染场地喷洒消毒	1∶800 强力克毒威、火碱、百毒杀、漂白粉、石灰乳
圈舍墙壁、地面喷洒消毒	火碱、过氧乙酸、威力碘、石灰乳、漂白粉、草木灰
舍内用具浸泡消毒	0.3%过氧乙酸、百毒杀、漂白粉、高锰酸钾、新洁尔灭
舍内带猪喷雾消毒	强力克毒威、二氧化氯、过氧乙酸、次氯酸钠、速效碘
空圈密闭熏蒸消毒	甲醛+高锰酸钾、过氧乙酸、聚甲醛、乳酸、醋酸
饮用水消毒	8 克/500 升漂白粉、强力消毒王、过氧乙酸、二氧化氯
粪便污水消毒	生石灰、漂白粉、草木灰、克辽林、火碱
装猪台消毒	强力克毒威、百毒杀、火碱、漂白粉、农富、石灰乳

2. 消毒剂使用注意事项

①消毒剂使用浓度为杀灭力最强时所必需最低浓度以上;

②消毒液用量喷洒应按消毒面积 100 毫升/米^2 以上或熏蒸按空间 42 毫升/米^3 以上。

③消毒液作用时间一般应在30分钟以上；密闭熏蒸消毒应为24小时。

④使用消毒剂消毒前，必须先清除影响消毒效果的不利因素（粪、尿、污物、水分、温度、通风等）。

⑤使用消毒剂时，必须现用现配，混合均匀，避免配制过久和搅拌不均现象发生。

⑥不同性质的消毒剂不能混合或同时使用，但也不能长期使用同一性质的消毒剂，应坚持定期轮换制。

⑦猪场应有工作认真的消毒人员、先进的消毒设备、严格的消毒制度、科学的消毒程序和完整的消毒记录等。

（五）猪场消毒操作要点

1. 进入生活管理区人员、车辆及物品的消毒

（1）人员消毒　进入生活管理区的人员，先在大门入口处的消毒通道进行1∶800的强力克毒威或0.01%百毒杀全身喷雾和鞋底踩踏消毒，再到更衣室用肥皂水洗手后，换上猪场提供已消毒的防疫服、胶靴、帽子和口罩，再次经消毒通道喷雾、踩踏消毒后才允许进入生活管理区。

（2）车辆消毒　凡进入生活管理区的车辆，必须在大门外经1∶600的强力克毒威、0.01%百毒杀或3221彻底冲洗消毒，并晾置30分钟后，司机换上由本场提供的胶靴，经消毒通道和车辆消毒池消毒后，才允许进入场内。但严禁外来购猪车辆进场。

（3）物品消毒　任何生鲜动物肉及肉制品严禁带入场内，外购物品一律经消毒通道消毒后入内。休假返场人员所带物品应首先入消毒室进行熏蒸消毒后方可带入住室。

2. 进入饲养区人员及物品的消毒

（1）人员消毒　凡进入饲养区的人员，必须在生活管理区隔离缓冲2天，经洗澡、消毒、换上本场提供经过消毒的工作服后，才允许进入饲养区。其在生活管理区内所穿衣物一律不准带入饲养区。

(2)物品消毒　凡进入饲养区的物品，必须在消毒室内经40%甲醛等熏蒸消毒2小时再经紫外线照射消毒2天后，才允许入内。

3. 饲养区内的消毒

(1)人员消毒　①工作人员上班时，必须穿上胶靴趟过2%火碱消毒池后，才能进入猪舍；②每次清粪结束后，用1∶500的强效碘浸泡手臂3～5分钟，并趟过2%火碱溶液的脚踏消毒池；③工作服、鞋、帽应及时清洗，并须经阳光晒干或干热烘干。

(2)带猪消毒　每周一、周五各进行1次。消毒前用水冲去猪圈内的粪便，晾干后用1∶1200的强力克毒威、0.1%新洁尔灭或0.1%次氯酸钠溶液按100毫升/米^3，进行喷雾消毒。

(3)环境消毒　①净道及舍外环境：每周三用1∶5000百毒杀或1∶1500强力克毒威消毒1次，消毒用量为300～500毫升/米^2；②污道：每日用1∶800的克毒威消毒1次，每次消毒前必须先清扫干净路面。

(4)空圈消毒　①用高压水枪将猪舍冲洗干净，晾干后，再用1∶300的克毒威喷雾消毒1次；②干燥后，关闭门窗，用速灭5号、甲醛或过氧乙酸熏蒸消毒2小时，并继续关闭门窗空圈3～5天；③进猪前，用火焰喷射消毒器再进行1次火焰喷射消毒，彻底杀灭舍内病原体。

(5)器械物品消毒　①医疗、手术、人工授精、接产等金属、玻璃器械，可采用高压蒸汽、煮沸、干热、消毒液浸泡、烧灼等方法进行消毒灭菌；②纺织、橡皮、乳胶制品可采用高压蒸汽、烘干、熏蒸、紫外线照射等方法进行消毒。

4. 污物处理区的消毒

(1)病料、病尸　采用焚尸炉、火炉、大锅等进行焚烧、煮沸或化制处理；也可采取消毒药物浸泡、生物热发酵或深埋处理。

(2)粪污　采用生物发酵、日晒、拌入消毒药或焚烧、烘干等方法进行消毒处理。

七、做好病猪的隔离治疗，必要时进行淘汰处理

传染病猪尤其是我国农业部公布的一、二类重点疫病病猪，是一个危险的传染源，如不及时消除，则病原体不断向外界散播，就会危害其他猪只健康。因此，要尽早对其进行处理。处理的方法有两种：一是对危害不大、有治愈价值的病猪，积极给予隔离治疗，使其不再排毒；二是对治疗价值不大、危害严重的疫病，则应尽早予以淘汰扑杀及无害化灭源处理。

（一）治疗原则、方法及药物选用

猪病轻微、危害不大、有治疗价值者，在严格隔离的情况下，可给予积极治疗。猪病的治疗方法很多，但多以药物治疗为主。

1. 治疗药物的选用标准　①疗效好，显效快；②副作用小，疗效好；③药源充足，价格便宜。

2. 用药应注意的事项　①要对症下药，不可滥用药物；②选择最佳给药方法；③把握用药剂量、给药次数和疗程；④合理地联合用药；⑤按休药期及兽药使用准则规定用药。

3. 细菌性疫病的治疗　临床上多用抗生素、磺胺类、喹诺酮类或中草药进行治疗。应用这些药物要注意以下原则。

(1)药物选择　用药品种要对症，首选对该细菌最敏感的药物。

(2)剂量范围　在有效剂量范围内，要给予大剂量，首次用抗生素或磺胺类应加倍，防止用药不足而使细菌产生抗药性。

(3)用药规程　要按用药规程连续给药，一般抗生素和磺胺类

药物应每隔 4～6 小时给药 1 次，不可间隔时间过长，防止细菌产生耐药性。为了减少给药次数，防治时可选用周效磺胺、长效土霉素等维持药效时间较长的药品。

(4)停药时间　要延缓停药时间，在症状消失后还要继续给药 1～2 天，以防反复和再感染。

(5)抗生素的应用　1 种抗生素就能治愈者，则不用 2 种抗生素，防止滥用抗生素，使猪只产生抗药性。但必要时，给予二联或三联抗生素(或磺胺类)药物，对混合感染者效果更佳。

(6)中草药的应用　大剂量应用中草药，不仅对细菌性和寄生虫性疾病有较好的防治效果，而且对某些病毒性疾病也有一定的疗效；且不会产生抗药性和有害物残留。

4. 寄生虫性疫病的治疗　选用驱虫药物要注意以下几点：

①要首选广谱、高效、低毒、无有害残留的药物。

②用药剂量要准确，过量易造成中毒，不足则达不到驱虫效果。

③驱除肠道寄生虫时，宜空腹用药，能充分发挥药物效力。且服药 2 小时后再内服盐类泻剂(如 5%硫酸钠 200～500 毫升)，以促进虫体和虫卵尽快排出。

④用药不宜过频，以防发生蓄积中毒。

5. 猪病常用的治疗药物及抗生、驱虫类中草药物

(1)猪病常用的治疗药物　见表 7-6。

表 7-6　猪病常用治疗药物表　(供参考)

药物名称	作用与用途	使用方法	休药期(天)	备注
青霉素 G(苄青霉素)	用于猪丹毒、猪肺疫、猪链球菌病、炭疽、肺炎、乳房炎、脓肿、螺旋体病及各种败血症防治	每 6～8 小时 1 次，每次按 10 000～15 000 单位/千克体重，注射用水稀释后肌内注射	5	禁止与四环素、红霉素及磺胺类配伍

续表 7-6

药物名称	作用与用途	使用方法	休药期（天）	备注
氨苄青霉素（氨苄西林）	用于仔猪白痢、副伤寒、猪巴氏杆菌病、胸膜肺炎及副猪嗜血杆菌病	按 10～20 毫克/千克体重，每日 3 次肌内注射	15	在水溶液中不稳定
链霉素类	防治猪肺疫、猪丹毒、肺炎、结核、钩端螺旋体、副伤寒、大肠杆菌病等	按 10～15 毫克/千克体重，注射用水稀释后肌内注射，每日 2 次	18	遇新霉素、磺胺嘧啶钠发生沉淀
卡那霉素	防治支原体肺炎等呼吸道、尿道感染及败血症	按 2 万～4 万单位/千克体重，每 12 小时肌内注射 1 次	28	少与其他药物配伍，仅做肌内注射
庆大霉素	用于猪副伤寒、链球菌病等消化道、呼吸道、尿道感染及败血症	按 1 000～1 500 单位/千克体重，每 12 小时肌内注射 1 次	40	尽量不与其他抗生素、磺胺类、维生素 C 配伍
四环素	用于猪肺疫、副伤寒、萎缩性鼻炎、链球菌病、丹毒、李氏杆菌病、螺旋体病等多种感染的防治	静脉注射：5～10 毫克/千克体重，每日 2 次；内服：15～20 毫克/千克体重，每日 2 次	10	刺激性大，不宜做肌内注射
土霉素（氧四环素）	用于防治猪支原体肺炎、肺疫、副伤寒、白痢、钩端螺旋体	按 10～20 毫克/千克体重，每日 2 次肌内注射，用土霉素溶媒稀释；或按 10～25 毫克/千克体重，每日 2～3 次内服	28	长期大量应用可诱发二重感染、维生素 B 或维生素 K 缺乏症

续表 7-6

药物名称	作用与用途	使用方法	休药期（天）	备注
长效土霉素注射液（特效米先）	同上	可按上述剂量做肌内或静脉注射，每日1次	28	同上
强力霉素（脱氧土霉素、多西环素）	高效、广谱、低毒、半合成，用于猪大肠杆菌、沙门氏菌、支原体及衣原体病	静脉注射：1～3毫克/千克体重，1次/日；肌内注射：10毫克/千克体重，1次/日；内服：3～5毫克/千克体重，1次/日，连用3～5天	28	毒性较小，一般不会引起菌群失调，但亦不可长期大剂量使用
红霉素	与青霉素类似，用于耐青霉素菌株，与链霉素合用有协同作用	按2～4毫克/千克体重，注射用水溶解后加入5%葡萄糖注射液中静脉注射，每日2次；或4～8毫克/千克体重，每日分2次深部肌内注射	7	本品不能用生理盐水溶解
甲砜霉素（硫霉素）	用于大肠杆菌、沙门氏菌、巴氏杆菌及链球菌	内服：5～10毫克/千克体重，2次/日，连用2～3天	28	禁用于疫苗接种期
氟苯尼考（氟甲砜霉素、氟洛芬尼）	广谱、高效、低毒、吸收良好，用于放线菌性胸膜肺炎及仔猪黄白痢等	肌内注射：15～20毫克/千克体重，2日1次，连用2次；内服：20～30毫克/千克体重，每日2次，连用3～5天	注射液14，粉剂20	妊娠期和哺乳期禁用；用药后有短暂不良反应

续表 7-6

药物名称	作用与用途	使用方法	休药期(天)	备注
泰牧霉素(支原净、泰妙灵)	用于猪气喘病、副猪嗜血杆菌胸膜肺炎及密螺旋体性血痢	饮服:每升水加 40 毫克连用 3 天,作预防用;加 80 毫克,连用 10 天,作治疗用		禁与霉菌饲料和离子载体类抗生素混合喂服
磺胺嘧啶(大安、SD)	对猪肺疫、丹毒、肺炎、链球菌病、李氏杆菌病、子宫炎、脑炎、乳房炎有防治作用	按 0.07 克/千克体重肌内注射,每日 2 次。内服:0.1 克/千克体重,每日 2 次,首次量加倍	10	
磺胺二甲基嘧啶(SM2)	同磺胺嘧啶,对传染性萎缩性鼻炎和弓形虫病也有防治作用	肌内注射:0.07 克/千克体重,每日 2 次;内服:0.1 克/千克体重,每日 2 次,首次量加倍	7	
磺胺-5-甲氧嘧啶(磺胺对甲氧嘧啶、消炎磺、SMD)	对尿路感染疗效最好,对其他系统感染也有效	肌内注射:0.07 克/千克体重,每日 1 次;内服:0.07 克/千克体重,首次 0.1 克/千克体重,每日 1 次	28	又名长效磺胺D
磺胺-6-甲氧嘧啶(磺胺间甲氧嘧啶、泰灭净、SMM)	适用于细菌性痢疾、肠炎、尿道感染、脓肿、蜂窝织炎	肌内注射:0.07 克/千克体重,每日 1 次;内服:0.07 克/千克体重,首次 0.1 克/千克体重,每日 1 次,不用同服碳酸氢钠	28	又名长效磺胺C,SD-36,是一有希望的新药

续表 7-6

药物名称	作用与用途	使用方法	休药期（天）	备注
三甲氧苄胺嘧啶（抗菌增效剂、TMP）	与SD作用相似，与磺胺类或青霉素、庆大霉素合用，可增大10倍以上疗效	内服：肌内注射均按10毫克/千克体重，12小时1次		
甲氧苄胺嘧啶-磺胺嘧啶溶剂（TMP-SD）	用于防治猪肺疫、猪副伤寒、猪链球菌病、李氏杆菌病、肺炎等，有增强抗菌效力的作用	内服：30毫克/千克体重，每日1次；肌内注射：15～20毫克/千克体重，每12小时1次		
磺胺脒（磺胺胍、SG）	用于肠道细菌感染	内服：每日0.1～0.3克/千克体重，分为2～3次服下	28	
洁霉素（林可霉素）	猪痢疾、支原体肺炎、关节炎	肌内注射按11毫克/千克体重，每日1次，连用6天。拌饲按50～100毫克/千克体重	6	局部肌内注射疼痛
杆菌肽	促生长发育，提高饲料转化率	拌料10～100克/吨		禁与北里霉素、喹乙醇合用
泰乐菌素（泰农）	防治气喘病、痢疾、子宫炎、乳房炎、螺旋体病	按100毫克/千克体重内服，0.02%～0.04%拌饲；0.02%饮水，连用5天	14	
诺氟沙星（氟哌酸）	广谱，用于肠道、呼吸道及尿路感染	混饲按0.005%	28	

续表 7-6

药物名称	作用与用途	使用方法	休药期（天）	备注
恩诺沙星（乙基环丙沙星）	广谱，用于气喘病、肠道感染、萎缩性鼻炎、链球菌病及乳房炎、子宫炎、无乳综合征	肌内注射按 2.5 毫克/千克体重，每日 2 次	10	粉剂变微黄不影响疗效，禁与酸混合
环丙沙星（环丙氟哌酸）	用于呼吸道、尿道、消化道感染，对链球菌、肺炎双球菌、葡萄球菌等有效	静脉或肌内注射 2.5 毫克/千克体重，每日 2 次，饮水按 50～100 毫克/升	10	
沙拉沙星（福乐星）	广谱、高效抗菌新药，杀灭各种细菌和支原体，对大肠杆菌有特效	肌内注射 2.5 毫克/千克体重，每日 2 次，连用 3 天；饮水 25 毫克/升，每日 2 次，连用3～5 天		
痢菌净（乙酰甲喹）	用于大肠杆菌、沙门氏菌感染，特别对密螺旋体感染的血痢效果较好	肌内注射 2～5 毫克/千克体重，每日 2 次，连用 5 天；内服 5～10 毫克/千克体重	35	
地塞米松（氟美松）	抗炎用	肌内或静脉注射：4～6 毫克/千克体重，每日 2 次		
黄芪多糖（抗病毒 1 号）	产生干扰素，调节免疫功能，促进抗体形成，抑菌抑病毒，强心、减氧耗、提高抗病力	静脉或肌内注射：10～20 毫克/千克体重，1 次/日，连用 2 天		

续表 7-6

药物名称	作用与用途	使用方法	休药期（天）	备注
利巴韦林（病毒唑）	对流感病毒、乙脑病毒、轮状病毒、肠病毒、疱疹病毒等有效	肌内或静脉注射：20～40 毫克/千克体重，2 次/日		
吗啉胍（病毒灵）	对流感病毒、疱疹病毒、腺病毒等有抑制作用	内服：30～50 毫克/千克体重，每日 3 次		
安钠咖	强心、利尿、促兴奋	肌内注射：0.5～1 克		心动过速忌用
樟脑磺酸钠	强心、利尿、促兴奋	肌内注射：0.5～1 克		仔猪敏感
氨基比林	解热、镇痛、抗风湿	肌内注射：0.4～0.7 克		忌长期应用
安乃近	镇痛、抗风湿和解热	肌内注射：1～3 克		
硫酸阿托品	抑制胃肠痉挛及分泌，解有机磷中毒	皮下注射：5～10 毫克		
苯甲酸雌二醇	催情，治胎衣不下及子宫内膜炎	肌内注射：3～10 毫克		食品动物禁用
人工盐	健胃、助消化、缓泻	内服：10～30 克健胃；内服：30～60 克泻下		泻下时配以 10 倍水量
乳酶生	乳猪止痢、助消化	内服：2～10 克		禁止与抗生素、磺胺类配伍
次碳酸铋	保护肠黏膜、止泻	内服：2～4 克		
硫酸亚铁	补充铁剂，防治贫血	内服：0.5～2 克		饮水或拌饲

续表 7-6

药物名称	作用与用途	使用方法	休药期（天）	备注
硫酸铜	补充铜剂，防治贫血，发育不良，催吐	内服：0.2～0.8 克		饮水或拌饲
亚硒酸钠	补充硒剂，防治白肌病	肌内注射：1～2 毫克		量大可致中毒
左旋咪唑（左咪唑）	高效、低毒，驱消化道、肺内线虫、蛔虫、丝虫及猪肾虫	内服：每次每千克体重 5～10 毫克	28	15 毫克/千克体重时，有不良反应
苯硫咪唑	广谱，对线虫（成虫和幼虫）、绦虫、吸虫有驱除作用	内服：每次每千克体重 5 毫克		
噻咪唑（驱虫净）	广谱，对胃肠道、肺内线虫均有很好疗效	内服：每次每千克体重 15～20 毫克；肌内注射：10 毫克/千克体重/次		
丙硫苯咪唑（抗蠕敏）	对家畜体内所有线虫、吸虫、绦虫及蚴、卵都有很好驱除作用（含旋毛虫）	内服：每次每千克体重 10～20 毫克	14	
血虫净（三氮脒、贝尼尔）	驱猪附红体、锥虫、焦虫	肌内注射：每次每千克体重 5～7 毫克	28	配成 5%溶液
吡喹酮	抗绦虫、治疗猪囊尾蚴病。对成虫、未成熟虫体均有效	内服：每次每千克体重 200 毫克；肌内注射：每次每千克体重 50 毫克		
越霉素	广谱抗生素驱虫，用于猪蛔虫、猪鞭虫	内服：按 5～10 毫克/吨饲料添加	15	

续表 7-6

药物名称	作用与用途	使用方法	休药期（天）	备注
伊维菌素（害获灭）	抗生素类，对线虫、昆虫、螨均可驱除	皮下注射：0.3 毫克/千克体重	28	2 次用药间隔 7 天以上
PG600（同期发情激素）	促发情、提高受胎率、产仔数；不发情；妊娠诊断	肌内注射 1 头份		断奶 0～2 天，断奶后 10 天，配种后 80 天内
应激解毒灵	防治各种应激	按说明加水饮用或饲用		启封后尽快用完
电解多维	补充维生素及电解质，防治多种应激反应	按 150 克/吨添加，饮水或饲喂		

(2)猪病常用的抗生、驱虫类中草药物　见表 7-7。

表 7-7　猪病常用中草药抗生驱虫药物表

类别	作　用	药物名称
抗病毒类	广　谱	大青叶、板蓝根、鱼腥草、金银花（二花）、青黛、穿心莲、马齿苋、贯众、黄芪、黄芩、黄柏、栀子、茵陈、紫花地丁、柴胡、青蒿、大蒜、虎杖、甘草
抗细菌类	广　谱	黄连、黄芩、黄柏、大黄、金银花、连翘、栀子、丹参、鱼腥草、穿心莲、大青叶、板蓝根、青黛、紫花地丁、虎杖、蒲公英、茵陈、全蝎
	抗葡萄球菌药	黄柏、贝母、蒲公英、大蓟、小蓟、贯众、牛蒡子、山豆根、仙人掌、地骨皮、生地黄、玄参、田基黄
	抗肺炎菌药	黄芩、百部、瓜蒌、天花粉、贝母、知母、桔梗、牛蒡子、山豆根、仙人掌、地骨皮、生地黄、玄参、田基黄
	抗肠道菌药	黄连、黄芩、大黄、马齿苋、苦参、秦皮、诃子、五倍子、山楂、穿心莲、大蒜、白头翁、地榆、乌梅

续表 7-7

类别	作　用	药物名称
抗寄生虫类	驱蛔虫药	苦楝根皮、南瓜子、使君子、贯众、槟榔、石榴皮
	驱丝虫药	槟榔、南瓜子、石榴皮、雷丸、贯众、榧子、甜瓜子
	驱钩虫药	槟榔、雷丸、榧子、石榴皮、苦楝根皮、鹤虱
	驱鞭毛虫药	苦参
	驱绦虫药	雷丸、威灵仙、青蒿、桑叶、马鞭草
	驱吸虫药	南瓜子、石楠叶、瞿麦、藜芦、蟾蜍、小茴香

(二)及时淘汰与无害化处理病猪

染疫病猪是一个危险的传染源,对失去治疗价值或危害严重者,应及时淘汰,并做无害化处理。无害处理的方法主要有以下几种。

1. 深埋　将淘汰病猪埋入 2 米深的地下。

2. 化制　于化制锅内高温炼油。

3. 焚烧　把病尸加上助燃剂点燃焚烧,彻底杀灭病原体,适用于恶性传染病。有条件者可于焚烧炉中进行。

4. 煮沸　将病肉切成块重不超过 2 千克,厚度不超过 8 厘米的小块,加盖煮沸 2 小时。

5. 冷冻　将深层肉冻至－12℃以下,持续 4 昼夜。

6. 盐腌　将食盐按肉重 12%的量撒于肉中,并定期翻动,腌制时间不少于 20 天,腌后使含盐量达 6%左右(脑与脂肪不宜用盐腌法)。

7. 生物热发酵　将病尸置于干涸的井中,密封井口,让其在发酵菌的作用下自行发酵产热杀死病原体,或因营养消耗殆尽,病原体因缺乏生存所需营养而死亡。

第八章　猪病毒性疫病的防控

一、猪　瘟

猪瘟俗称“烂肠瘟”，是由病毒引起的一种急性、热性、高度接触性传染病。传染性很强，很容易流行，发病率和死亡率都很高，是危害养猪业发展最严重的一种疫病。

【病　原】 猪瘟的病原是猪瘟病毒。由于猪瘟病毒存在于病猪的全身各种内脏器官和组织中，所以在病猪的分泌物和排泄物中都有病毒存在。如果分泌物、排泄物及死猪污染了周围环境，就可将病毒散播开来，而感染其他健康猪，造成本病的发生和流行。

猪瘟病毒对自然环境有着较强的抵抗力。最有效的消毒药是2%火碱溶液，或20%～30%热草木灰水，或5%～10%漂白粉混悬液，在1小时内均可杀死病毒。如用热火碱溶液或用火碱溶液配制的5%石灰乳剂或用0.2%灭毒净，其消毒效果更好；在冬季，为防止火碱溶液结冰，可加入5%食盐，以降低其冰点。

【流行特点】 在自然情况下，只有猪和野猪能感染猪瘟，并且任何品种、年龄和性别的猪都可以发病。免疫母猪所生的仔猪，通过吃初乳在短期内可获得一定的免疫力。所以，在哺乳前期，仔猪的易感性就差些。

病猪是主要的传染来源，特别是猪瘟病猪在发高热的败血症阶段，病毒在猪体内大量繁殖，并随粪、尿和各种分泌物(如眼眵、唾液等)排出体外，污染圈舍、运动场地、饲料、用具等，造成猪瘟传播。病猪尸体处理不当或屠宰病猪时，病毒可随各种未经消毒处理的产品和废料、废水广泛散布，造成传染流行。

传染途径主要是猪的消化道。健康猪吃进了被病猪分泌物和排泄物污染的饲料或饮水(特别是未消毒过的泔水),经扁桃体和口腔黏膜感染发病。同时,也可通过呼吸道、眼结膜及皮肤伤口传染。此外,畜禽、野生动物、鸟类、蚯蚓、寄生虫和昆虫也能机械带毒,促进本病的发生和流行。

有些病猪在出现症状之前的潜伏期和临床症状消失后的康复期,还可作为带毒者向体外不断排出病毒。

本病不受气候和季节等因素的影响,任何时间都可发生。不按期进行猪瘟预防接种的地区,一旦发病,在短期内便可造成广泛的流行,而且发病率和死亡率都很高。在常发地区或预防接种密度不高的地区,可呈零星散发。

病猪由于抵抗力的降低,其体内原有的条件性病原菌,如猪霍乱沙门氏杆菌和巴氏杆菌等,也可乘虚而入,引起继发病。

【症　状】　自然感染的潜伏期为4～12天,一般为9天,短的2天。根据病程的长短,一般可分为最急性、急性和慢性猪瘟3种类型。

1. 最急性型　多发生在流行的初期,病猪常无明显症状,突然死亡。病程稍长的病猪,体温升高至41℃～42℃,食欲减退,精神委顿,皮肤发紫和有出血斑,极度衰弱等。病程1～2天,最后大多死亡。

2. 急性型　最常见。病猪的食欲减退,精神委顿,喜卧,常挤卧于墙的一角。行走缓慢,摇摆不稳,拱背,寒战,四肢软弱无力,并迅速衰竭。体温上升到40.5℃～42℃。眼结膜发炎,从眼角流出脓性分泌物,重者常将上下眼睑粘住,而不能张开。病初便秘,粪便发黑,其大小如算盘珠子,后腹泻,有恶臭,并带有黏液或血便。在病猪耳后、腹部、四肢内侧、外阴等毛稀皮薄处,出现大小不等、数量不一的紫红色斑点,指压不褪色;公猪包皮发炎,阴鞘积尿,用手挤压时,有恶臭浑浊液状物流出。病的后期则卧地不起,勉强站立时，常因后肢无力而步态不稳，有时肌肉颤抖、抽搐。

小猪还常有神经症状，发出尖叫声，倒地，肌肉颤动，磨牙，前后肢不停地划动，约经1～2分钟恢复正常，不久又会发作，直至死亡。

急性病例，多在1周左右死亡，病死率可达80%。

3. 慢性型　急性不死的病猪常转为慢性，或开始即呈慢性。病猪症状不规则，体温时高时低，食欲时好时差，便秘与腹泻交替发生，病猪明显消瘦，贫血，精神委顿，步态不稳。有的病猪皮肤上有紫斑或坏死痂。一般病程达1月左右。

另外，近几年来，国内还见有非典型猪瘟（或称温和型猪瘟）发生，其特点是病情较缓和，病变不典型，发病率和死亡率较低，死亡者多为仔猪，应引起重视。

【剖　检】

1. 最急性型　常无明显的病理变化，或仅能看到淋巴结和肾脏黏膜和浆膜等有出血现象。

2. 急性型　主要呈典型的败血症变化。颈部、鼠蹊部、肾脏、肛门及肠系膜等处淋巴结肿大，呈暗紫红色，切面周边出血，或红白相间，构成大理石样。肾脏不肿大，色较淡，被膜下及皮质部有散在或密集的数量不等的小出血点；肾盂、肾乳头，甚至输尿管也可见到出血点。脾脏不肿大，色彩正常，有50%～70%病例的脾脏边缘有暗紫色的出血性梗死，其大小不等，稍突出于被膜表面，有时在脾脏被膜上有凸出的如小米粒大小的亮红色小圆珠状出血点。皮肤、喉头黏膜、会厌软骨、膀胱黏膜、心外膜（尤其是左心室）、肺脏的表面、肠壁及腹膜等处也有出血点或出血斑。

3. 慢性型　除有部分上述变化外，比较特征的变化是在盲肠、回盲瓣及结肠的黏膜上，有大小不一的圆形纽扣状溃疡，呈同心圆轮层状纤维素性坏死，突出于黏膜表面，呈褐色或黑色，中央凹陷。慢性病猪如有继发感染时，其病理变化更为严重，并同时有继发病的特征性病理变化。

【诊　断】 主要依靠流行特点、临床症状及病理变化等方面进行诊断。

1. 流行病学诊断　猪瘟病毒可致任何品种、年龄的猪发病。发病率和死亡率均高，猪群没有进行过预防注射，本地区有猪瘟发生。药物治疗无效者。

2. 临床症状诊断　体温上升，持续数天不降；脓性结膜炎；初便秘后腹泻，后期呈栗样粪球，且附有黏液或血液；皮肤上有小红点或红斑，指压不褪色等。

3. 病理学诊断　淋巴结周边出血，脾边缘梗死。病程较长的病例，在盲肠、结肠及回盲口处有纽扣状溃疡。

4. 鉴别诊断　可见表 8-1 和表 8-2。

表 8-1　常见败血型猪病鉴别表

病名	流行特点	临床表现	病理变化	病原学检查		
				病原体	接种家兔	青霉素疗效
猪瘟	发病不分年龄、季节，传播快，发病及致死率高，呈流行性，但也有散发	体温升高达 41℃左右，腹泻或便秘，结膜发炎，皮肤有紫斑，按压不褪色，偶有神经症状	黏膜、浆膜有出血点，淋巴结肿大出血，大理石样变，脾边缘梗死，大肠有纤维素性炎和扣状坏死	猪瘟病毒	无反应	无效
猪丹毒	3月龄以上，夏秋季多发，呈地方性流行	体温升高达 42℃，肌颤、呕吐、皮肤有红斑，按压褪色，或有疹块，关节炎	脾充血、肿大、呈樱红色，肾脏呈大红肾，小肠有出血性炎，慢性者有关节炎和心内膜疣状物	丹毒杆菌	死亡很慢	有特效

续表 8-1

病名	流行特点	临床表现	病理变化	病原学检查		
				病原体	接种家兔	青霉素疗效
猪肺疫	中小猪气候骤变时易发，继发于猪瘟、气喘病，多呈散发	体温 41℃～42℃，咽喉部发炎肿胀，口鼻流出泡沫，呼吸极度困难	咽喉部有浆液性浸润，肺急性水肿或呈胸膜肺炎变化	巴氏杆菌	死亡快	有一定疗效
猪副伤寒	1～4 月龄，寒冷多雨，卫生条件差者多发，呈散发	体温 41℃～42℃，肠炎下痢，恶臭，含血液和黏液，皮肤上有紫斑	肠系膜淋巴结呈索状肿大，大肠黏膜有不整的溃疡和假膜，肝脏有小坏死灶	沙门氏菌	死亡慢	无明显疗效
败血性链球菌病	不分年龄，5～11 月份多发，初暴发，发病率和病死率都高	体温达 41℃～43℃，多发性关节炎和神经症状，皮肤上有紫红色斑块	浆膜腔积液，内含纤维素性物，脾肾常肿大，脑充血、出血，关节腔发炎积液	溶血性链球菌	死亡很快	有疗效

表 8-2　繁殖障碍型猪病鉴别表

病　别	母体症状	胎盘病变	胎儿变化	实验室检查
猪　瘟	厌食、发热、畏寒、结膜发炎，皮肤有紫斑，大便时稀时干	水肿、有出血点	死胎、畸胎、出血点、水肿、腹水、肝坏死	血片、组织片猪瘟免疫荧光抗体检查阳性
布鲁氏菌病	不易受胎，易流产，有低热	化脓性炎症	腹腔积液、皮下水肿、出血点	血清凝集试验阳性

续表 8-2

病别	母体症状	胎盘病变	胎儿变化	实验室检查
钩端螺旋体病	无症状或厌食、发热、腹泻、黄疸、流产	弥漫性炎症	妊娠中、后期流产、死胎、弱胎	病料制片暗视野镜检，可查出螺旋体
细小病毒病	不孕、流产、死胎或产仔数少	分离的胎盘常包裹胎儿	弱胎、死胎、胎儿自溶或木乃伊胎	可分离出细小病毒
乙型脑炎	有神经症状、食少、发热		脑室、胸腔、腹腔积液，皮下水肿、出血点，肝、脾坏死	血清2份，做血清学实验；胎儿病料制片，做乙脑免疫荧光抗体检查阳性
伪狂犬病	厌食、流涎、呕吐、喷嚏、咳嗽、中枢神经失常	坏死性炎症	弱胎、死胎、木乃伊胎、自溶或有坏死点	双份血清，做红细胞凝集抑制实验，出现阳性反应
呼吸及繁殖综合征	妊娠后期流产、早产、子宫内膜炎；公猪性欲减退，精液品质下降	水肿、出血、坏死性炎症	胎儿自溶或木乃伊胎；呼吸困难、神经症状和高死亡率	用反转录一聚合酶链反应和间接免疫荧光技术可准确检测
衣原体病	不孕、流产、早产，初产发病率高；公猪睾丸炎、精液品质差	胎衣水肿、出血、不易剥下	死胎、木乃伊胎、弱仔	间接红细胞凝集试验阳性

5. 实验室诊断 下述方法可作为检疫定性的依据之一。①免体交叉免疫试验；②免疫酶染色试验；③直接免疫荧光抗体试验；④病毒分离与增毒试验。

6. 综合判定 发病不分年龄、季节，临床症状明显，解剖检查病变典型，用上述实验室诊断①②③④中任一试验获阳性结果；或临床症状和发病情况不详，尸体解剖检查病变典型，上述①②③④中所列任一试验获阳性结果；发病情况、临床症状、病理变化不详、不明显或不典型，但上述试验①②③④中所列试验的两项获阳性结果者；上述所有这些情况均可判定为猪瘟病毒感染猪。

【防控措施】

1. 未发病猪群的预防　切实做好猪瘟的预防接种工作，这是提高猪只特异性免疫能力、防止猪瘟发生的关键措施。猪瘟兔化弱毒疫苗，是预防猪瘟发生的有效药物。要坚持 20 日龄和 70 日龄猪只定期进行猪瘟预防接种工作，要求达到头头注射，个个免疫。猪瘟兔化弱毒冻干苗，稀释后大、小猪一律肌内注射 2～3 头份。注射后第 4～6 天即可产生免疫力，免疫期可达 1 年以上。

猪瘟、猪丹毒二联弱毒冻干苗和猪瘟、猪丹毒、猪肺疫三联弱毒冻干苗也可应用。在实际免疫中，为避免多次反复抓猪的困难，常采取一猪三针的同时接种法，即将猪瘟兔化弱毒疫苗、猪丹毒氢氧化铝甲醛菌苗和猪肺疫氢氧化铝甲醛菌苗，同时注射于猪的 3 个不同部位，可以收到满意效果。

(1)实行自繁自养　养猪要实行自繁自养或场繁户养的办法。仔猪出售前，要进行猪瘟预防注射。若需要从外单位引入种猪时，从无疫区引进后，应在进场猪隔离检疫舍观察检疫 1 个月以上，并进行疫苗注射，经观察确认为健康者，方可进场入群饲养。

(2)加强卫生检疫　加强集市的管理和运输检疫工作，杜绝出售病猪现象。生猪市场、猪肉制品冷库、屠宰场等猪只集中场所，特别要加强兽医卫生及检疫工作。

(3)改善饲养管理　改善猪只的饲养管理，搞好圈舍、环境及用具的兽医卫生工作。泔水要煮沸后再喂猪。

2. 已发生猪瘟时的紧急防治

第一，对全群猪进行检查。凡病猪及可疑病猪，要立即隔离饲养，并指定专人负责管理。

第二，病猪，特别是优良的猪种，可用抗猪瘟血清治疗，对早期猪瘟病猪有一定疗效。用量及方法按瓶签说明。目前，尚无其他有效药物能够治愈猪瘟。

第三，对受威胁猪群，要用猪瘟兔化弱毒疫苗进行紧急免疫接种。可有效地制止新的病猪出现，缩短流行过程，减少部分损失，是可行的积极措施。

第四，对发病区域、猪场的新生仔猪，可于初乳前 2 小时注射猪瘟兔化弱毒疫苗 2 头份的办法，进行紧急免疫。

第五，被污染猪舍、场地和饲养管理用具，要用 0.2%灭毒净、2%火碱溶液或 30%草木灰水彻底消毒。将病猪的粪尿、被污染的垫草、吃剩的饲料及表层土壤运到距猪圈较远的地方，堆积发酵。病猪圈经过清扫、消毒处理后，须闲置 3 周以上，才可放入健康猪只饲养。

第六，绝不允许将病猪肉在市场上出售或转送，以防传播疾病。病猪的血水、内脏、毛及洗刷的脏水，要全部深埋，或与粪土、垫料堆积发酵后利用。所用刀、案、盆、筐、桶等用具，以及被污染的地面，要用热碱水消毒处理。工作人员出入疫区要严格消毒，防止传播病毒。

二、繁殖与呼吸综合征

繁殖与呼吸综合征（蓝耳病）是由蓝耳病毒所引起，以繁殖和呼吸障碍及急性败血为特征，是当前危害最为严重的传染病之一。

【病　原】 本病的病原体为动脉炎病毒属，按照血清类型分为美洲型和欧洲型，我国发病的属美洲型，但近几年发生的高致病性蓝耳病系一种强毒株。病毒对酸碱较敏感，耐寒冷、怕高热，在 −70℃时可保存 18 个月，4℃保存 1 个月，37℃可保存 48 小时，56℃45 分钟即完全失去感染力。

【流行特点】 本病主要侵害各种年龄的猪只，而繁殖母猪和仔猪更易感。一年四季尤以夏季多发。高致病性蓝耳病传染性强、发病快、病情急、死亡率高、流行范围广。病猪和隐性带毒猪为主要传染源。病猪通过分泌物和排泄物向外排放病毒，耐过猪作为带毒者可长期排毒。

传播主要是通过呼吸道等多种途径。健猪与病猪接触即可传染，集约化饲养容易导致本病发生与流行。该病也能进行垂直传播和通过感染的精液进行传播。

猪场饲养密度大，卫生条件差，天气突变，长途运输及其他应激因素，可促使本病的发生与流行。妊娠后期的母猪和哺乳仔猪感染率较高。

【症　状】 自然感染的潜伏期为 14 天。因病猪感染流行阶段不同，年龄不同，病毒毒力及并发症不同，临床症状可分为 3 种类型。

1. 最急性型 常见于流行初期。未出现症状即突然死亡。病程稍长者，仅表现为温度升高至 41℃～42℃，食欲废绝，精神委顿，喜卧扎堆，黏膜发绀，呼吸促迫，皮肤上出现紫红色斑点，很快衰竭死亡。病程 1～2 天。

2. 急性型 主要表现为败血和肺炎病状。体温升高至 41℃左右，精神不振，食欲减少，病初大便干燥，然后腹泻。尿液浑浊，呈浓茶样。心跳加快，呼吸困难，耳部、胸腹部、乳头、外阴部皮肤上有紫褐色的出血斑点。有脓性眼眵或泪痕。跛行，运动失调。妊娠母猪常发生流产。多于发病后 4～7 天衰竭死亡。

3. 慢性型 病猪病初体温升高，食欲减退，精神不振及皮肤发紫等多为一过性。平时呼吸道也仅表现出轻微的咳喘。母猪容易造成不发情或不易受胎，妊娠后期常发生流产、死胎、木乃伊胎、弱仔及产后无乳等。病程达数周至数月，也可长期带毒。

【剖　检】 主要病变为胸、腹腔积液且含有大量纤维素性渗出物，呈多发性纤维素性浆膜炎。肺呈弥漫性间质性肺炎，并伴有细胞浸润。腹股沟和肺门淋巴结肿大。肾肿大、呈红色或土黄色。脾脏肿大，胃黏膜充血或出血，膀胱内尿液呈茶褐色。流产胎儿或弱仔胸腔内有大量清亮液体。

【诊　断】 根据妊娠母猪后期流产、哺乳仔猪死亡率高、临床症状及病理学变化可初步做出诊断。确诊需经实验室检查，即采取病猪的血清、精液、脾脏、扁桃体或流产胎儿的肺脏、脾脏、淋巴结、胸水或腹水，做荧光抗体或酶联免疫吸附试验，以检测血清抗体或用聚合酶链式反应技术从病料中检测病毒。鉴别诊断可见表8-2。

【预防措施】

①搞好预防接种工作。疫区使用猪繁殖与呼吸综合征灭活油乳剂疫苗，母猪于每次配种前1周肌内注射4毫升，公猪每年2月、8月份各接种4毫升。仔猪于30日龄肌内注射2毫升。

②不从病猪场或疫区引进猪只；引进种猪时应严格检疫，防止该病传入。

③对发病母猪及仔猪，不能留作种用，应予淘汰并做无害化处理。

④保持圈舍清洁卫生，饲养密度合理，提高抗病能力。防止高温、寒冷、噪声等不良刺激，减少本病发生。

【防控措施】 本病一旦发生后，一是迅速开展灭疫工作，启动应急预案，按照防治技术规范要求，迅速采取封锁、扑杀、消毒、无害化处理、紧急免疫接种等防控措施；二是强化检疫监管，严格产地和屠宰检疫；三是加强疫情监测和排查工作；四是及时发布有关信息，引起各地各有关方面注意。

另外，对可疑病猪可在每升饮水中添加泰乐菌素0.5克，或氟苯尼考50克，或长效土霉素0.2克，让其自由饮用，作为预防和辅助治疗，可以减少猪只的发病率、死亡率和继（并）发症的发生。

三、圆环病毒病

圆环病毒病又称仔猪断奶衰竭综合征，由圆环病毒所致，主要感染断奶仔猪。呼吸困难、腹泻、消瘦、衰竭为其病征。

【病　原】 猪圆环病毒(PCVⅡ)是动物病毒中体积最小的一种，呈二十面体对称形态，无囊膜结构。对环境具有较强的耐受性，存活时间较长。主要分布在病猪的消化道、呼吸道及淋巴结中。

【流行特点】 该病分布较广，主要感染8～13周龄仔猪，哺乳猪很少发病。发病后病死率达20%～40%，饲养条件差、通风不良、气温骤降等应激因素是加重病情、促进死亡的诱因，是目前危害养猪业发展最为严重的猪病之一。

【症　状】 病猪表现为精神沉郁、食欲不振、发育不良、生长缓慢、皮肤苍白、腹泻、消瘦无力、呼吸困难、心跳加快等表现，有的甚至出现贫血或黄疸。体表淋巴结肿大。若与其他疫病并发时，症状表现就更为复杂。

【剖　检】 体瘦削，可视黏膜、浆膜表现贫血或黄疸。胃脏、肠系膜、气管等处淋巴结明显肿大4～5倍，切面呈苍白色。肺部有散在隆起橡皮样硬块，严重者肺部有暗红或棕色出血斑块。脾肿大，肾苍白、有白色病灶，被膜易剥脱，肾盂周围组织发生水肿。胃贲门部可发生溃疡。盲肠、结肠黏膜常有充血和出血点，盲肠壁有时水肿、增厚。

【诊　断】 根据流行病学、临床症状、剖检变化可做出初步诊断，确诊需经病毒分离鉴定。还可应用荧光抗体显微镜检查方法，进行确诊。

【防控措施】 目前我国尚无研制出该病有效的疫苗可进行免疫接种。个别有条件的猪场在严格隔离消毒的情况下，可认真执行操作规程，生产自家疫苗供本场内进行免疫注射，有望能够取得较为满意的预防效果。另外，加强饲养管理，改善卫生条件，对引进猪只进行严格检疫，平时加强猪场消毒，减少应激因素发生，是防止本病发生的有效措施。

治疗方面，目前该病尚无特效疗法，多以采取对症治疗为主。①病毒唑(利巴韦林)10毫克/每千克体重，每日2次肌内注射，连用5～7天；②氟甲砜霉素15～20毫克/千克体重，一次肌内注射，每日1次，连用2天；③20%黄芪多糖注射液20～30毫升，一次肌内注射，每日2次，连续注射5天。均有助于本病治愈率的提高。

四、高热综合征

猪高热综合征，俗称猪非典、猪无名高热，是以持续高热、皮肤红紫、传染性强、死亡率高等为特征，以高致病性蓝耳病等为主的一类疫病的总称。近几年该病流行广泛，病因复杂，病情危急，防治困难，死亡率高，危害十分严重。

【流行特点】 该病在我国大部分地区发生流行，以夏、秋季气温高时多见，其他季节也时有发生。流行初期呈暴发型，发病快、传染性强、死亡迅速。发病率30%～80%，病死率达40%～90%。仔猪发病率和死亡率更高。一般病程为5～15天。

【病　原】 由高致病性蓝耳病毒、圆环病毒、猪瘟、伪狂犬病毒及副猪嗜血杆菌、猪链球菌、多杀性巴氏杆菌、附红细胞体等多种病原体混合感染所引起。每头病例至少由3种以上病原体混合感染，而高致病性蓝耳病则是其中最为常见的原(继)发症，也是造成病情复杂、死亡率高的主要原因。

【病　因】

①饲养环境条件差。气温过高，圈舍潮湿、饲养密度过大、空气污浊、卫生状况差、长途运输等因素所致。

②饲料品质差。未采用全价配合饲料或饲料发生霉变。造成营养不良和抗病能力降低。

③消毒方法不科学，消毒措施不到位，消毒操作达不到规定标准。

④免疫接种不规范。由于近几年蓝耳病等新老病原微生物不断发生变异，导致血清类型增多，毒力增强，而所选用疫苗效价低、特异性差。

⑤滥用抗生素药物或抗生素添加剂。导致猪体内菌群失调，致使病原微生物产生变异和抗(耐)药性。

⑥疫病传播途径增多。市场经济发展，交通条件便利，屠宰加工能力提高，居民需肉量增加，使猪只流动数量增多、范围扩大，造成疫病传播机会和途径增多。

⑦病死猪转移、丢弃、宰杀、销售、食用等现象不时发生，未能严格进行无害化处理。

【症　状】 精神沉郁，被毛粗乱。食欲不振，大便干燥，呈球状，带有血液或白色黏液，有时腹泻。心跳加快，呼吸困难，体温41℃～42℃，呈稽留热型。可视黏膜发绀，耳部、尾尖及体躯下部皮肤出现紫红色出血点(斑)。眼结膜发炎肿胀，常有眼眵或泪痕。

1. 繁殖障碍型 性功能降低，发情失常，受精困难。容易流产，产仔量减少，产出死胎、弱胎或木乃伊胎。产后无乳或泌乳量减少等。

2. 呼吸困难型 表现为咳嗽，流鼻液，呼吸促迫，呈犬坐姿势，张口吐沫，腹式呼吸等。

3. 神经紊乱型 保育猪多见。精神失常，呈阵发性兴奋或沉郁。肌肉颤抖，站立不稳，行走摇摆，不自主转圈。口吐白沫，瞳孔散大，意识不清，卧地不起，四肢滑动等。

【病理变化】 心包积液增多，心肌变性，心外膜及心内膜有出血点。肺脏肿大，质地变硬，呈虾肉样变，有的肺脏呈大理石样。

肺间质增宽，出现水肿或出血性炎症。部分病例胸腔有纤维素性炎症及纤维素性渗出物，且常与肺部发生粘连。常见腹腔积液增多，且含有较多的纤维蛋白。腹腔浆膜也常有纤维素性炎症。肺门、肠系膜、腹股沟等处淋巴结肿大、充血、出血严重。肝脏肿大，呈土黄色，质地变脆，边缘钝圆。部分肾脏肿大，质脆，色泽变淡或广泛淤血呈褐色。膀胱黏膜有散在的出血点。有的脾脏肿大，边缘有出血性梗死。胃肠黏膜有出血点，有时大肠回盲瓣处可见到坏死性扣状肿。个别病例脑膜出现水肿和出血性炎症等。

【诊　断】 由于该病病原体种类繁多，病因、症状、病理变化复杂，因而确诊困难。一般应结合流行病学、临床症状、病理变化、治疗效果及实验室检验等方法进行综合和鉴别诊断。实验室诊断可采取以下主要方法。

1. 蓝耳病毒、圆环病毒、伪狂犬病毒、支原体 用反转录—聚合酶链式反应。

2. 猪瘟 用酶联免疫吸附试验、免疫荧光抗体检验及血清中和试验。

3. 副猪嗜血杆菌、链球菌、巴氏杆菌、放线菌 用分离培养鉴定、生化试验和制片、镜检。

4. 附红细胞体、弓形虫 用脾脏触片或血液涂片染色，显微镜观察其形态特征。

【预　防】

1. 优化养猪环境 按照防疫条件要求，严格选址、建场。猪场应实行封闭式管理，防止外部人畜、车辆进入。猪舍内温度、湿度、水源、空气、光照、卫生及生物安全等方面应保持良好的生态环境，防止各种应激因素发生。

2. 防止疫源引入 杜绝从场外收购病猪和隐性感染猪只。进场猪应严格按规定隔离检疫30天以上。

3. 禁喂霉变饲料 有的在霉饲料中添加霉菌毒素吸附（处

理)剂,效果很差,仍有降低机体免疫力、促使疫病发生的有害作用。

4. 搞好免疫接种　根据当地疫情,结合本场实际,在免疫监测的基础上,制定科学合理的免疫程序。防疫种类必须接种能够造成免疫抑制的病毒性疫病和危害严重的细菌性疫病的疫苗,如高致病性蓝耳病、猪瘟、伪狂犬病、链球菌病、副猪嗜血杆菌病等。高致病性蓝耳病灭活苗应于疫区、受威胁区进行紧急强化免疫;猪瘟疫苗应注射2～4头份,加大用量。接种疫苗每种尽量间隔7天以上,以防发生交互干扰。疫苗应选择与当地病原体血清型一致或具有交叉抗原性者。目前圆环病毒病尚无疫苗可用,副猪嗜血杆菌病由于血清型太多,现有疫苗效果也不太理想,故条件具备的大型猪场,在严密控制的情况下,短期内利用本场病猪病料分离细菌和病毒,严格按操作规程生产、接种自家疫苗。但应禁止在场外使用,以防散毒。

5. 严格消毒制度　要对必须进入猪场的人员、物品、车辆全部进行严格消毒。消毒形式、种类、方法、药品应多样化。对病毒应选择复合醛类消毒剂,按1∶400加水稀释,猪舍内每周消毒2次,舍外环境每周消毒1次。也可选择季铵盐、复合酚、碘制剂等消毒剂交替使用。

6. 加强动物检疫　进场猪应隔离检疫观察30天以上;严禁屠宰、销售、运输、丢弃病死猪(肉)等。

7. 对发病猪场的管理　及时将病猪与同群猪严格隔离,并对假定健康猪进行紧急免疫接种;病尸应做无害化处理。

8. 西药预防　平时不应使用抗生素类药物作预防保健,但受到疫病威胁时,应于饲料或饮水中加入足够量的抗毒杀菌药物,如黄芪多糖、氟甲砜霉素、阿莫西林、强力霉素、支原净等,连续5～7天,可作短期紧急预防用药。

9. 中药预防　在饲料或饮水中按5%加入清热败毒散或板蓝

根冲剂，连用5～7天。

【治　疗】

1. 西药　①20%黄芪多糖注射液20～30毫升，肌内注射，每日2次，连用5天；②20%氟苯尼考注射液20～40毫升，肌内注射，每日1次，连用7天；③多西环素按100毫克/千克体重，氟美松5～12毫克/千克体重，肌内注射，每日1次，连用5～7天。

2. 中药　清热败毒散（黄芪70克、金银花100克、连翘50克、板蓝根100克、栀子30克、鱼腥草100克、石膏100克、黄芩30克、大青叶50克、生地黄50克、丹参50克、甘草100克）共为末煎汤，大猪每日分2次内服，每日一剂连用5～7天。

以上各型都应给予大剂量含有复合维生素、葡萄糖的等渗补盐液，以补充水分，维持电解质平衡，促进新陈代谢，减少应激反应发生。

五、狂犬病

狂犬病是由狂犬病病毒所引起的一种直接接触性、急性传染病。该病毒存在于神经组织及唾液中，患病动物几乎全部死亡，无一例痊愈。

【病　原】　狂犬病病毒，属弹状病毒属，在脑组织中可形成嗜酸性包涵体（内基氏小体）。该病毒不耐热，对消毒药敏感，耐冷冻，病料适在50%甘油磷酸盐缓冲液中保存。

【流行特点】　猪只通过被狂犬咬伤而感染，呈散发，伤口距中枢神经近者病情危急。

【症　状】　潜伏期20～60天或更长；病猪兴奋不安，富攻击性，后躯麻痹，步态不稳，咬牙流涎，肌肉痉挛，阵发性发作，继而全身衰弱，经3～4天死亡。

【剖　检】　胃内空虚，有异物；大脑海马角等神经细胞进行病理组织切片镜检，可见内有嗜酸性包涵体为其特征。

【诊　断】 根据咬伤史、症状及嗜酸性包涵体存在即可确诊，其鉴别诊断见表 8-3。

表 8-3　神经障碍型猪病鉴别表

病名	其他症状	流行特点					主要病变	实验室检查		
		常发猪	病死率	常发季节	易感动物	流行形式		项目	实验动物	病原体
神经型猪瘟	败血症、肠炎、产死胎	仔	100%	冬春	猪	流行或地方性流行	脾边缘梗死，大肠有扣状坏死灶	血片、组织片荧光抗体检查、酶标抗体试验	兔体交互免疫试验	猪瘟病毒
狂犬病	攻击人畜，后躯麻痹	仔、成	100%	无季节性	人、畜	散发	大脑海马角可查出内基氏小体	海马角切片镜检	小白鼠脑内接种	狂犬病病毒
伪狂犬病	新生猪呈败血，成猪表现为流感样或流产	仔	80%	无季节性	畜	地方性流行或散发	不明显	病毒分离鉴定中和试验、酶联免疫吸附试验	兔(奇痒)	伪狂犬病病毒
传染性脑脊髓炎	眼球震颤	仔	80%	冬春	猪	地方性流行或散发	不特征	血凝抑制试验	仔猪脑内接种	脑脊髓炎病毒
李氏杆菌病	败血症，流产	仔	70%	冬春	畜禽	地方性流行或散发	肝坏死、心肌炎	脑片镜检V形排列小杆菌	小鼠、家兔	李氏杆菌

续表 8-3

病名	其他症状	流行特点					主要病变	实验室检查		
		常发猪	病死率	常发季节	易感动物	流行形式		项目	实验动物	病原体
仔猪水肿病	头部水肿、速发型过敏反应	仔	90%	4～9月	14周龄猪	地方性流行	眼睑、胃大弯、黏膜下、结肠系膜发生水肿	早期血片可检出菌体	小鼠、家兔	溶血性大肠杆菌
食盐中毒	渴感、出血性胃肠炎	仔		无季节性	猪	零星发生	肠黏膜脱落、出血、发炎			
乙型脑炎	母猪流产，死胎，公猪睾丸炎	仔、成	80%	夏秋	畜	散发或地方性流行	脑及脑膜充血，睾丸肿大，子宫黏膜充血、出血	红细胞凝集抑制试验、子宫黏膜充血、出血	乳鼠	乙型脑炎病毒
脑膜炎链球菌病	败血症，发热	仔、成	90%	无季节性	猪	散发或地方性流行	脑膜水肿、充血或出血	制片镜检	链球菌	
黄曲霉中毒	皮肤出血、结膜黄染、贫血	仔、成		无季节性	畜	群发	黏膜下出血、胃肠出血、肝坏死变性脑软化、水肿			
维生素A缺乏症	眼失明、畸形仔猪或死胎	仔、成		冬春	畜	散发或群发	神经细胞变性			

【预　防】　本病目前国内外人、畜尚无一例治愈病例。预防上，应做到定期进行狂犬病疫苗接种，捕杀野犬和病犬，防止通过咬伤途径传染猪只。一旦发现有被狂犬病犬咬伤猪，应予以扑杀或给猪只注射狂犬病疫苗10～25毫升，连用6天。工厂化养猪因不与犬类接触，故可免预防接种。

六、伪狂犬病

【病　原】　本病是由伪狂犬病毒所引起，存在于血液、脏器、尿液及中枢神经系统中。

【流行特点】　牛最易感，猪次之。猪只与病猪、带毒猪接触或吞食伪狂犬病死鼠后易被感染。通过吮乳、交配、皮肤伤口、胎盘等多种途径也可感染。

【症　状】　潜伏期3～15天，仔猪发病后体温升高，精神沉郁，食欲废绝，继而狂奔乱跳，兴奋不安，阵发性痉挛。后期出现麻痹、流涎、吞咽和呼吸困难，最后衰竭死亡，病程4～6天。成猪仅表现出流感症状或隐性感染。妊娠母猪多发生流产。

【剖　检】　脑及脑膜充血、出血，脑室积液增多；肝脏、脾脏有灰白色坏死点，心包液增多，肺部发生水肿或有出血点。

【诊　断】　一般诊断可根据流行特点、临床症状、病理变化情况进行；鉴别诊断可参见表8-2和表8-3。实验室检验可选择家兔接种实验方法。家兔接种试验：

1. 家兔的选择　选择健康成年家兔。

2. 病料的采集与处理　无菌采集疑为该病死亡或扑杀猪只的脑组织、扁桃体、淋巴结等，剪碎后，于洁净的组织匀浆器中研磨1分钟，用无菌生理盐水制成20%的混悬液，反复冻融3次，再于高速离心机中按3 000转/分离心10分钟，取上清液加入双抗置4℃冰箱中感作12小时后进行检验。

3. 病料接种 将病料 1 毫升注射于兔颈部皮下。

4. 结果判定 阳性：家兔接种后 24～48 小时注射部位出现奇痒，啃咬接种部位，鸣叫、吐沫、不安、乱跳，导致死亡；阴性：接种家兔无异常表现，不导致死亡。

其他实验室诊断可采用聚合酶链式反应用于病毒的检测；中和试验、酶联免疫吸附试验用于非免疫猪只伪狂犬病抗体的检测及免疫后抗体水平的监测；胶乳凝集试验适用于抗体的早期检测。

【预　防】 本病目前尚无有效治疗方法，故应采取以下预防措施。

①搞好圈舍卫生，做好消毒工作。平时每周用 0.1%百毒杀、2%氢氧化钠溶液或 10%新石灰乳进行 1 次彻底消毒。

②鼠类为本病的传染源和传播媒介，应切实搞好灭鼠工作。

③疫区内仔猪和母猪应注射伪狂犬病弱毒疫苗。乳猪首次肌内注射 0.5 毫升，断奶后再肌内注射 1 毫升。2 月龄以上猪肌内注射 1 毫升。成猪及妊娠母猪（产前 1 个月）可肌内注射 2 毫升。

④乳猪、仔猪发病后，应及时扑杀淘汰及无害化处理。

七、猪乙型脑炎

猪乙型脑炎是由日本脑炎病毒引起的人兽共患的一种急性传染病。

【病　原】 日本脑炎病毒，主要存在于神经组织、血液及睾丸内，对消毒剂敏感，耐冷冻。

【流行特点】 多为隐性感染，5 月龄易发。于 7～9 月份通过蚊虫叮咬传播。也可经胎盘进行垂直传播。呈现散发或地方性流行。

【症　状】 潜伏期 3～4 天。表现为体温升高，精神沉郁，口渴，喜饮水，大便干且有黏液。后肢轻度麻痹，步态不稳，有摇头、磨牙、冲撞、转圈、视力障碍等症状。母猪出现早产、流产、死胎、木乃伊胎，公猪有一侧性睾丸肿大、发炎等表现。

【剖 检】 脑及脑膜充血，脑室积水，睾丸肿大、充血，子宫黏膜充血，有少量出血点；流产，胎儿黏膜下组织水肿。

【诊 断】 根据其发病季节，流产，死胎，特别是木乃伊胎，公猪一侧性睾丸发炎、肿大，一般可做出初诊。确诊时，需进行红细胞凝集抑制试验、中和试验等实验室检查。其鉴别诊断见表 8-2，表 8-3。

【预 防】

①改善环境卫生，做好清扫、消毒及灭蚊工作。

②每年 4～5 月份成猪肌内注射乙脑弱毒冻干疫苗 1 头份。

③病尸需做无害化处理，如深埋、焚化等。

④病猪舍经清扫、喷洒 2%敌百虫溶液灭蚊后，再用 2%火碱液或 3%来苏儿溶液进行消毒；密闭型猪舍可直接进行熏蒸消毒。

【治 疗】 本病尚无满意疗法。必要时，可试用以下方法对症治疗：

①给予青霉素或磺胺类药物。

②每日肌内注射氯丙嗪 50～120 毫克。

③静脉注射 20%甘露醇 20～100 毫升。

④安宫牛黄丸，每次 1～2 粒内服，连用 3～5 天。

⑤针灸风门、百会、太阳、血印、大椎、尾尖、八字等穴。

八、传染性脑脊髓炎

传染性脑脊髓炎又称捷留申病，是由脑脊髓炎病毒所引起的一种急性传染病。

【病 原】 脑脊髓炎病毒存在于病猪的脑和脊髓，有时排泄物和血液中也有。对高温和化学消毒剂敏感；耐酸碱、干燥和腐败。

【流行特点】 仅猪易感，特别是幼龄猪。通过饲料、饮水经消化道传播，也可通过呼吸道传染。新发区多呈现暴发，老疫区呈散发。

【症　状】 潜伏期为7～35天。初期体温达40℃～41℃，厌食、沉郁、后肢动作失衡，数日后对刺激敏感，阵发性跌倒，肌肉和四肢强直。严重者出现眼球震颤、肌肉抽搐、前肢划动、角弓反张、磨牙、鸣叫、衰竭、昏迷等症状，3～4天死亡，病死率达50%～90%。

【剖　检】 多无病理变化，有时仅见脑和脑膜充血、水肿。

【诊　断】 本病仅猪发生，其他动物不发病。猪的高热和典型的神经症状可作初诊依据，确诊可用血清学检查和仔猪接种试验的方法，其鉴别诊断可见表8-3。

【预　防】 应加强检疫，严防传染源的引入。一旦发现病猪，应坚决采取隔离、封锁、扑杀病猪等措施，并彻底进行消毒。

【治　疗】 目前尚无有效疗法，给予抗生素、磺胺类、盐酸氯丙嗪、牛黄安宫散、针灸等对症治疗，可减少并发症的发生等。

九、口蹄疫

口蹄疫是偶蹄兽的一种急性、热性和高度接触性的传染病。猪口蹄疫的发病率很高，传染极快，流行面很大，对中、小猪可造成死亡。因此，世界各国对口蹄疫都十分重视，世界动物卫生组织将其列为A类传染病，我国也将其定为一类动物疫病。此病已成为国际重点防控对象。

【病　原】 口蹄疫的病原为口蹄疫病毒，根据口蹄疫病毒免疫原性的差异，分为A、O、C、亚洲、南非等共7个血清主型和80多个血清亚型。各型引起的症状没有什么不同，这给诊断和防治本病造成复杂性。A型口蹄疫主要分布于亚洲、南美和中东地区，前些年我国周边一些国家偶有亚洲Ⅰ型发生，但均在持续控制中。

病毒存在于病猪的血液、水疱皮、水疱液、口涎、眼泪、奶、尿、粪等全身各种组织、分泌物及排泄物中。

口蹄疫病毒对外界环境的抵抗力较强，在猪毛上可生存半个月，饲料中可生存4个月，土壤、用具、粪便及干草上可生存1个月以上。病毒在低温条件下，毒力能够保存，不会减弱，在体外能耐寒冷几个月不死，所以冬、春季多发病。在冰冻条件下，血液中的病毒能保持毒力4～5个月，肉中的病毒能保存30～40天。高温和阳光易杀死病毒。在直射阳光下，病毒经60分钟即死亡，煮沸可立即死亡。酸和碱对病毒的作用很强，所以常用2%～4%火碱液、0.1%灭毒净、30%草木灰水、5%氨水或5%～8%甲醛溶液消毒。生石灰、石炭酸、酒精、食盐等对该病毒作用很小。

【流行特点】 猪对口蹄疫病毒特别易感，仔猪更易发病，而且病情重，死亡率高。传染途径主要是消化道，通过损伤的黏膜和皮肤亦可感染。

养猪场(户)一旦有本病发生，常可通过各种途径向外扩散，特别是猪只较集中的集市、收购站、养猪场和屠宰场等，最易造成流行和蔓延。

本病的流行特点是传染快、流行广、发病率高，在同一时间内，往往牛、羊、猪一起发病。本病一年四季都可发生，冬季和早春达到高峰，以后逐渐减少，夏季基本平息。但在大型猪场及生猪集中的仓库，则无明显季节性。

【症　状】 本病潜伏期一般为2～7天。病初体温升高至40℃～41.5℃，精神不振，食欲减少。主要症状表现为蹄部、蹄冠、蹄叉和蹄踵部皮肤上出现局部红色斑块，不久形成水疱。水疱内有灰白色或灰黄色液体。开始时，水疱似米粒大或绿豆大小，以后发展到蚕豆大。水疱破溃后，形成出血的暗红色糜烂面，随后结痂转愈。蹄部刚出现水疱时，跛行不明显。当人们看出明显跛行，不愿站立时，水疱多已破溃。当蹄部有继发感染时，蹄壳可能脱落。

病猪鼻盘、齿龈、舌、腭部等也可出现水疱，破溃后，露出浅的溃疡面，不久可愈合。少数病例，母猪的乳房和乳头的皮肤发生水疱，破裂后发生糜烂，不久结痂。

仔猪患此病后，死亡率较高，可达60%以上。发病重的仔猪，主要发生急性胃肠炎，剧烈腹泻，迅速脱水死亡。有些仔猪表现为高热，委靡，心跳和呼吸加快，痉挛鸣叫，心肌麻痹而死。

【剖　检】 死亡仔猪胃肠可见出血性炎症。心肌色淡，质地松软，呈淡灰黄色斑纹，俗称“虎斑心”。

【诊　断】 猪口蹄疫的流行特点和临床症状都很典型，容易做出初步诊断。但考虑到本病影响巨大和病毒具有多型性的特点，发病地区，必须采取水疱皮和水疱液，迅速送到国家指定的三级以上生物安全实验室进行检查，以便及时确诊和鉴定毒型。根据国家制定的《口蹄疫诊断技术》标准，口蹄疫病毒的微量补体结合试验、食管探杯查毒、反转录—聚合酶链式反应、病毒中和试验、液相阻断—酶联免疫吸附试验、病毒感染相关抗原（VIA）琼脂凝胶免疫扩散试验适用于检测各种不同样品中的口蹄疫病抗原或抗体。由于猪口蹄疫的症状与猪传染性水疱病、猪水疱性口炎和水疱性疹等相似，故应予鉴别，可见表8-4。

表8-4　水疱性传染病鉴别诊断表

病名		一般口蹄疫	猪口蹄疫	猪水疱病	猪水疱性疹	水疱性口炎
流行病学	病原体	A型口蹄疫病毒	O型口蹄疫病毒	猪水疱病病毒	猪水疱疹病毒	水疱性口炎病毒
	易感动物	牛、羊、猪、人等	猪、人	猪、人	猪	牛、猪、马、人等
	流行形式	流行性或大流行	流行性、发生于集中饲养的猪场	流行性、发生于集中饲养的猪场	地方流行或散发	常在一定地区散发
	发病率	高	高	较高	10%～100%	30%～95%
	病死率	成畜3%～5%，幼畜约60%以上	成猪3%～5%，仔猪约60%以上	无	无	无

续表 8-4

病名		一般口蹄疫	猪口蹄疫	猪水疱病	猪水疱性疹	水疱性口炎
症状	口腔水疱	少	少	少	100%	100%
	蹄部水疱	100%	100%	100%	100%	无或很少
动物接种试验	猪	+	+	+	+	+
	黄牛	+	−	−	−	+
	水牛	+	±	−	−	+
	羊	+	±	−	−	+
	马	−	−	−	A、C型+	+
	2日龄乳鼠	+	+	+	−	+
	7～9日龄乳鼠	+	+	+	−	+
	豚鼠	+	±	−	−	+
	乳兔	+	±	−	−	+
抗酸试验		对pH值5.0敏感	对pH值5.0敏感	能耐受pH值5.0		
猪口蹄疫血清保护试验		能保护	能保护	不能保护	不能保护	不能保护
猪水疱病血清保护试验		不能保护	不能保护	能保护	不能保护	不能保护

注:"+"为有反应;"−"为无反应。

【防控措施】 平时于饲料内按2%比例添加六味酸,可提高胃肠道内的酸性环境,不仅能够帮助饲料消化吸收、促进生长,而且有利于拟制和杀灭对酸敏感的口蹄疫病毒,预防和减少口蹄疫疾病的发生和流行。

预防接种,于30日龄时可用口蹄疫灭能苗(死毒苗),每猪肌内注射1头份。注射后14天产生免疫力,免疫期6个月;于56日龄，肌内注射口蹄疫高效疫苗，每头肌内注射3毫升；种猪每年春、秋季接种高效苗各2毫升，但所用疫苗的抗原性必须与当地所发生口蹄疫的血清型相一致。

如有可疑口蹄疫发生时，要立即向上级农牧部门和同级人民政府报告疫情，迅速启动应急预案并组织人员进行会诊和采取病料，快速送专门机构进行诊断和鉴定毒型。对疫区要按照"早、快、严、小"的原则进行严密封锁。猪圈、饲槽及饲养管理用具等，要用0.1%灭毒净、2%氢氧化钠溶液消毒。粪便、垫草消毒后就地或运到指定地点，堆集发酵处理。

为了尽早扑灭疫情，防止发生蔓延和流行，国家严格规定，对疫区内所有口蹄疫病畜和同群畜一律采取坚决扑杀、消毒、无害化处理，对受威胁区的易感动物进行紧急免疫接种。

十、传染性水疱病

猪传染性水疱病是一种急性、热性、接触性传染病。由于本病传染速度快，发病率高，对养猪业的发展威胁严重。因此，必须重视本病的防治工作。

【病　原】 是一种水疱病毒。主要存在于病猪的水疱液、水疱皮及淋巴液中，其他如血液、肌肉、内脏、皮、毛、粪便等也含有一定量的病毒。

该病毒对外界环境抵抗力较强。在冷冻条件下可长时间存活，在冰箱中保存可存活74天。病毒抗热性也较强，在50℃条件下经30分钟仍不丧失感染力。在猪粪及被污染的猪舍中，病毒能存活8周以上。

一般常用的消毒药，如70%酒精、3%来苏儿及10%石灰水等消毒效果较差。0.5%灭毒净、2%火碱溶液、10%漂白粉混悬液及5%氨水，可用于被污染的圈舍、用具和运输车船的消毒。若气温较高或用热溶液时，可提高其消毒效果。

【流行特点】 在各种家畜中，只有猪能感染本病。任何品种、性别、年龄的猪都可发生。

病猪、隐性感染和病愈的带毒猪是主要传染来源。病猪的粪、尿、唾液、奶水、水疱皮和屠宰后的头、蹄、血、肉、内脏等污染了饲料、饮水和周围环境，通过健康猪的消化道感染发病，也可经皮肤、黏膜、伤口感染。本病一年四季都可发生，一般在冬、春寒冷季节流行最多。

病猪的头、蹄等病变部分，含毒量最高，传染性最大。调运病猪时，被污染的车、船及其他用具，病猪的新鲜粪、尿，泔水、洗肉水等都是重要的传播媒介。

【症　状】 本病的潜伏期一般为2～5天，有时可延至7～8天或更长。病猪主要症状是蹄冠、蹄叉、蹄底或副蹄发生水疱，水疱由米粒大至黄豆大，数目不等。水疱内充满清亮或淡黄色液体，经1～2天破溃，露出红色的破溃面，以后逐渐结痂康复。病猪有疼痛感，运步困难，跛行很明显。若破溃部继发细菌感染，可引起蹄壳脱落，病猪卧地不起。部分病猪鼻盘、口腔黏膜、齿龈及舌部出现水疱和溃疡，部分哺乳母猪乳房上也出现水疱。

病初，体温升高达40℃～41℃，并伴有精神沉郁、食欲减少等症状。哺乳母猪因乳房发生水疱感疼痛，常不愿给仔猪哺乳，造成仔猪受饿而死。幼龄病猪生长发育停滞，妊娠母猪间有流产现象。病程经过较轻，死亡率很低，病程7～10天便可自愈。

【诊　断】 本病症状典型，即蹄部出现水疱。流行特点是仅猪发病，因而不难做出诊断。但其症状与口蹄疫、水疱性口炎及水疱性疹极为相似，常不易区分开。因此，一旦有可疑病猪发生时，应立即报告上级兽医机构，组织有关人员尽早确诊，并采取有效的防控措施，见表8-4。

【防控措施】 对未发病猪只，预防注射可用乳鼠化弱毒疫苗，每头猪肌内注射2毫升,免疫期达6个月,保护率可达80%以上。

对已发病地区,要根据发病范围划定疫点、疫区,进行封锁。特别是生猪集中及调动频繁的单位,要立即停止收购和外调猪只。从疫点运送到猪库或屠宰场的猪,应及时屠宰,不要和其他健康的猪混群。

对病猪要迅速扑杀,严禁将病猪出售或调出疫点。

被污染的猪圈、场地、饲槽、用具,要用5%氨水、0.5%灭毒净、2%火碱溶液或10%漂白粉混悬液等进行消毒。粪便堆积发酵消毒后再利用。

十一、猪　痘

猪痘是由痘病毒所引起的一种急性、热性传染病。

【病　原】 痘病毒对日光、热、碱和常用消毒药敏感,但耐干燥。该病毒常在受感染猪群中长期留存。

【流行特点】 各种动物都易感,幼龄更易感。一般通过皮肤、黏膜、呼吸道感染。饲养管理不善,卫生条件差,寒冷,营养不良均可促进本病的发生。

【症　状】 潜伏期为2~6天。病猪体温升高,精神不振,食欲减退,有鼻液和眼分泌物。在下腹部、背部和股内侧等处,常可见到开始为深红色硬结,继而转为脓疮,最后成棕黄色痂块,脱落后痊愈。病程10~15天,多取良性经过。

【诊　断】 根据幼龄猪易发、体温升高、下腹部和四肢内侧等处出现突出于皮肤的硬结节、水疱、脓疱及痂块者,即可诊为猪痘。

【防控措施】 预防措施,包括加强猪舍卫生,定期进行消毒;防止引入病猪,要加强检疫工作;杀灭一切体外寄生虫,消除传染媒介等。如果出现疫情,则应立即隔离病猪,封锁疫区。对病猪进行对症治疗。①给予甲砜霉素2 000克,按2%比例混饲;②肌内注射土霉素，按 10～20 毫克/千克体重，每日 2 次，连用 7 天，以防继(并)发感染；对皮肤型可局部涂擦磺胺软膏；黏膜型可揭去痂块，涂擦碘甘油。

十二、细小病毒病

细小病毒病是由细小病毒所引起母猪发生的一种繁殖障碍性疾病。

【病　原】　细小病毒对常用消毒药品不敏感，对环境的抵抗力很强，能在圈舍中生存数月不死，一般通过口、鼻、精液、胎盘感染。猪群感染此病后，可长期连续发生。

【流行特点】　本病只使猪发病，特别是胎儿最易感，且死亡率高。通过精液、胎盘及其他分泌物、排泄物进行传染。

【症　状】　母猪感染此病后，无明显临床症状，仅表现为发情失常，不易受胎或胎儿死亡，出现流产、死胎、畸形胎和木乃伊胎。妊娠后期感染时，胎儿可正常分娩存活下来，但长期带毒、排毒，造成危害。

【剖　检】　一般无明显病理变化，仅见感染死亡胎儿充血、出血、水肿、体腔积液或木乃伊胎。

【诊　断】　根据母猪发情异常、不孕、产畸胎、死胎、木乃伊胎、弱胎等繁殖障碍，而母猪本身又无症状即可初步诊断为此病。而该病的确诊仍需进行血细胞凝集试验、血细胞凝集抑制试验和荧光抗体检查技术，其鉴别诊断见表 8-2。

【防控措施】　本病目前国内外尚无有效疗法。在预防上，应做到：①从非疫区引进健康的种公、母猪。在引进时要严格检疫，隔离观察 1 个月。并做 2 次血凝抑制试验，确认健康者方准进入本场健康猪群。②用猪细小病毒灭活苗，对成年猪只进行免疫接种(表 7-2)，以提高生产母猪(尤其是初产母猪)的免疫能力。③

还要做好猪舍经常性严格消毒和及时扑杀处理检疫出的阳性病猪工作。

十三、流行性感冒

猪流行性感冒是由猪流感病毒所引起的一种急性、热性、高度接触性的传染病。其特征是:突然发病,迅速蔓延全群。以高热、咳嗽、呼吸道炎症为主要表现。多取良性经过,若有继发、并发感染时,可引起死亡。

【病　原】 流感病毒,存在于病猪及带毒猪的呼吸道分泌物中,对热、日光及消毒药物敏感。

【流行特点】 本病呈地方性流行或大流行。病猪和带毒猪是传染源,呼吸道为传染途径,流行呈明显的季节性,多发生于晚秋、冬季及早春,通常几天内,使全群猪发病,又在几周内痊愈。发病率几乎达到100%。病程较短,病死率有时可达1%～4%。如有继发、并发感染时,死亡率可增加。

【症　状】 精神不振,食欲减退,体温升高,呼吸加快。咳嗽,有鼻液,喜卧,肌肉颤抖,多取良性经过。病程1周左右。

【剖　检】 仅见呼吸器官有炎症变化,严重者肺部有紫红色病变。

【诊　断】 根据流行特点、症状和剖检变化不难做出诊断。与一般感冒的区别在于,后者体温稍高,呈散发,病程短。

【治　疗】 本病尚无疫苗可供预防,只能采取一般性预防措施,如做好防寒、保暖。治疗只能给予对症治疗。

①肌内注射10%安乃近注射液,2～10毫升,每日1～2次。

②5%柴胡注射液,5～10毫升,每日1～2次,肌内注射。

③内服感康片,用量可依猪只大小每次内服1～3片,每日2次,连用3天。

④对重症病例可分别给予病毒唑 10 毫克/千克体重，每日 2 次，连用 7 天；或给予吗啉胍、地塞米松等药物。

十四、传染性胃肠炎

传染性胃肠炎是由猪传染性胃肠炎病毒所引起，可发生于各种日龄的猪，但以 10 日龄内的仔猪最易感染，且死亡率高。

【病　原】 猪传染性胃肠炎病毒存在于小肠黏膜及肠内容物中，怕光，对热和消毒药敏感。

【流行特点】 仅猪易感，尤其是 10 日龄内的仔猪，死亡率高。猪只通过消化道及呼吸道传染，冬、春寒冷季节易发生流行。

【症　状】 潜伏期 1～3 天，病初呕吐，继而呈急性腹泻，粪便呈黄绿色或灰白色，味腥臭。食欲减退，口渴，喜饮水，迅速消瘦、脱水，多于 2～5 天死亡。

成猪症状较轻，表现腹泻、食欲减退、口渴、脱水，体温一般不高，呈良性经过，5～7 天可自行痊愈。

【剖　检】 胃黏膜充血、出血，哺乳仔猪胃内有凝乳块。小肠内积有黄绿色或灰白色水样内容物。肠系膜和肠系膜淋巴结充血、肿胀。

【诊　断】 根据寒冷季节多见，不同年龄的猪只均可发生，流行快、发病率高、病死率低（10 日龄内致死率高）、呕吐、水样腹泻等特点，可做出初步诊断。根据《传染性胃肠炎诊断技术》，用病毒分离鉴定与检测病毒抗原的直接免疫荧光法、双抗体夹心酶联免疫吸附试验及检测血清抗体的中和试验、间接酶联免疫吸附试验等适用于该病的诊断、检疫及流行病学调查。鉴别诊断，见表 9-1。

【防　治】 本病除进行一般性的预防措施，如搞好饲养，给予全价饲料，提高猪只抗病能力，加强猪舍防寒保暖，经常进行环境消毒外，可于产前25天，肌内注射猪传染性胃肠炎弱毒苗2毫升；或于1日龄、36日龄分别于交巢穴位注射该弱毒苗1毫升。

治疗方面，因系病毒所致，目前尚无有效特殊疗法，所以只能采取对症治疗，可减少猪只死亡。

①特效肠炎净，每千克体重0.1毫升，一次肌内注射，每日1次，连用3天。

②磺胺脒1～4克，碳酸氢钠1～4克，次硝酸铋2～6克，共为末，一次内服，每日3次，连用5天。

③穿心莲注射液5～10毫升，阿托品1～3毫升，交巢穴一次注射，每日1次，连用3天。

④食盐3.5克，食糖30克，碳酸氢钠3克，温水1000毫升，溶后一次内服，每日2次，连服3天。

十五、流行性腹泻

流行性腹泻是由流行性腹泻病毒所致，传播快，流行期短，多发于冬季寒冷季节。

【病　原】 为猪流行性腹泻病毒。对氯仿、乙醚敏感，对外界环境抵抗力不强，易被碱性消毒药杀死。

【流行特点】 各种年龄的猪只都易感染，呈暴发性流行；通过消化道感染，发病率高，死亡率低。天气寒冷时易造成广泛流行。

【症　状】 潜伏期数小时至2天，表现为精神沉郁，食欲减退，继而排水样便，色灰黄，有时呕吐。日龄越小，病情愈重，病死率愈高，一般腹泻4～7天可痊愈。

【剖　检】 小肠膨胀，内含大量黄色液体。肠壁变薄，肠系膜淋巴结水肿。

【诊　断】 临床上表现呕吐、腹泻、消瘦，应与其他腹泻型猪病进行鉴别，见表9-1。

该病的确切诊断、检疫和流行病学调查，可按照病毒分离鉴定与检测病毒抗原的直接免疫荧光法、双抗体夹心酶联免疫吸附试验、检测抗体的血清中和试验、间接酶联免疫吸附试验等技术标准进行。

【防　治】

1. 预防　该病可用流行性腹泻灭活苗 0.5 毫升于 2 日龄、42 日龄分别于交巢穴注射进行预防。

2. 治疗　一般可给予对症治疗。①用穿心莲或痢菌净注射液 5～10 毫升与硫酸阿托品注射液 1～3 毫升，作交巢穴注射；②黄连、黄芩、黄柏、茯苓、白头翁、甘草各 50 克，滑石粉 200 克，共煎水，每日分 2 次内服(每 50 千克体重)；为防止脱水，可内服补盐液 1000 毫升/次，每日 2～3 次，连服 3～5 天。

十六、轮状病毒病

【病　原】　本病是由轮状病毒所致，该病毒对外界环境抵抗力强，粪便中可存活 7 个月。

【流行特点】　各种年龄猪只都能感染，但以幼龄猪症状明显。病猪和带毒猪通过粪便向外排毒，健康猪经消化道感染。寒冷、卫生条件差和饲养管理不善是发病的重要诱因。猪场一旦染病，则难以根除。

【症　状】　潜伏期为 12～24 小时。表现为精神沉郁，食欲减退，呕吐，腹泻，呈水样或粥状，色黄灰或黑色。猪龄愈小，天气愈冷，有合并感染者，病情愈重，死亡率愈高。

【剖　检】　胃壁松软，内含未消化的凝乳块。肠壁变薄出血，内含黄灰或黑色液状内容物。

【诊　断】　本病根据寒冷季节发生腹泻，多发于 7 日龄以上猪只，一般可做出初步诊断，鉴别诊断见表 9-1。确诊需进行免疫荧光抗体检查和酶联免疫吸附试验等实验室诊断。

【预 防】 目前尚无有效的疫苗预防，重点是搞好综合性预防措施，尤其要防止传染源的污染。作为疫区养猪场(户)，主要是让仔猪及早吃到初乳，获得先天性免疫力。

【治 疗】 一般可采用对症疗法：①给予等渗盐水让其自由饮用；②应用特效肠炎净 0.1 毫升/千克体重，每日 1 次，肌内注射，连用 3 天，防止并发症发生；③内服胃蛋白酶每头 0.5～1 克，次硝酸铋每头 2～5 克，可起到促进消化、收敛及止泻的作用。

第九章　猪细菌性疫病的防治

一、猪链球菌病

猪链球菌病是由链球菌引起人兽共患的一种传染病。仔猪多发生败血型和脑膜脑炎型；中猪多发生慢性、化脓性淋巴结炎和关节炎型。

【病　原】 病原为溶血性链球菌，对干燥、湿热均较敏感，常用消毒药易将其杀死。该菌广泛分布于自然界，经口、鼻和皮肤伤口而传染。

【流行特点】 本病一年四季均可发生，发病率较高，仔猪的病死率更高，对养猪业的发展有较大的威胁。

【症　状】

1. 败血症型　流行初期多见。有的无症状出现就突然死亡，有的体温升高达42℃以上，耳尖、四肢及腹下有紫红色斑。结膜潮红，流泪，呼吸加快，有鼻液，有的跛行，病程2～4天或转为慢性型。

2. 脑膜脑炎型　除有不食、体温升高等一般症状外，主要表现为空嚼、磨牙、运动失调、转圈、后躯麻痹、四肢做游泳动作、昏迷等神经症状。病程1～2天。

3. 慢性型　主要表现为一肢或数肢关节发炎、肿大、疼痛。颌下、颈部淋巴结发生化脓性炎症。病程一般为3～5周。

【剖　检】 败血症型可见到各器官有出血点，心包积液增多，脾肿大，各浆膜发生炎症变化。脑膜脑炎型可见脑膜充血、出血，脑脊髓液浑浊、增多，含多量白细胞，脑实质有化脓性炎症变化。

【诊　断】 本病确诊需进行实验室检查，方法是根据不同病型采取相关的病料，制成涂片，用碱性美蓝和革兰氏染色液染色，显微镜检查，见到单个、成对或链状排列，呈紫色（阳性）者，可确认为本病。

该病与其他败血性疫病的鉴别，见表8-1。

【预　防】 50日龄时肌内注射猪链球菌灭活苗5毫升；种猪于每年春、秋两季，分别肌内注射5毫升，免疫期6个月。或用猪败血链球菌活疫苗每头按4毫升，加水内服。

【治　疗】

①青霉素，100万～300万单位，注射用水10～20毫升，每日肌内注射2次。

②环丙沙星注射液，每千克体重3毫克，每日肌内注射2次。

③磺胺嘧啶钠注射液，每千克体重70毫克，每日肌内注射2次。

④对症治疗淋巴结脓肿和关节炎。炎症初期局部涂搽碘酊、鱼石脂以利消除炎症，晚期颌下淋巴结发生脓肿时，可采取手术切开排脓、过氧化氢清洗、碘酊纱条引流等治疗措施。

二、猪丹毒

猪丹毒俗称打火印，是猪的一种急性、热性、败血性传染病。主要特征为败血和皮肤上出现疹块。慢性型猪主要表现为关节炎和心内膜炎。

【病　原】 病原是猪丹毒杆菌。对外界环境的抵抗力很强，在干燥阴暗的地方可以生活1个月以上，在室温下耐受干燥数月，但对热和常用消毒药的抵抗力不强。

【流行特点】 本病的传染途径主要是消化道。病猪生前从其粪、尿及其他分泌物和炎性渗出物排出大量病菌，病死或急宰后经尸体的血、肉、皮、骨和内脏大量散菌，严重污染饲料、饮水、土壤、猪舍和用具，通过消化道感染，也可经皮肤伤口感染。蚊、蝇、虱也是本病的传染媒介。

猪丹毒多发生在气候较暖和的初夏和晚秋季节，3～12 月龄的猪只易感，哺乳仔猪和老龄猪则发病较少。

【症　状】 潜伏期平均为 3～5 天，最短为 24 小时，最长为 7 天。临床上一般可分为急性、亚急性和慢性 3 种。

1. 急性型(败血型)　此型常见，在流行初期，常无任何症状表现就突然死亡。病猪体温高达 42℃以上，食欲减少或废绝，或有呕吐。寒战，喜卧，行走摇摆不稳。病初粪便干燥，后期腹泻。部分病猪可见胸、腹、四肢内侧及耳部皮肤上，出现大小不等的紫红色斑点，指压红色消失，可视黏膜发绀，呼吸困难，如不及时治疗，往往在 2～3 天内死亡。病死率可达 80%以上。

2. 亚急性型(疹块型)　体温一般不超过 42℃。病后 2～3 天皮肤上出现深红、黑紫色大小不等的疹块，其形状有方形、菱形、圆形或不规则形，疹块部位稍凸起、发红，界限明显，很像烙印，故有“打火印”之称。随着疹块的出现，体温下降，病情减轻，数天后疹块逐渐消退，皮肤凸起部位渐凹陷，最后形成干痂，脱落而愈。此型病程为 10～12 天，个别病例也有转为急性或慢性的。

3. 慢性型　多由急性转变而来，主要症状为心内膜炎、关节炎或两者并发。慢性心内膜炎的病猪，体温正常或稍高，食欲时好时坏，生长发育不良，被毛粗乱无光泽，贫血，时有腹泻。体弱无力，不爱走动，驱赶运动时呼吸困难，心悸亢进，衰竭，甚至发生虚脱。重症者 2～4 周死亡。慢性关节炎的病猪，常见腕关节和跗关节发炎肿大，初期热痛，跛行，甚至不能行走，食欲时好时差。

【剖　检】

1. 败血型　可见病猪皮肤有较大片的弥漫性充血。淋巴结急性充血肿大，呈紫红色，切面多汁，有出血点。胃底部及小肠黏膜红肿，上附黏液并有小点出血；大肠无明显变化。脾脏充血肿大，紫红色，边缘钝，包膜紧张，质度柔软，髓质易于刮下。肾肿大，呈不均匀的紫红色，切面有针头大小的红点，稍隆起。心包积液，心内外膜有出血点。

2. 疹块型 可见皮肤上有典型的疹块病变，以白猪和煺毛后的猪最明显。部分死猪的脾脏、肾脏还可见有急性型的病理变化。

3. 慢性型 常见心内膜的房室瓣（二尖瓣）上，出现典型的菜花样赘生物附着，其表面高低不平，使瓣口狭窄、变形。慢性猪丹毒可见关节肿大，关节液增多，有多量浆液性纤维素性渗出物。

【诊 断】 猪丹毒，主要发生于夏、秋季，以4～6月龄的猪发病最多。败血型病猪体温升高达42℃以上，突然发病和死亡，皮肤红斑指压褪色。疹块型以病猪皮肤上出现典型疹块为主征。慢性型病猪有心内膜炎及关节炎的表现。

淋巴结急性充血肿大，呈紫红色；脾脏肿大，切面结构不清，髓质易刮下；肾肿大，切面有出血点。慢性病例，可见心脏二尖瓣有菜花样赘生物，或有关节炎表现。

细菌学检查最有确诊价值，方法是取新鲜病料（心血、脾、肾、病变的心内膜和关节炎等的病变部）涂片，自然干燥后用瑞氏染色或革兰氏染色后镜检，可见单个、成对或成堆的小杆菌，即可确诊。在慢性心瓣膜制片上，可见单个或成堆的长丝状菌体。必要时，还可以进行细菌培养、分离鉴定及动物感染试验。鉴别诊断见表8-1。

临床症状观察和病原分离鉴定（镜检观察菌体形态；病料接种小鼠后3～5天死亡，而豚鼠则不死；分离培养；生化试验；血清型鉴定；琼脂扩散试验）适用于本病的诊断；血清培养凝集试验用于流行病学调查。

【防 治】

1. 平时预防措施 要加强猪的饲养管理，喂以营养丰富的饲料；猪圈要勤清扫、勤消毒。另一方面，要定期进行预防接种，以保持猪的免疫力。当前，我国常用的菌苗有以下3种。

(1)猪丹毒氢氧化铝甲醛菌苗　10千克以上断奶猪，一律皮下注射5毫升。注苗后21天产生免疫力，免疫期为6个月。因此，每年春、秋季应各注射1次。注射菌苗后，一般没有不良反应。但有些猪由于吸收不好，常在注射部位遗留枣核或核桃大的硬结，不过对猪的健康没有影响。这种菌苗由于用量大，免疫期短，目前生产已减少。

(2)猪丹毒弱毒菌苗　此菌苗为冻干苗。使用时，按瓶签注明的头份，用氢氧化铝生理盐水稀释，40日龄猪皮下注射1毫升。注苗后7天产生免疫力，免疫期9个月。此种菌苗的优点是注射剂量小，产生免疫力较快，免疫期较长。它的弱点是保存期短。稀释后的菌苗必须在6小时内用完；否则，因菌体死亡而影响免疫效果。

(3)猪瘟、猪丹毒和猪肺疫三联冻干苗　每头猪皮下注射1毫升，免疫期猪肺疫为6个月，猪丹毒为9个月，猪瘟为10个月。这是目前应用的新产品，用量小，注射方便，免疫效果好。

2. 发病后的处理　早期确诊，隔离病猪，及时治疗。

(1)抗生素疗法　青霉素为治疗丹毒效果最好的抗生素，及时而大剂量应用后，疗效显著。水剂青霉素用量按每千克体重10 000～20 000单位计算，每日2～3次肌内注射，连续用2～3天。病猪经过治疗后，体温下降，食欲和精神好转时，仍须再继续注射2～3天。以巩固疗效，防止复发或转为慢性。

也可用土霉素、四环素、金霉素或链霉素治疗，按每千克体重5 000～20 000单位，深部肌内注射，每日1～2次，连用3天，也有良好疗效。

(2)磺胺类疗法　磺胺-6-甲氧嘧啶注射液0.07克/千克体重，首次量加倍，每日1次，连用3～5天。或用复方对甲氧嘧啶注射液 0.07 克/千克体重，首次量加倍，每日 1 次，连用 3～5 天，作为次选疗法。

除采取上述治疗措施外，对猪圈、饲槽、运动场地及饲养管理用具等，应进行消毒。病死猪或急宰猪肉品经高温处理后可供食用，其血液、内脏等要深埋。屠宰和解剖人员应加强防护工作，以防感染。兽医人员与饲养员应密切配合，注意观察整个猪群的发病动态，以便及时发现病猪，采取措施。对可疑猪只，可用青霉素或其他抗生素进行预防性给药，连用 2～3 天，可收到控制疫情的效果。

(3)中药治疗　当归 30 克，板蓝根 100 克，玄参 80 克，金银花 80 克，生地黄 40 克，穿心莲 80 克，大黄 15 克，薄荷 15 克，甘草 20 克。每日一剂分 2 次煎服，连服 2 天。

(4)针灸　主穴：血印、天门、断血；配穴：针玉堂、山根、八字及尾尖；高热时针百会、天门、肾门穴。

三、猪肺疫

猪肺疫又称猪巴氏杆菌病、猪出血性败血症，俗称“锁喉风”或“肿脖子瘟”。

【病　原】　猪肺疫的病原体是多杀性巴氏杆菌。本菌对外界环境的抵抗力不强。在直射阳光下，经 10～15 分钟死亡；在表层土壤中可存活 7～8 天；在疏松的粪便中可存活 14 天，如堆积发酵则 2 天即可死亡。加热易杀死本菌。

【流行特点】　在健康猪的上呼吸道中常带有本菌，但多半为弱毒或无毒的类型。常由于猪只拥挤、卫生条件差、营养不良、寄生虫病、长途运输及气候骤变等不良因素影响时，降低了猪体的抵抗力；或发生某种传染病时，病菌乘机侵入机体并大量繁殖而使毒力增强，从而引起发病，造成传染与流行。

细菌主要随病猪的分泌物、排泄物和尸体的内脏、血液等污染周围环境，通过被污染的饲料、饮水和其他物品，经消化道感染发病。其次通过与病猪直接接触和通过呼吸道也可传染。偶有经吸血昆虫或皮肤、黏膜的伤口感染的。

本病多发生于中、小猪只，成年猪患此病者较少。一年四季都可发生，但多为零星散发，呈慢性经过，常与慢性猪瘟、仔猪副伤寒和猪气喘病混合感染或继发于其他疫病。

【症　状】 潜伏期的长短随细菌的毒力强弱而定。自然感染为 1～14 天。

根据病程，猪肺疫可分为最急性、急性和慢性 3 种类型。

1. 最急性型　常见于流行初期。无任何临床症状出现，即突然死亡。病程稍长，症状明显的可见体温升高至 41℃以上。食欲废绝，精神沉郁，肌肉颤抖，黏膜发绀，耳根、颈部、腹部等皮肤上出现红斑。较典型的症状是急性咽喉炎，颈下咽喉部急剧肿大，紫红色，触诊坚硬而热痛。重者炎性水肿可波及耳根和前胸部，病猪呼吸极度困难，叫声嘶哑，常两前肢分开呆立，伸颈，张口喘息，口、鼻流出白色泡沫样液体，有时含有血液。严重时呈犬坐姿势，张口呼吸，黏膜发绀，最后往往因窒息而死亡。病程 1～2 天。

2. 急性型　主要表现为肺炎病状。体温升高至 41℃左右，精神不振，食欲减少。病初干咳，后变湿咳，鼻孔流出浆性或脓性分泌物。触诊胸壁有疼痛感，呼吸困难，结膜发绀，皮肤上有红斑。病初便秘，后转腹泻，消瘦无力。多于病后 4～7 天死亡，不死的病猪常转为慢性型。

3. 慢性型　食欲和精神不振，持续性咳嗽，呼吸困难，被毛粗乱，行走无力；如不及时治疗，常于发病后 2～3 周衰竭而死，不死者多转为僵猪。

【剖　检】 最急性病例为败血症的变化，全身皮下、黏膜、浆膜等处有明显的出血；咽喉部黏膜因炎性充血、水肿而增厚，使黏膜高度肿胀。颈部周围组织有明显的黄红色出血性浆液浸润。淋巴结急性肿大，切面红色，尤其及颈部淋巴结明显，甚至出现坏死；胸腔及心包积液，并有纤维素性物。肺部充血水肿；脾脏有点状出血，但不肿大。心外膜、肾脏有出血斑点。

急性型病例主要表现为肺部炎症，肺小叶间质水肿增厚，可见有暗红色、灰红色或灰黄色等不同色彩的肝变，切面呈大理石样。支气管内充满分泌物，胸腔和心包积有多量淡红色浑浊液体，并混有纤维素性物；胸膜和心包膜粗糙、无光泽，且附有纤维素性分泌物，甚至心包和胸膜发生粘连。

慢性型死亡的猪只，尸体消瘦，黏膜苍白，肺炎病变陈旧，有的肺组织发生肉变，有的坏死或呈干酪样。胸膜增厚，甚至与周围邻近组织发生粘连。支气管周围淋巴结和纵隔淋巴结有干酪样变化。

【诊　断】 本病常于秋末春初及气候骤变季节多发。

急性病例常突然死亡或表现为急性咽喉炎，颈部高度红肿，呼吸困难及败血症变化，肺呈不同肝变期病演。散发病例症状较急性缓和，病程较长，且呈散在发生。通过临床诊断、病理剖检和病原分离鉴定，适用于该病的诊断，间接血凝试验和琼脂扩散沉淀试验适用于血清分群和定型鉴定。

鉴别诊断：猪肺疫与猪瘟、猪丹毒的鉴别，见表 8-1 常见败血型猪病鉴别表。

最急性病例，咽喉部的肿胀和炎症及胶冻样浸润，常与急性咽型炭疽相似。但猪急性炭疽很少发生，且不形成流行；剖检时，炭疽脾脏肿大与猪肺疫不同；如用局部病料进行细菌学检查，两者病原体形态明显不同，易于区别。

【防　治】

1. 平时预防措施 加强饲养管理，做好兽医卫生工作，以增强猪体的抵抗力；定期进行预防接种，以增加猪体的特异性免疫力。我国目前常用的菌苗有以下4种。

(1)猪肺疫氢氧化铝甲醛菌苗 大、小猪一律皮下注射5毫升,注射后14天产生免疫力,免疫期6个月。

(2)猪肺疫、猪丹毒二联苗 每猪皮下注射5毫升,免疫期6个月。

(3)猪瘟、猪丹毒、猪肺疫三联苗 每猪肌内注射1毫升,免疫期为6个月。

(4)猪肺疫弱毒冻干菌苗 按瓶签说明的头份,将菌苗用水稀释后,混入饲料或饮水中喂猪。这种口服菌苗使用方便,服后7天产生免疫力,见表7-1,表7-2。

2. 发病后的处理措施

(1)隔离病猪,及时治疗 ①20%磺胺嘧啶钠注射液,小猪10～15毫升,大猪20～40毫升,肌内或静脉注射,每日2次,连用3～5天。②青霉素和链霉素各50万～150万单位,加注射用水10～20毫升,每日2次肌内注射,连用3天。③喘毒先锋(盐酸林可霉素)注射液,每千克体重0.2毫升,每日1次肌内注射,连用3～5天。④针灸,主穴为苏气、七星、断血、肺俞、尾尖、尾根、血印;配穴:山根、后三里、玉堂、八字、涌泉。

(2)搞好环境消毒,无害处理病猪 病猪舍的墙壁、地面、用具等要进行严格消毒,病猪尸体应深埋或化制等无害化处理。

四、传染性萎缩性鼻炎

传染性萎缩性鼻炎是由支气管败血波氏杆菌所引起的一种慢性、接触性传染病。常伴发巴氏杆菌感染,使病情加重。

【病 原】 支气管败血波氏杆菌是一种短小球杆状细菌,可产生荚膜和坏死毒素,革兰氏染色呈阴性且两极着色。该菌对外部环境的抵抗力弱,一般消毒剂即可将其杀死。

传染性萎缩性鼻炎,成年猪取隐性经过。环境条件差或营养不良是本病发生的诱因。常通过飞沫经呼吸道传播。

【症　状】 鼻黏膜发炎,打喷嚏,鼻痒,摇头,拱地,不安。鼻孔流出鼻液,呼吸困难,发鼾。继之鼻甲骨萎缩,面部变形,鼻短或歪向一侧。两眼间距变小,头部轮廓变形,生长停滞,常成僵猪。

【剖　检】 鼻腔骨组织软化、萎缩,鼻甲骨脆弱,尤以下卷曲更为明显。鼻中隔偏曲,一侧鼻孔变狭。

【诊　断】 根据其流行特点、症状及剖检变化,一般可做出诊断。必要时可取病猪的血清,做凝集试验。

【预　防】 加强检疫,严禁引入病猪,圈舍保持清洁卫生,经常用2%火碱溶液喷洒消毒。饲料中添加磺胺嘧啶有助于本病的预防。疫区养猪场猪于28日龄肌内注射传染性萎缩性鼻炎灭活苗2毫升;妊娠母猪于产前30天、15天各肌内注射2毫升。该病潜伏期及病程很长,治疗效果不理想,危害又很严重,所以,猪场一旦发现病猪则应及时扑杀,并做无害化处理。

五、副猪嗜血杆菌病

副猪嗜血杆菌病(运输病)是由副猪嗜血杆菌所致,以多发性关节炎和浆膜炎为特征的一种新的危害最为严重的疫病之一。

【病　原】 副猪嗜血杆菌是一种长短粗细不等的多形性的杆状菌,多有荚膜,革兰氏染色呈阴性。抗逆性不强,需在含有V因子(酰胺腺嘌呤二核苷酸)的培养基上进行缓慢生长。在鲜血琼脂培养基上不出现溶血现象。该菌具有16种以上的血清型,并且血清类型的地方特征也比较明显。该菌对外界环境的抵抗力不强,干燥环境下容易死亡,用普通消毒剂即可将其杀死,但对抗生素易产生耐药性。

【流行特征】 该菌只侵害猪只,尤其是保育和育成阶段的猪只。5～8周龄的猪只发病率达10%～50%。猪群混养、密集和引进猪较多的猪场绝大部分存在该病。该菌通过呼吸道和消化道侵入体内，经常生活在呼吸道黏膜上，在天气突变、长途运输及断奶等应激因素影响下，机体抵抗力降低，本菌大量生长繁殖，产生毒素，致使猪体发生疫病。

【症　状】　该病流行初期多呈急性型，表现为发稽留热、食欲减损、呼吸困难、关节发炎肿大、跛行、卧地不愿走动、血液循环障碍、皮肤有大量出血斑，严重者则很快衰竭死亡。耐过猪转为亚急性型或慢性型。表现为咳嗽、发喘、被毛粗乱无光、生长发育迟滞，甚至形成僵猪。

该病如果发生混合感染继并发症时，则相关症状受干扰变为非典型性。表现为大便干燥，粪球附有白色黏液或血液，或严重腹泻；流产、死胎、无乳或延期分娩；有的出现冲撞、抽搐、昏迷等神经异常症状。

【剖　检】　全身浆膜发炎，即胸膜炎、心包炎、腹膜炎、脑膜炎、关节炎等。自然腔有大量渗出液，呈淡黄色，较透明，或灰白色浑浊，也有略带红色者。胸膜、肺脏表面和心脏表面有灰白色或黄色纤维蛋白，肺脏淤血，水肿。严重者整个腹腔也发生粘连。肝脏、脾脏、肠道等脏器也布满黄色的纤维蛋白。全身淋巴结尤其肺门淋巴结有充血或肿胀，甚至发黑。

【诊　断】　根据流行发病、临床症状及病理变化情况，一般可做出初步诊断。鉴别诊断应与猪支原体多发性关节炎、猪丹毒、猪链球菌病等相区别。猪支原体多发性关节炎，由支原体引起，发病比较温和，死亡率低，不呈急性暴发，无脑膜炎病变。而副猪嗜血杆菌病大部分病例伴发脑膜炎；慢性猪丹毒，除发生多发性关节炎外，还出现特征性的疣性心内膜炎和皮肤疹块。通常没有胸膜炎、腹膜炎和脑膜炎变化；猪败血性链球菌病，除可见纤维素性胸膜炎、心包炎和化脓性脑膜脑炎外，还可见到脾脏显著增大。用病变组织进行涂片镜检或分离培养可发现链球菌。副猪嗜血杆菌病的确诊仍需要进行实验室诊断。该病检验比较复杂，一般由猪场采集病料，如危重病猪或病死猪的心脏、肺脏、脑组织、患病浆膜或关节，送国家三级以上生物安全实验室，进行病原学（细菌分离鉴定、聚合酶链式反应）、血清学（琼脂扩散实验、间接血凝等）检验。

【防　治】

第一，改善环境卫生条件，加强饲养管理，坚持自繁自养，实行全进全出，防止猪群混养，进猪严格检疫，调整断奶日龄等。

第二，用副猪嗜血杆菌灭活苗，仔猪于 8 日龄首免，22 日龄二免，每头每次肌内注射 2 毫升；妊娠母猪于产前 45 天首免，产前 17 天二免，每头每次肌内注射 2 毫升。

第三，受威胁猪群按每吨饲料添加氟甲砜霉素 400 克，阿莫西林 200 克进行药物预防。

第四，治疗时由于该病细菌血清型种类繁多，变异和抗药菌株存在较为普遍，故须经药敏试验后选用较为敏感的药物进行治疗，以防造成浪费，延误治疗。①氟甲砜霉素 15～20 毫克/千克体重，一次肌内注射，每日 1 次，连用 2 天；②环丙沙星 2.5 毫克/千克体重，一次肌内注射，每日 2 次，连用 5～7 天；③阿莫西林 5～10 毫克/千克体重，一次肌内注射，每日 2 次，连用 5～7 日；④庆大霉素 1～1.5 毫克/千克体重，一次肌内注射，每日 2 次，连用 5 天；⑤泰灭净（磺胺-6-甲氧嘧啶）0.05 克/千克体重，肌内注射，每日 2 次，连用 5～7 天。

六、仔猪副伤寒

仔猪副伤寒是由沙门氏菌引起的一种急性传染病。在我国多数猪场及养猪单位都有发生，特别是在饲养卫生条件差的猪场更为多见，是危害猪只健康的主要传染病之一。

【病　原】　主要是沙门氏菌。沙门氏菌对干燥、腐败等不利因素的抵抗力较强。在干燥环境中,可存活 4 个月;在污染的水中能生存 4 个月以上,在粪便和土壤中能生存 10 个月。

【流行特点】　沙门氏菌有时存在于健康猪肠道内而不引起发病。但由于外界因素的影响使猪体抵抗力降低时,细菌就迅速繁殖引起内源性感染,使猪发病。

病原菌存在于病猪的肠道中,通过粪尿不断排泄到外界环境中,污染饲料、饮水、猪圈、饲槽及周围环境,通过健康猪的消化道感染发病。

本病以春、冬气候寒冷多变时节发生最多。仔猪饲养管理不当、圈舍潮湿、缺乏运动、饲料单纯、突然更换饲料、气候骤变、长途运输及其他疫病存在是本病发生的诱因。本病常呈散发性,有时呈地方性流行。

【症　状】　本病的潜伏期通常为 4～6 天,按症状分为急性和慢性两种类型,以慢性型为常见。

1. 急性型(败血型)　常见于流行的初期。病猪体温升高至 41℃左右,食欲不振,精神委靡,寒战。鼻干,眼结膜发红有黏性分泌物,病初便秘,后腹泻,排出淡黄色恶臭的稀便。鼻端、耳尖、腹部及四肢的皮肤发绀。步态不稳,拱背弯腰,毛焦肷吊,呼吸困难,心脏衰竭而死。病程为 3～5 天。

2. 慢性型　为常见的病型。病状与急性相似,只不过缓和些,主要的特征是下痢。粪便为粥状,呈灰白色、黄绿色、黄褐色、灰绿色或污黑色,恶臭,有时混有血液。有的病猪下痢与便秘交替发生。有的病猪还发生肺炎,出现咳嗽和呼吸困难。慢性病猪体温稍高或正常,后期不吃食。病猪逐渐消瘦,衰弱,被毛粗乱、无光泽,行走摇晃,最后因极度衰竭而死亡,病程为 15 天以上,甚至长达 2 个月。耐过的病猪生长发育停滞,成为僵猪。

【剖　检】　急性病例主要为败血症的变化。淋巴结肿大,紫红色，切面似大理石状。脾肿大，暗紫色，触之似橡皮样，切面呈蓝红色，髓质不软化。肝脏、肾脏、心外膜见有出血点。胃肠黏膜可见有出血点或弥漫性出血。皮肤上有紫红色斑块。

慢性病例盲肠和结肠前段黏膜有坏死和溃疡。肠壁淋巴滤泡肿大或坏死，边缘隆起似堤状，呈灰绿色、黄褐色、黄绿色或污黑色，肠壁出现大小不等的圆形溃疡。回盲瓣附近经常有局灶性或弥散性的干酪样坏死或表面被覆灰黄色麦麸样坏死物，粗糙不平，肠壁变厚。肠系膜淋巴结肿大，切面呈灰紫或土灰色，甚至可见到坏死灶。部分病例肝脏薄膜下有针头大或小米粒大、灰黄色结节样坏死灶。有的脾脏增生肿大，质度变软。

【诊　断】 慢性副伤寒因流行特点、临床症状及病理变化都较典型，不难做出诊断。但急性病例与猪瘟、猪丹毒很相似，应注意鉴别诊断，见表 8-1。与腹泻类疫病的鉴别诊断，见表 9-1。

本病多发生于 2～4 月龄仔猪。常在气候寒冷多变及阴雨连绵季节发生。

典型症状是持续性下痢，皮肤上出现紫斑。

病理变化主要是大肠有典型的弥漫性溃疡与坏死，肠壁变厚。肝脏、淋巴结等有干酪样坏死。

【防　治】

1. 平时预防措施　一是应改善饲养管理和卫生条件，用具要经常刷洗，圈舍要保持清洁、干燥，并及时清除粪便，以减少污染的机会。二是在饲料中按 2%添加六味酸，增强胃肠道内酸性环境，拟制有害菌，促进有益菌生长，增强仔猪的抗病能力。三是哺乳仔猪要提前补料，以防止乱吃脏物；断奶仔猪要根据其体质强弱、大小，进行分槽饲喂，要给以全价配合饲料，防止突然更换饲料。

免疫接种可用仔猪副伤寒冻干弱毒菌苗，20%氢氧化铝溶液稀释后，肌内注射 1 头份，免疫期可达 9 个月。但在部分猪注射后出现肌肉颤抖、厌食等反应。如用仔猪副伤寒口服弱毒菌苗预防则效果更好。

2. 发病后的防治措施

第一，隔离病猪，及时治疗。

①复方盐酸环丙沙星或复方恩诺沙星注射液，0.2毫升/千克体重，每日1次，连用2～3天。

②土霉素，按每千克体重内服40～50毫克，每日2次，连用3～5天。

③磺胺脒，每千克体重内服0.2～0.4克，每日分2次服，连用3～5天。

④磺胺-5-甲氧嘧啶、磺胺-6-甲氧嘧啶或磺胺甲基异噁唑(SMZ)等，与磺胺增效剂(TMP)按5∶1混合，每千克体重25～30毫克内服，每日1～2次。

第二，圈舍要经常清扫干净，定期进行消毒，特别是饲槽要经常刷洗干净。粪便要堆积发酵处理后再利用。

第三，病死猪应深埋、火焚或生物热发酵处理，严禁食用。

七、仔猪红痢

仔猪红痢是由C型魏氏梭菌外毒素所致3日龄以内仔猪发生的一种急性传染病。

【病　原】 C型魏氏梭菌为革兰氏阳性，有荚膜，能形成芽孢，厌氧，两端钝圆形杆菌。能产生气体和强烈的外毒素。本菌广泛分布于自然界，其繁殖体抵抗力不强，一旦形成芽孢，对热、干燥和消毒剂的抵抗力显著增强。

【流行特点】 1～3日龄仔猪易发病，通过吮乳经消化道感染；发病率高，病程短，病死率达50%～90%。呈地方流行，猪场一旦发生疫情，很难根除。

【症　状】 排红色稀便，消瘦，脱水，委顿，不食，常于数日内衰竭死亡。

【剖　检】 以空肠和肠系膜淋巴结病变为最明显。最急性型空肠呈暗红色，肠腔和腹腔内有较多的红色液体；急性、慢性型主要表现为空肠黏膜坏死，肠系膜淋巴结的变化为出血发红。

【诊　断】 根据流行特点、症状及病变一般可做出诊断。必要时进行化验室检验，取肠内容物制片镜检查菌体或小鼠接种查外毒素，鉴别诊断，见表9-1。

表9-1　腹泻型猪病鉴别表

病　名	流行特点	主要症状	典型病变	诊断及病原	药疗效果
传染性胃肠炎	冬季多发，发病率高，传播快，大、小猪均易感	初呕吐、排灰、黄色水样便	空肠绒毛萎缩、肠壁薄，肠内积液	荧光抗体检查由传染性胃肠炎病毒引起	无有效药物
流行性腹泻	秋季多发，发病率高，但病死率低，传播慢	呕吐、排灰黄色稀便	肠壁薄，肠内积液	荧光抗体检查，流行性腹泻病毒	无有效药物
轮状病毒病	8月龄内，冬季多发，发病率高，病死率低	较上述症状轻微，排黄白暗黑色水样或糊状稀便	较上述病变轻	荧光抗体检查，轮状病毒	无有效药物
仔猪副伤寒	1～4月龄，寒冷，卫生条件差易发	急性呈败血症，慢性表现为腹泻，皮肤有紫斑	败血，大肠黏膜有溃疡面，假膜，肝有坏死点	细菌分离鉴定、沙门氏菌所引起	庆大霉素、诺氟沙星、磺胺脒疗效好
猪痢疾	2～4月龄多发，发病率高，病死率低，易复发	体温正常，粪中有多量黏液和血液	大肠有出血性、纤维素性、坏死性炎症	粪便制片镜检可查出密螺旋体	早期用抗生素治疗有效

续表 9-1

病 名	流行特点	主要症状	典型病变	诊断及病原	药疗效果
仔猪白痢	10～30日龄多发,病死率低	排白色糊状稀便	小肠有卡他性炎症	细菌分离鉴定可查出大肠杆菌	复方痢菌净或肠炎净等有特效
仔猪黄痢	7日龄内,发病率高,病死率高	排黄色稀便,体瘦,皮肤上有污粪	小肠呈急性卡他性炎症,肠内积黄色液体	细菌分离鉴定可查出大肠杆菌	复方痢菌净或肠炎净有效
仔猪红痢(肠毒血症)	3日龄内多发,7日龄以上少见,病程短,病死率高	排红色黏性粪便	小肠出血、坏死,有红色内容物	细菌分离培养,查出C型魏氏梭菌	常来不及治疗即死亡

【防　治】 该病治疗效果不好,主要靠发病前的预防,首先要搞好圈舍、产房、母体的清洁卫生及消毒工作。其次是在初产母猪分娩前半个月和1个月,分别肌内注射仔猪红痢氢氧化铝菌苗5～10毫升,经产母猪分娩前半个月注射3～5毫升。或于仔猪出生后口服庆大霉素注射液2毫升,有较好的防治作用。

八、仔猪黄痢

仔猪黄痢由大肠杆菌所致,因主要危害1周龄以内的仔猪,所以又称早发性大肠杆菌病。它是一种急性、致死性传染病。多成窝发病,尤其规模养猪场(户)多见。

【病　原】 为大肠杆菌,系一种条件性病原菌,对高热和常用消毒药敏感。

【流行特点】 该病于气候寒冷、骤变、环境卫生条件差时多发。发病率高，病死率也高。

【症　状】 最急性于生后10多小时突然死亡。生后3天以上发病者，病程稍长，排黄色稀便，精神不振，不吃奶，肛门松弛呈红色，很快消瘦、脱水、衰竭死亡。

【剖　检】 表现为急性卡他性胃肠炎。小肠内充满黄色黏稠内容物，肠壁变薄，肠黏膜呈红色。

【诊　断】 可根据流行特点、症状、病变等进行诊断；鉴别诊断可见表9-1。

【预　防】 产前、产后，圈舍、产房要勤打扫消毒，保持清洁卫生；母猪体表、乳头要勤洗刷、消毒，防止污染细菌吮乳时受到感染。母猪在分娩前40天、15天肌内注射仔猪黄白痢K_{88}、K_{99}、987P三价灭活苗各1毫升。

【治　疗】 当发现病猪时，应对全窝进行预防性治疗。

①特效肠炎净注射液，0.1毫升/千克体重，每日1次，肌内注射，连用3天。

②复方痢菌净注射液，0.2毫升/千克体重，每日1次，肌内注射，连用3天。

③一针灵注射液，1～2毫升/次，交巢穴注射。必要时，翌日可重复注射1次。

④磺胺脒，按每千克体重0.2克内服，每日早、晚各1次。

⑤滑石360克、甘草60克，研末拌食，每日2次喂母猪，连喂3天，通过哺乳可防治仔猪黄痢。

九、仔猪白痢

仔猪白痢是由大肠杆菌引起的一种常见肠道传染病。主要危害10～30日龄的仔猪。

【病　原】 大肠杆菌是一种条件性病原菌，健康猪肠道内经常存在，一旦气候变化、饲养不善或卫生条件差时，即可诱发本病。该菌在外界环境中可生存数周至数月，对高热和常用消毒药敏感，能迅速将其杀死。

【流行特点】 本病一年四季都可发生，发病率高，但病死率低。

【症　状】 病猪突然发生腹泻，排出乳白色和灰白色糊状稀便，且混有黏液和气泡，腥臭，肛围常被稀便污染。精神不振，食欲减损，被毛粗乱，体温正常，后期因脱水而消瘦，继而衰竭死亡。

【剖　检】 尸体苍白，脱水消瘦，胃内含有凝乳块，肠内容物呈白色糊状。

【诊　断】 根据10～30日龄仔猪排白色糊状稀便，发病率高，病死率低，结合类症鉴别诊断(表9-1)，不难做出确诊。

【预　防】

第一，加强妊娠期母猪的饲养管理，饲料营养要丰富而全面，尤其是矿物质和维生素不能缺乏；圈舍要勤打扫，定期消毒；分娩后的母猪体表及乳头要洗刷消毒。

第二，仔猪要尽早吃初乳，并固定乳头。

第三，要加强仔猪的防寒保暖工作。

第四，在母猪分娩前40天和15天用仔猪黄白痢K_{88}、K_{99}、987P三价灭活苗分别肌内注射1毫升。

第五，仔猪内服1%六味酸水溶液，有助于防止仔猪黄白痢等腹泻病的发生。

【治　疗】

①特效肠炎净注射液，0.1毫升/千克体重，每日1次，肌内注射，连用3天。

②复方痢菌净注射液，0.2毫升/千克体重，每日1次，肌内注射，连用3天。

③一针灵注射液，1～2毫升/次，交巢穴注射。必要时，翌日

可重复注射1次。

④磺胺脒，按每千克体重0.2克内服，每日早、晚各1次。

⑤滑石360克、甘草60克，研末拌食，每日2次喂母猪，连喂3天，通过哺乳可防治仔猪白痢。

十、破伤风

破伤风是由破伤风杆菌引起人兽共患的一种急性传染病。

【病　原】 破伤风杆菌又称强直梭菌，有鞭毛，能运动，无荚膜，但可产生芽孢，使菌体呈鼓槌样。可产生外毒素，属厌氧菌，其繁殖体对热、消毒药及青霉素敏感，但芽孢体具有很强的抵抗力，在土壤中可存活几十年。

【流行特点】 本菌广泛存在于自然界土壤中，通过皮肤黏膜的损伤处进行直接接触传染。散在发生，呈急性经过，致死率高。

【症　状】 潜伏期7天左右。常因去势、剪脐带等外伤所引起。表现牙关紧闭、流涎，肌肉呈强直性痉挛，重者卧地不起，病程1～2周，死亡率较高。

【诊　断】 根据外伤史，牙关紧闭，腰、背、耳、四肢等肌肉持续性强直，易惊厥，意识和体温正常等不难做出诊断。

【预　防】

①应防止外伤发生。一旦发生外伤，应用3%碘酊涂擦消毒伤口。

②在手术或外伤发生前后，肌内注射破伤风抗毒素1万单位，可做短期预防。

【治　疗】

①对感染伤口，清除污物和坏死组织，用3%过氧化氢冲洗，并涂搽5%碘酊，进行消毒处理。

②肌内注射破伤风抗毒素5万～7万单位。同时于百会穴蛛

网膜下腔注射破伤风抗毒素1万单位。配合10%硫酸镁注射液30毫升肌内注射镇痉,有比较理想的治疗效果。

③镇痉还可用氯丙嗪注射液25～50毫克,深部分点肌内注射,每日2次,连用3～5天。

④针灸。主穴:天门、百会、锁口、开关和大风门;配穴:血印、山根、八字、涌泉、曲池。

十一、李氏杆菌病

李氏杆菌病是由李氏杆菌引起的人兽共患病,发病率低,病死率高。

【病　原】 产单核细胞李氏杆菌,球杆状,有鞭毛,多单个或成对存在,革兰氏染色呈阳性,耐盐腌、热及青霉素,对一般消毒药物敏感。

【流行特点】 各种年龄的猪只均可发生,以冬、春季多发。主要通过消化道、呼吸道及破损的皮肤、黏膜传播。

【症　状】 多数病猪呈败血症表现,体温达41℃～42℃,食欲减损,精神不振,呼吸困难,伴有咳嗽和腹泻,头、背、下腹部皮肤发紫。有的出现乱走、转圈等神经症状,甚至出现口吐白沫,阵发性痉挛,卧地不起,四肢呈游泳动作或麻痹。病程2～4天,幼猪病死率很高,成猪则多能耐过。

【剖　检】 具有神经症状者,脑及脑膜充血、水肿。死于败血症者可见肺充血,水肿,心内外膜出血,肝脏有灰白色坏死灶等。

【诊　断】 根据该病多危害仔猪和妊娠母猪,症状上出现脑神经紊乱、败血、流产、血中单核细胞增多。剖检可见肝坏死和心肌炎。实验室检查,将血、肝脏、脑组织涂片,可发现呈V形排列的小杆菌。也可借助细菌分离培养和动物感染实验,确诊该病。其鉴别诊断,见表8-3。

【预　防】 本病尚无接种用疫苗，只能在搞好环境卫生、消灭鼠类、消毒水源等措施上下工夫。

【治　疗】

①20%磺胺嘧啶钠注射液 10～40 毫升，每日分 2 次肌内注射，同时用庆大霉素每千克体重 2～4 毫克，每日分 2 次肌内注射，连用 4～6 天。

②病猪兴奋不安时，可内服水合氯醛 0.1 克/千克体重。

③土霉素 1～2 克，维生素 C 注射液 5 毫升，维生素 B_{12} 注射液 5 毫升，每日 2 次肌内注射，连用 3～5 天，疗效较好。

十二、仔猪水肿病

仔猪水肿病由大肠杆菌产生的内毒素所致，是断奶仔猪的一种过敏性疾病。发病率低，病死率高。

【病　原】 大肠杆菌，条件性致病菌，饲养管理条件差时可致病。

【流行特点】 多发生于 4～14 周龄的小猪，一年四季均可发生，但以冬、春季多见。呈现群发或地方性流行。

【症　状】 突然发病，不食，面部、眼睑水肿，严重者全身水肿，有压痕。病初表现兴奋、痉挛、转圈、运动失调等神经症状，继而后躯麻痹，死亡，病程 1～2 天。

【剖　检】 切开水肿部位，可见皮下及肌间有大量浆液流出。胃壁水肿增厚，大肠和肠系膜也高度水肿。胸、腹腔积有多量液体。

【诊　断】 根据断奶仔猪多见，头面部水肿及运动失调、惊厥、麻痹、死亡率高、胃大弯部水肿增厚、自然腔积液等变化，不难做出诊断。必要时取小肠内容物分离培养、鉴定。或取培养物给断奶仔猪内服，发生同样症状及病变者，即可确诊。其鉴别诊断见

表 8-3。

【预　防】 仔猪 14～18 日龄肌内注射猪水肿病多价灭活苗 1 毫升。断奶时，不要突然更换饲料，饲料营养应丰富全面，补充足量的矿物质、维生素、保持良好的环境卫生。

【治　疗】 该病疗效不佳，一旦发现病猪，应按仔猪白痢病的治疗方法给予治疗或肌内注射菌速康具有显著疗效，并可早期内服等渗硫酸钠溶液等盐类泻剂，以尽早排出肠道内毒素。另外，可肌内注射亚硒酸钠维生素 E 注射液，每千克体重 0.2 毫升；颅内压升高者，可静脉注射 20％甘露醇注射液 20～100 毫升。

十三、恶性水肿病

恶性水肿病是由腐败梭菌所引起的一种急性、创伤性传染病。特征为局部发生急性炎性水肿。主要由外伤，如去势、分娩、手术等消毒不严格而引起感染。

【病　原】 主要是腐败梭菌，其他梭菌可参与协同。该菌为两端钝圆的粗大杆状，厌氧，可形成芽孢，革兰氏染色阳性，可产生外毒素。对 20％漂白粉混悬液、3％～5％火碱溶液敏感。

【流行特点】 该病可使多种动物发生，通过破损的皮肤及消化道黏膜进行传播。多散发，病程短，病死率高。

【症　状】 感染局部发生炎性水肿，迅速蔓延。肿胀部位开始紧张而有热痛以后变为无热痛，有轻度捻发音。病猪体温升高，食欲不振或废绝，精神沉郁，伴有全身毒血症，体况迅速衰退。有些病猪有呼吸困难和跛行表现。病程很短，死亡率高，快者几小时、慢者 2～3 天即死亡。

有的由胃黏膜感染，使胃黏膜肿胀增厚形成“象皮胃”。如在分娩时感染，产后 2～5 天出现阴唇肿胀，阴道黏膜潮红、发炎。

【剖　检】 发病局部呈弥漫性水肿，皮下和肌间充满污黄色液体，含有腐败酸臭味的气泡。有的肌肉呈暗红色水肿，附近淋巴结肿大、出血。有的胃黏膜肿胀增厚，黏膜下、浆膜下及平滑肌间均有大量带酸臭、含气泡的红色液体。

【诊　断】 可取病变组织、水肿液或死后不久的心血和肝脏等制成涂片或触片，用稀释石炭酸复红染色或革兰氏染色、镜检，腐败梭菌呈单独、成对或长丝状。

本病应注意与气肿疽和炭疽的鉴别诊断。气肿疽的特征是在肌肉丰满部位发生气性炎性水肿，检查有捻发音。炭疽病猪主要发生咽型炭疽，咽喉部和附近淋巴结明显肿胀，病料涂片镜检，可发现炭疽杆菌。

【预　防】 对外伤及时处理，进行手术时应严格消毒器械，无菌操作，以防混合感染发病。

【治　疗】 早期用青霉素和链霉素各 100 万～200 万单位联合在病灶周围注射，每日 2～3 次效果较好。

创伤水肿局部应及时扩创处理，清除异物和腐败组织，用 0.1%高锰酸钾液或 3%过氧化氢液冲洗，并撒布防腐消炎药物，实行开放治疗。

在局部处理的同时，应注意全身对症治疗，如用 5%樟脑注射液 5～10 毫升，5%碳酸氢钠注射液 10～100 毫升，生理盐水 500 毫升，静脉注射。

十四、坏死杆菌病

坏死杆菌病是由坏死杆菌引起各种畜、禽发生的一种细菌性传染病。病状的特征是受到损伤的皮肤、皮下组织、口腔黏膜或胃肠黏膜发生坏死，有的在内脏器官形成转移性坏死灶。

【病　原】 坏死杆菌为革兰氏阴性多型性杆菌。严格厌氧，可产生内毒素及外毒素，对 0.1%高锰酸钾、1%甲醛和 3%来苏儿等常用消毒药物敏感。

【流行特点】 猪最易感染。病原菌主要经损伤的皮肤、黏膜侵入组织。

猪的坏死杆菌病多发生在多雨、潮湿、炎热季节。以5～10月份较多，呈散发或地方性流行。

【症　状】 潜伏期2～5天，按其发病部位而分为以下4种类型。

1. 皮肤型　个别的体温升高，常在皮下脂肪多处，如颈部、臀部、背部、胸侧等处皮肤发生溃烂，周围微湿润并有硬固肿胀，不热不痛。皮下有大小不等的坏死区，以后不断扩大，坏死区数量不等，边缘不整，底面凹凸不平。炎症向深部发展，使组织发生大面积的坏死腐烂。皮下组织和皮肤分离，创面充满腐败脓汁，严重者可将胸腹壁烂透。母猪的坏死区常发生在乳房附近，一般只有1～2处溃疡。

2. 鼻炎型　鼻部软组织黏膜形成坏死，严重的能波及鼻和面部骨组织，扰乱了采食、饮水和呼吸。病猪表现咳嗽、脓性鼻液、喘鸣等。如果患部有毒物质被吸收，就会降低抗病能力，易引起肺部疾患。

3. 口炎型　多发生在仔猪群。病猪食欲不振，腹泻，逐渐消瘦。检查口腔、唇、舌、齿龈等黏膜或扁桃体有明显的溃疡，上有假膜或痂块，其下面有浅黄色干酪样渗出物和坏死组织，有特殊臭味。

4. 肠炎型　表现严重腹泻，排出带血脓样或含有坏死黏膜的粪便。可在肠黏膜上发现坏死灶和溃疡，严重者，可造成穿孔。

【诊　断】 根据发病季节、局部坏死组织特有的脓汁和臭味，以及患病部位能发生障碍等不难做出诊断。必要时，也可取坏死组织制片镜检或取病料做家兔耳静脉注射，家兔将于1周内消瘦死亡。

【防　治】

①首先是增强猪体抵抗力，消除发病因素，改善饲养管理，注意猪舍环境卫生，以利于本病防治。

②用0.1%高锰酸钾或2%～3%来苏儿液洗擦病灶，手术彻底切除坏死组织。然后，进行烧烙或用高锰酸钾粉擦拭患处，以杀死局部坏死杆菌。

十五、布鲁氏菌病

布鲁氏菌病是人兽共患的一种慢性传染病。母猪患病后，发生流产、子宫炎、跛行和不孕症；公猪患病后，睾丸及附睾发炎。

【病　原】　布鲁氏菌呈球杆状，革兰氏染色为阴性。可产生内毒素。对热、庆大霉素、链霉素及一般消毒药均很敏感，对青霉素有耐药性。

【流行特点】　猪患布鲁氏菌病主要是猪型布鲁氏菌所引起，羊型布鲁氏菌对猪也有一定的致病力。

病猪及带菌猪是主要的传染源。当母猪发生流产时，细菌可从胎儿、胎衣、羊水、阴道分泌物中大量排出，污染产房、猪圈及其他物品。传染的途径主要是消化道，即健康猪采食了被污染的饲料和饮水而感染。通过交配传染，也是重要途径。种公猪或母猪一方有病，交配时，就能相互传染。此外，经过破损的皮肤、黏膜亦能造成传染发病。

幼猪对本病有一定的抵抗力。5月龄以下的猪易感性较低，随着年龄的增长感染性也增高。公猪和母猪患病头数大致相等，而头胎母猪发病率较高，阉割后的公猪和母猪感染性较低。公猪患病后，睾丸发炎者较为普遍，患病母猪群在一次流产高潮过后，流产率逐步降低，陆续出现慢性症状，如子宫炎、不孕症、关节炎等。猪场缺乏严格的兽医卫生防疫制度、污染物处理不当、病猪不隔离等，可使疫情扩大，造成更多的猪只发病。

本病通常呈地方性流行，一个猪场一旦有本病发生，常常多年不易消除。本病无季节性，但有产仔季节发病比较集中的现象。

【症　状】 母猪的主要症状是流产，多发生在妊娠后2～3个月。也有在妊娠的第2～3周发生流产的。早期流产的胎儿和胎衣多被母猪吃掉，常不被发现。流产前的症状也不明显，如精神稍差、食欲减退、阴唇和乳房稍微肿胀，有的从阴道流出分泌物，这些表现常常被人忽视。流产的胎儿多为死胎。少数母猪可发生胎衣不下及子宫内膜炎，影响其配种。有的母猪只表现流产，以后又可受胎，重复流产者少见。病猪群流产以第一胎较多。在新感染本病的猪场，流产数量较多。

公猪主要表现为睾丸和附睾发炎，一侧或两侧无痛性肿大。有的病状较急，局部热痛，并伴有全身症状。有的病猪睾丸发生萎缩、硬化，甚至性欲减退或丧失，失去配种能力。一般公猪患病后不应再用作配种，勉强配种，也多半不育。

无论病公猪或是病母猪，都可能发生关节炎，且多发生在后肢。局部肿大、关节囊内液体增多，有关节僵硬、跛行等表现。

【剖　检】 流产的胎衣充血、出血和水肿，表面覆盖淡黄色渗出物和纤维素性物，有的还见有坏死病灶。母猪可见卵巢囊肿，子宫黏膜上有许多小米粒大的淡黄色化脓灶或干酪化小结节，内含脓液或豆腐渣样物质。流产胎儿常木乃伊化，有的流产胎儿皮下有出血性胶样浸润，体腔内有淡红色液体，淋巴结、脾脏、肝脏肿大、出血，甚至有坏死灶。公猪睾丸和附睾肿大，切开见有豌豆大小的化脓和坏死灶，甚至有钙化灶。关节和滑液囊内见有浆液和纤维素性物，病重者可见化脓性炎症和坏死。

【诊　断】 根据临床症状、病理变化及流行特点，一般可做出初步诊断。确诊尚需取流产胎儿的胃内容物、肝脏、脾脏、淋巴结及胎衣、阴道分泌物、血清、全乳等病理材料进行实验室检查。常用的方法有制片镜检查菌体形态、血清凝集试验、全乳环状沉淀试验及变态反应等。

该病的鉴别诊断，见表8-2。

【防　治】

①猪场要坚持自繁自养的方针，特别要防止从外场引入种猪时将病原体带入。因此，事先需要了解引入场的疫情，无病者，方可引进种猪。

②当猪场有可疑布兽氏菌病发生时，应及时进行综合诊断。凡经查明为病猪或阳性猪时，应立即隔离，快速育肥，彻底煮熟后食用，以除后患。其余猪只应连续进行检疫，至少每季要检疫1次，直到连续2次检疫均为阴性时为止。检疫出的阳性及可疑猪，应予淘汰。所生仔猪在断奶后要隔离饲养，待2月龄及4月龄时，各进行1次布鲁氏菌病检查，全部为阴性者方可认为是健康猪。

③在发病猪场，对检疫证明无病的猪，用布氏杆菌猪型2号弱毒冻干菌苗进行预防注射，每头耳根皮下注射1毫升(含500亿个活菌)、免疫期为1年。最好在配种前1～2个月注射。妊娠母猪和3月龄以下的仔猪不应注射。或将菌苗稀释成每毫升含200亿～250亿个菌体，一次加入食中喂服。

④加强兽医卫生管理，特别要注意产房及用具的彻底消毒。妥善处理流产胎儿、胎衣、羊水及阴道分泌物。

⑤贵重良种病猪，可考虑在严密隔离的情况下，采用抗革兰阴性菌的抗生素，如链霉素、庆大霉素、卡那霉素及抗敌素等进行治疗。对一般育肥病猪因疗程长，疗效慢，无治疗价值，故应予以淘汰为宜。

十六、炭　疽

炭疽病是由炭疽杆菌引起的一种人兽共患的急性、败血性传染病。以草食畜最易发生，猪对本病有较强的抵抗力，大多呈慢性或隐性经过，缺乏明显的临床症状。

【病　原】 炭疽杆菌为革兰氏阳性大杆菌。在动物体内可产生荚膜，成链状排列，似竹节状，也有单个或成双存在。在空气中易产生芽孢，芽孢体的抵抗力特别强大，可存活数十年。消毒药可选用0.1%升汞、20%漂白粉混悬液或10%火碱溶液。

【流行特点】 各种家畜、野生食肉动物和人都可感染发病，而猪发病较少。大多数情况是健康猪误食被炭疽芽孢污染的饲料、饮水和土壤而被感染。

【症　状】 猪发生炭疽大多数呈慢性或隐性经过，无明显的症状，多在屠宰过程中肉品卫生检验时才被发现。

有时可以见到亚急性型猪炭疽，主要表现咽炎症状。病猪体温升高，精神、食欲稍差。咽喉部明显肿大，有时蔓延至颈部，吞咽和呼吸困难；口、鼻黏膜呈蓝紫色，精神委顿，最后窒息死亡。

急性型猪炭疽，主要表现为急性败血性症状。体温升高到41.5℃以上，精神沉郁，没有食欲，呼吸困难，可视黏膜发绀，经1～2天即死亡。

【剖　检】 慢性炭疽病理变化是咽部黏膜发炎，颌下淋巴结肿大、出血和坏死，切面干燥、无光泽，呈砖红色，有灰色或灰黄色凹陷的坏死灶。周围组织有明显的黄红色胶样浸润。有时在屠宰检验中，还可见到1～2个肠系膜淋巴结肿大，似鸡蛋大小，切面呈干酪样砖红色，有点状坏死。相应的小肠段黏膜发炎，有时有溃疡和坏死病灶。

急性败血型炭疽，可见到尸僵不全，腹部鼓胀，血液呈紫黑色，凝固不良。皮下、浆膜、黏膜有出血。淋巴结肿大，出血。脾脏肿大，呈暗紫色，质松软，切面似煤焦油状，滤泡与小梁结构模糊不清。心脏冠状沟及心内膜出血。肺有水肿和出血。

【诊　断】 猪炭疽生前诊断比较困难，多在死后根据细菌学检查及血清学试验进行判断。

1. 细菌学检查 采取病料涂片，用美蓝、瑞氏染色法染色镜检，如发现典型的具有荚膜的炭疽杆菌，便可确诊。需要注意的是，从病猪检出的菌体常不典型，有时菌体轮廓不清，或仅见只有细菌残骸的所谓“菌影”，着色也不佳。除此，还可进行细菌培养检查。

2. 沉淀反应 将病料用生理盐水稀释5～10倍，加热煮沸15分钟，冷却后过滤，用毛细吸管吸取滤过液体，缓慢地沿管壁加入到已装有等量炭疽沉淀血清的细玻璃管内，使血清与滤过液(抗原)分成2层，静置观察。于1～5分钟内，如在两层液面间出现乳白色轮状沉淀环，为阳性反应，即可诊断为炭疽。

3. 动物接种试验 用病料做10倍稀释，皮下注射于小白鼠或豚鼠0.1～0.2毫升，一般是试验动物经2～3天死亡。或再取实验动物心血脏、肝脏、脾脏、肾脏等病料做涂片镜检，分离培养和沉淀反应，以便进一步加以确诊。

【防　治】 在经常发病的严重污染地区，可用无毒炭疽芽孢苗0.5毫升或Ⅱ号炭疽芽孢苗1毫升进行预防注射，皮下注射后14天产生免疫力，免疫期1年。当发现可疑病猪时，应立即进行检查和防治，并注意观察同群猪只情况。

病猪可用青霉素、链霉素及磺胺类药物进行治疗。每千克体重肌内注射青霉素2万单位，每日3次。如与抗炭疽血清30～50毫升配合注射，则疗效更好。

可疑为炭疽死亡的猪，应立即进行实验室细菌学检查，确诊。确定为炭疽病时，要严格执行隔离、封锁、消毒等防制措施，严防疫病传播。炭疽病死猪绝不能进行剖检，病猪肉严禁食用，应深埋或烧毁做无害处理。

十七、空肠弯曲菌病

空肠弯曲菌病又称空肠弧菌病，是人和动物共患的一种肠道传染病。本病分布广泛，对畜牧业的发展以及公共卫生等都极其重要。

【病 原】 属于螺旋菌科、弯曲菌属。革兰氏阴性，僵硬而弯曲的杆菌，呈逗号状、S形或海鸥形等，具有一端或两端单鞭毛，能运动，不形成芽孢和荚膜。微需氧，若在培养基中添加血清或血液，有利于本菌的培养，对1%牛胆汁有耐受性，可用于纯菌分离。对链霉素、红霉素、四环素族的抗生素敏感，对干燥、阳光和一般消毒剂敏感。

【流行特点】

1. 易感动物 多种动物、人和禽都可感染。

2. 传染源 本菌在自然界分布很广泛，存在各种动物体的肠道内，从粪便中排出，污染外界环境。这种排菌动物可成为传染源，国内已发现有19种之多。鸡的自然感染率最高，在50%以上，认为鸡可能是空肠弯曲菌的储存宿主，为猪空肠弯曲菌性肠炎的重要传染源之一。猪本身有很高的带菌率，通常情况下可达90%以上，为不容忽视的重要传染源。

3. 传播途径 呈多种形式，可经猪饲料传播，经相互间的水平传播，从带菌者粪便中排出，直接或间接污染水源而构成传染。也可通过接触和其他方式传播。

【症 状】 有隐性带菌者，有轻型腹泻、重型腹泻及其他临诊症状。潜伏期3～5天，主要症状为发热、肠炎、腹泻和腹痛，与细菌性痢疾相似，但病情较轻。仔猪的发病率高于成年猪，有时表现寒战，抽搐，发抖，有时有呕吐现象。粪便呈水样量多，排便次数增加，严重者病后1～2天出现痢疾样粪便，带有血液和黏液，有腥臭味。全身发生脱水现象，后期表现呼吸困难。

【剖检病变】 病变部位主要在空肠，有时结肠及回肠亦有变化，可见到弥漫性、出血性水肿及渗出性肠炎，回肠末端及回盲瓣上有溃疡性病变。常常见到增生性肠炎的病变，为一种未成熟的上皮细胞增生，引起肠壁变厚，细胞内有弯曲菌存在。试验小猪均具有不同程度的坏死性肠炎病变，或具有类似增生性出血性肠炎的变化。

【诊　断】

1. 细菌学检查

(1)镜检　本菌为革兰氏阴性，不易着色，可用复红、姬姆萨氏染色剂进行染色镜检。本菌菌体纤细，呈螺旋形、S形、海鸥形或逗点状等多种形态。如按常规鞭毛染色镜检，菌体两端有鞭毛；在暗视野显微镜下观察活菌悬滴，呈特征性的螺旋状运动。

(2)分离培养　本菌对营养要求较高，必须有一定菌量接种在营养丰富的选择性培养基上，才能抑制其他细菌生长而分离出本菌。常采用微氧法来检出本菌。

2. 血清学检查　空肠弯曲菌感染者，病后数日即可产生特异性抗体，并迅速进入高峰，持续数月后下降。可应用试管凝集试验、补体结合试验、杀菌试验、间接免疫荧光试验和酶联免疫吸附试验等方法检查。

【防　治】

第一，平时采取限制疫病传播的措施。实行“全进全出”，搞好猪舍和饲槽的清洁卫生，定期进行消毒，以减少本病的发生。保证饲料的全价，注意饲料和饮水的清洁卫生，增强猪体的抵抗力，防止受到本病菌的感染。

第二，治疗时，可采用以下几种药物。

①链霉素10～15毫克/千克体重，每日2次肌内注射，连用5天。

②氟甲砜霉素15～20毫克/千克体重，一次肌内注射，每日1次，连用2天。

③环丙沙星2.5毫克/千克体重，一次肌内注射，每日2次，连用5～7天。

④阿莫西林5～10毫克/千克体重，一次肌内注射，每日2次，连用5～7天。

⑤庆大霉素1～1.5毫克/千克体重，一次肌内注射，每日2次，连用5天。

⑥泰灭净(磺胺-6-甲氧嘧啶)0.05克/千克体重，肌内注射，每日2次，连用5～7天。

第十章 猪支原体性疫病的防治

猪支原体性疫病又称猪气喘病、猪地方流行性肺炎，是猪的一种慢性、接触性传染病。

【病 原】 病原为支原体（又称霉形体），对外界环境的抵抗力不强，当病原体排出猪体后，其生存时间一般不超过36小时，日光、干燥及常用的消毒药液，都可在较短时间内将其杀死。对青霉素、磺胺类和链霉素不敏感，经人工感染时（经鼻腔接种可引起发病），用金霉素、土霉素等广谱抗生素，可阻止肺炎病情的发展。

【流行特点】 本病仅能使猪发生，任何年龄、性别、品种和用途的猪都能感染发病，但哺乳仔猪和保育猪最易发生，患病后症状明显，病死率较高。

病原体存在于病猪的呼吸道器官内，随病猪咳嗽、喘气和喷嚏的飞沫排到体外。当病猪与健康猪直接接触时，健康猪通过呼吸道而感染发病。

病猪是本病的主要传染源，特别是隐性带菌病猪更是危险的传染来源。

本病一年四季均可发生，但在气候多变、阴湿寒冷的冬、春季节发病严重，症状明显，以慢性经过为主。新发病的养猪场常呈急性暴发，病情剧烈，发病和死亡较多，随后逐渐缓和。在老疫区呈隐性经过，发病猪数量少，多见仔猪发病。在老疫区，由于传染源仍然存在，一旦调入新的健康猪和大量仔猪出生时，病情再度转急剧，以后又渐趋缓和，如此绵延不断地传染，经久流行不止，危害甚大。

饲养管理和卫生条件不佳是促使本病发生和病情发展的重要因素。饲料质量差或不足，缺乏维生素或突然更换饲料，圈舍阴暗潮湿、寒冷和通风不良、猪只拥挤、长途运输、寄生虫病等，都可促进病情加重。

【症 状】 猪气喘病的潜伏期最短的仅3～5天，最长的可达1个月以上，一般为11～16天。

病的早期，病猪(特别是仔猪)的主要症状为咳嗽。在采食、剧烈跑动、早晨出圈、夜间和天气骤变时，咳嗽最明显，且多为单声干咳。病猪体温、精神、食欲都无明显变化。随着病程的延长，咳嗽加重，次数增多，由单声咳嗽变为连续咳嗽，干咳变为湿咳。病猪咳嗽时，常站立不动，拱背、伸颈，头下垂几乎接近地面，直到把呼吸道中分泌物咳出或咽下为止。病的中期，出现气喘症状，腹部随呼吸动作而有节奏地扇动，特别是在站立不动或静卧时最明显，呼吸次数每分钟40～70次，甚至达100次左右。听诊肺部有干性或湿性啰音，呼吸音似拉风箱样。这时病猪精神委顿，没有食欲，体温可超过40.5℃，被毛粗乱，结膜发绀，怕冷，拱背，行走无力，最后常因衰竭窒息而死。

在初发病猪群中，病情急剧，1～2周死亡，但大多数是慢性经过，病程延续很长，2～3个月或半年，甚至终生。一般发病急，病情重，死亡率高，特别是断奶前后、体重15千克以下的仔猪。病程较长的仔猪，被毛粗乱，机体消瘦而衰弱，生长发育缓慢或停滞，常成为僵猪(俗称小老猪)。

【剖 检】 本病的主要病变在肺脏和肺部淋巴结。肺脏的尖叶、心叶、膈叶前下缘及中间叶，发生对称性实变。实变区大小不一，呈淡红色或灰红色，随着病程的延长，病变部转为灰白色或灰黄色。病变部与周围正常肺组织界限明显，病灶周围气肿，其他部分肺组织有不同程度的淤血和水肿。肺门和纵隔淋巴结肿大，质硬，切面呈黄白色，淋巴滤泡明显增生。

【诊 断】 本病只有猪发生，其他动物和人均不感染。不同年龄、性别、品种和用途的猪都可发病，但以仔猪症状明显，死亡率高。本病以慢性经过为主,在新疫区可呈急性暴发。在饲养管理不良、天气突然变化时,症状随之明显而恶化。

临床症状以咳嗽和气喘为特征,体温、精神和食欲基本正常。病理剖检时,以两肺的心叶、尖叶和膈叶发生对称性的实变,以及肺部淋巴结肿大增生为特征,其他器官则无明显变化。

在鉴别诊断方面,主要注意与肺线虫和蛔虫的区别。肺线虫侵入机体后,可引起咳嗽,但在患有肺线虫时,可于粪便中检出虫卵或幼虫。剖检时,可在支气管内发现虫体,并在膈叶的后缘形成病变。蛔虫幼虫侵入机体后所引起的咳嗽,数天内逐渐消失,多无气喘症状。

【防　治】

1. 平时的预防措施　认真贯彻"自繁自养"的方针,不从外地买进病猪,这是预防本病的关键措施。

平时注意加强饲养管理,饲料要喂全价饲料。猪圈要保持清洁、干燥、通风、防寒、保暖,避免过于拥挤,并定期做好消毒驱虫工作。

猪气喘病弱毒苗右侧胸腔注射 1 头份(5 毫升),是一种较新的免疫方法,但一定要注入胸腔,否则无效。注射部位为肩胛骨后缘至倒数第 6 肋骨处。

2. 发病后的控制措施　发病场(户)要采取早期发现,严格隔离,加强饲养管理,对症治疗,淘汰病猪,更新猪群的办法。

(1)早期发现,严格隔离病猪　病猪是引起传染的祸根,早期查出而又及时扑杀或隔离是控制本病流行的重要环节。

(2)加强病猪的饲养管理　饲养管理的好坏与本病的发生和病猪的康复有密切关系。实践证明,病猪不用任何药物,单纯依靠改善饲养管理条件,不但可以控制其流行,并且能促进病猪的康复。

(3)治疗病猪　我国各地对猪气喘病采用过多种中西药物治

疗，尚没找到一种确实有效疗法。所用药物多是对症治疗，以减轻症状，促进炎性吸收，防止继发感染和增强病猪体质。

①克林霉素注射液，0.2毫升/千克体重，每日1～2次，肌内注射，连用3天。

②长效土霉素盐酸盐，早期使用按每日每千克体重20～40毫克计算，第一次用加倍量，进行肌内注射，每日1次，5～7天为1个疗程。必要时，可再用1个疗程。

③卡那霉素有较好疗效，按每千克体重2万～4万单位计算，每日肌内注射1次，连续3～5天为1个疗程。如与林可霉素同时应用，疗效更好。

④氟苯尼考，按每千克体重15～20毫克，肌内注射，2日1次，连用2次。

⑤针灸治疗，针刺大椎、肺俞、苏气、平喘、百会等穴位。

第十一章　猪放线菌性疫病的防治

猪放线菌性疫病又称猪放线菌传染性胸膜肺炎，是猪的一种呼吸道传染病，其特征为胸膜和肺部发生纤维素性炎，急性者病死率高。

【病　原】 病原体为胸膜肺炎放线杆菌，属革兰氏阴性小杆菌，具有典型球杆菌形态。其抵抗力较弱，一般消毒剂很快即可将其杀灭。

【流行特点】 病猪和带菌猪为传染源，呼吸道为传播途径。主要发生于3月龄猪。4～5月份和9～11月份多发。饲养密度过大、相对湿度较高、通风不良、气候骤变等情况下发病率上升。

【症　状】 自然感染的潜伏期为1～2天。急性者体温升高到42℃，精神委顿，食欲废绝。呼吸高度困难，常表现张口呼吸或呈犬坐姿势而不愿卧地。鼻、耳、四肢皮肤呈蓝紫色。临死前从口、鼻中流出大量带血色泡沫状液体。病程1～2天，病死率达50％以上。

【剖　检】 急性死亡病例，气管及支气管内充满带红色黏液性泡沫样渗出物。肺炎大多为两侧性，病变部呈暗红色，界限明显，硬度增加。纤维素性胸膜炎灶明显，胸腔内含有带红色液体。慢性者肺部炎灶常为结节或坏死，胸膜增厚，粗糙不平，常通过纤维素性物与肺发生粘连。

【诊　断】 根据特征性的临床症状和剖检变化可以做出初步诊断，确诊需做细菌学检查。从鼻腔、支气管或肺部采取病料，做制片镜检和分离培养。也可采取血清进行补体结合反应或凝集试验。

【预　防】

①改善环境卫生，定期清扫和消毒圈舍。

②经常开窗透气通风，保持舍内空气新鲜。

③接种猪传染性胸膜肺炎灭活苗，仔猪38日龄肌内注射1毫升；妊娠母猪产前20天接种2毫升；种公猪每年春、秋季各接种2毫升。

④严禁引进病猪，引进猪需隔离检疫30天以上。

【治　疗】 发现病猪立即隔离治疗；对污染环境进行清扫消毒；对同群猪进行预防性治疗。

①肌内注射盐酸林可霉素（喘毒先锋）注射液，每千克体重0.2毫升，每日1次，连用3天。

②肌内注射复方磺胺间甲氧嘧啶注射液，每千克体重0.2毫升，首次加倍，每日1次，连用3天。

③肌内注射卡那霉素，按2万～4万单位/千克体重，地塞米松注射液4～6毫克/千克体重，每日2次，连用5天为1个疗程。

第十二章　猪螺旋体性疫病的防治

猪螺旋体性疫病又称猪痢疾，是由猪痢疾密螺旋体所致。病原体主要存在于粪便中。该菌对一般消毒药物敏感，加热、干燥、阳光照射能很快将其杀死。

【流行特点】 仅猪感染，且青年猪多见。病猪及痊愈带菌猪是主要传染来源。猪只通过消化道感染，呈地方性缓慢流行。

【症　状】 潜伏期不等，在3～60天之间。

1. 最急性 常无明显症状，就突然死亡。

2. 急性 体温升高达41℃左右，便稀如水，带有黏液、血液、脓液或组织絮片，恶臭，呈红棕色或黑色。最后消瘦、脱水、衰竭死亡，病程7～10天。

3. 慢性 病情轻微，下痢，病程达1个月之久。

【剖　检】 主要病变在盲肠、结肠段。肠壁、肠系膜充血、水肿，严重者有出血性炎或纤维素性炎症病变。

【诊　断】 按照农业部《猪痢疾诊断技术》文件规定，具有流行病学中仅猪发生，幼猪多见，无季节性，缓慢传播，流行持续时间长，各种应激因素可促使本病发生，有易复发的特点。临床表现剧烈腹泻、失禁，高度脱水或病情稍缓，腹泻、黏性、棕红色或黑色粪便；病理上仅大肠黏膜充血、肿胀和出血，有胶冻样、纤维素样或干酪样附着物，刮去后露出溃疡面；抗菌对症治疗可获临床治愈。进行显微镜观察和分离培养鉴定，可作为本病的诊断依据。鉴别诊断，可见表9-1。

【预　防】 尚无疫苗可用。重在自繁自养，严格检疫，经常清扫和消毒圈舍，给予抗菌添加剂预防。一旦发病，应予淘汰处理病猪或严格隔离、治疗。

【治 疗】 治疗效果较好,但易复发。

①痢菌净,用0.5%溶液按0.5毫升/千克体重,肌内注射。或2.5~5毫克/千克体重,一次内服。每日2次,连用3~5天。

②林可霉素,10毫克/千克体重,每日1次肌内注射,连用6天。

③痢立清,50克/吨饲料,拌匀喂服。

④土霉素,30~50毫克/每千克体重,每日2次内服,5~8天为1个疗程。

第十三章 猪衣原体性疫病的防治

衣原体病是畜禽和人的一种共患传染病。其特征表现为隐性感染,在不利的外界环境因素的影响下,也可能表现出临床症状,以流产、肺炎、多发性关节炎、脑炎等为特征。

【病　原】 为鹦鹉热衣原体,是一种小的细胞内寄生病原体,革兰氏染色阴性。衣原体在自然界的分布广泛,对热较敏感,37℃ 7 天,室温下 10 天完全丧失感染力,70℃ 5 分钟可使其灭活。紫外线照射 30 秒可杀灭衣原体,常用消毒药 3%来苏儿、2%氢氧化钠、75%酒精等都可在短时间内将其杀死。

【流行特点】 本病为人兽共患病。各种品种、年龄的猪都可感染,幼猪和妊娠母猪更易感。

许多禽类体内都有鹦鹉热衣原体的存在,鸽和野鸽更为普遍,有些哺乳类及啮齿类动物均可受到感染。以上这些动物都可能成为猪感染衣原体的疫源。病猪、带菌猪(康复猪和隐性感染猪)是主要传染源。随呼吸道、生殖道、肠道分泌物和排泄物排出具有感染性的原生小体,污染环境。

吸入污染的空气尘埃,摄入污染的食物、饮水,经呼吸道、消化道感染,也可以通过交配感染。

血清学调查表明,约有 23%的屠宰猪体内有衣原体的补体结合抗体和微量凝集抗体,大多数猪的抗体滴度较低,呈隐性感染。

秋、冬季发病较多,一般呈慢性经过,持续地潜伏性感染是猪衣原体病的重要流行特征。卫生条件差、营养不良等应激因素,可促使本病的发生和病情加重。

【症　状】 潜伏期 3～15 天,最长可达 1 年。多数衣原体感染猪表现为隐性经过。根据感染途径、患病器官不同,表现出不同症状。

妊娠母猪感染可发生流产、早产、产死胎、木乃伊胎、弱仔、胎衣不下或不受胎等。初产母猪发病率可高达40%～90%，所产弱仔体重较小，吮乳无力，多在出生后1～2天死亡。

公猪感染可出现睾丸炎、附睾炎、副性腺炎和尿道炎，配种时排出带血分泌物，精液品质差，精子活力下降，母猪受胎率低，即使受胎，也易发生流产和产死胎。公猪感染后，可引起大批基础母猪感染。生殖系统感染的猪多呈隐性经过，只在血液中发现高滴度的补体结合抗体。

断奶前后仔猪，多见体温升高、精神不振、颤抖、干咳、呼吸加快，肺部可听到啰音。从鼻孔流出浆液性分泌物，食欲减退，生长发育不良；有的表现腹泻、脱水、吮乳无力，死亡率高。生长猪表现一个或多个关节肿大、跛行；有的病猪出现神经症状，表现兴奋、尖叫、躁动，倒地后四肢呈游泳状划动，不久死亡。在饲养密集的仔猪和生长猪常发生结膜炎，流泪、眼分泌物增多，有的角膜混浊。

【剖　检】 猪衣原体病类型较多，病理变化也不尽相同。

1. 肺炎型 可见肺水肿，表面有出血点和出血斑，肺门周围有分散的小黑色斑，尖叶和心叶呈灰红色实变，肺泡膨胀不全，并含有大量渗出液。纵隔淋巴结水肿，细支气管有大量的出血点，有时出现坏死区，坏死区有化脓样物质。

2. 肠炎型 可见胃肠黏膜有卡他性或出血性炎症变化，肠系膜淋巴结肿大。

3. 流产型 可见流产母猪子宫内膜出血、水肿，并伴有坏死灶。流产胎儿皮下水肿，有的有胶样浸润。病死猪肝脏、脾脏肿大，肝脏表面有灰白色坏死灶。

4. 脑炎型 可见病死猪脑及脑膜充血、水肿，脑脊液增多而且浑浊，脑干变软有化脓灶。

5. 关节炎型 可见到关节肿大、水肿，关节腔内充满灰黄色纤维素性渗出液或混有絮片。

【诊　断】 根据流行特点，临诊症状和剖检病变可做出初步诊断，鉴别诊断见表8-2。确诊必须依靠实验室检查。

1. 显微镜检查 无菌采集新鲜病料，主要包括流产母猪的胎衣、阴道分泌物；肺炎病例的肺脏、肝脏；肠炎病例的粪便；脑炎病例的大脑；公猪的精液；结膜炎病例的眼分泌物等，做触片或涂片，自然干燥后，用甲醇固定5分钟，用姬姆萨氏染色30～60分钟，用蒸馏水冲洗，晾干镜检，在油镜下可见衣原体原生小体被染成紫红色，网状体被染成蓝紫色。

2. 分离培养 病料接种兔血琼脂平板，麦康凯琼脂平板和1%葡萄糖血清肉汤进行分离培养，在血平板上菌落周围呈β溶血，麦康凯平板上不生长，肉汤培养呈均匀浑浊，形成颗粒状沉淀。

3. 动物试验 取病料磨碎，用生理盐水制成20%悬液，每毫升加入1毫克链霉素或1毫克卡那霉素杀死杂菌，经离心后取上清液0.2毫升给3～4周龄小鼠腹腔接种，可引起小鼠发生腹膜炎，腹腔中聚集大量纤维素性渗出物，以致小鼠腹部显著膨大、脾脏肿大等特征病变。用腹腔渗出液涂片，可见到衣原体包涵体。病料悬液给家兔、小鼠、幼鸽或幼豚鼠点眼，1天后发生结膜炎，不久发生败血症死亡。

【防　治】

1. 预防 引进种猪时，应进行严格的检疫，引入后隔离观察1个月以上，经血清学检疫，确认健康无病，方可混群饲养，避免引进病猪或带菌猪；加强兽医卫生和消毒工作，尤其是加强分娩哺乳舍卫生消毒工作，预防新生仔猪感染；集约化养猪场实行“全进全出”制，防止交叉感染和连续感染；猪场内不得养殖其他动物，做好灭鼠工作，杜绝野鸟栖息，防止传播疫病。

免疫接种可使用猪衣原体流产灭活苗对猪群进行免疫，种公猪皮下注射2毫升，每年免疫1次。繁殖母猪配种前1个月皮下注射 2 毫升，每年 1 次，连续 2～3 年。

发现病猪及时隔离治疗，种公、母猪应予淘汰，其所产仔不能留作种用。并定期检疫，淘汰病猪和血清学阳性猪，净化猪群。

2. 治疗　早期应用具有良好的治疗效果。①甲砜霉素 15～20 毫克/千克体重，一次肌内注射，每日 1 次，连用 2 天；②庆大霉素 1～1.5 毫克/千克体重，一次肌内注射，每日 2 次，连用 5 天；③泰灭净 0.05 克/千克体重，肌内注射，每日 2 次，连用 5～7 天。

第十四章　猪寄生虫性疫病的防治

一、附红细胞体病

附红细胞体病又称附红体病、皮肤泛红病，是由附红细胞体引起猪只发生高热、皮肤泛红及红细胞崩解为特征的一种急性疫病。

【病　原】 该病原体目前多数称为附红细胞体，为立克次氏体目、无浆体科、附红细胞体属；但也有认为系原虫或支原体所引起。总之，该病原体的归属分类尚无定论，该病为传染病或寄生虫病也未达成共识。在国内（一、二、三类）和国际（A、B 类）法定报告疫病中亦无记载。

该病原体呈球形、环状、棒状等多形性，革兰氏染色呈阴性，美蓝和瑞氏染色呈蓝色。主要存在于红细胞、血浆、腹水及其他组织中，常附着在红细胞表面，形成很规整的圆锯状或星芒样。对培养基要求严格，可在鲜血和 SS 培养基上进行生长，但培养物不易搜集。

该病原体对热、干燥和消毒药敏感。3%来苏儿、2%火碱或 0.5%灭毒净等一般消毒剂几分钟即可将其杀死。但耐低温，冷冻下可存活数年之久。

【流行特点】 病猪和带菌动物是本病的传染源。各种日龄的猪只均可感染发病，但幼龄猪和新疫区的猪只发病率和病死率更高。一年四季均可发生流行，但以夏、秋季更为严重。该病主要通过蚊蝇等吸血昆虫传播，但通过针头、耳钳、阉割器械传播者也常有发生。通过胎盘进行垂直传播也是一种重要传播途径。

该病是一种条件性疾病，在环境条件恶劣、应激因素发生或者其他疾病存在时易引起该病;当该病存在时也易诱发其他疫病,如链球菌病、弓形虫病、猪瘟等。

【症 状】 根据病程可分为急性型、亚急性型及慢性型3种,但比较典型的症状为病初体温达41℃～42℃,精神不振,食欲减退,皮肤发红,有的呈特征性的粉红色;中、后期皮肤和可视黏膜苍白、黄疸,粪便潜血,尿微红或淡黄;食欲废绝,精神委顿,有的皮肤上呈现紫斑。如果继并发其他疫病时,则症状更为复杂。

【剖 检】 机体消瘦,血液稀薄,凝固不良。皮肤和黏膜苍白、黄疸。心肌变性、萎软似熟肉样。肝脏肿大,有出血点,色发黄,表面有坏死灶。淋巴结水肿,脾脏肿大。自然腔积液增多,皮下组织水肿。

【诊 断】 根据上述流行特点、临床症状、剖检变化,一般可做出初步诊断,确切诊断还需进行制片镜检等实验室检验。取抗凝血液1滴,于载玻片上,加生理盐水1滴混匀,加盖玻片,低倍显微镜下观察。可见血浆或红细胞体内外有多形性的附红体,并在不停地运动。如附着在红细胞表面,则可见到似齿轮状、圆锯状或星芒样特征的混合体。

【防 治】

①改善环境卫生,定期进行清扫、消毒、杀灭蚊蝇及鼠害。

②实施保健给药规程(表7-3),定期给药驱杀附红细胞体。

③三氮脒,每千克体重7毫克,蒸馏水20毫升,肌内注射;每日1次,连用3天,作治疗用。

④10%长效盐酸土霉素注射液,10～20毫升,每日1次肌内注射,连续5天。

⑤金银花100克、连翘30克、黄芩30克、大黄20克、贯众20克、榧子10克、槟榔10克、苦参20克、栀子20克、甘草100克,共煎,每日一剂2次分服,连服3天,作防治用(适50千克体重)。

二、弓形虫病

猪弓形虫病又称弓浆虫病、弓形体病，是由弓形虫引起人兽共患的一种寄生虫病，仔猪多见。

【虫体特征】 根据虫体发育阶段的不同共分5型。即在中间宿主(人、畜)体内的滋养体、包囊2型和终末宿主(猫)体内的裂殖体、配子体和卵囊3型。滋养体呈月牙形或弓形，一端钝圆，一端稍尖；包囊呈卵圆形，有较厚的囊膜，内有数十至数千个虫体，裂殖体、配子体是在猫细胞内繁殖的虫体；卵囊呈卵圆形，表面光滑，有双层囊壁。

【症　状】 多发生于3月龄仔猪，体温升高到40℃～42℃，食欲减损，精神沉郁。体表淋巴结肿大，皮肤出现紫红色斑。有的出现黑红色血便，呼吸困难或神经症状。病程短，死亡率高。

【剖　检】 肺部发生水肿、有小结节和坏死灶。脾肿大，肝脏、脾脏有灰白色坏死灶和出血点，肠有溃疡和纤维素性炎。全身淋巴结肿大，有粟粒大灰白色的坏死灶和出血点。

【预　防】

①猪的圈舍要保持清洁卫生，常用0.5%过氧乙酸、1%强力消毒灵、2%火碱溶液做场地、圈舍消毒。

②防止猫类进入猪舍。做好灭鼠工作，病死猪应深埋，严禁食用。

③保健给药见表7-3。

【治　疗】

①磺胺-6-甲氧嘧啶，每千克体重按60～100毫克内服，每日1次，连用5天，首次量加倍。

②磺胺嘧啶和甲氧苄胺嘧啶，每千克体重分别按70毫克和14毫克，每日2次口服，连用5天。

③12％复方磺胺甲氧吡嗪注射液 10 毫升，每日肌内注射 1 次，连用 5 天。

三、旋毛虫病

旋毛虫病是由旋毛虫的成虫寄生于小肠，幼虫寄生于肌肉中所引起的人兽共患病。

【虫体特征】 旋毛虫成虫细小，肉眼很难看到，虫体前端细，后端粗；幼虫寄生于肌纤维间形成包囊，包囊两端钝圆呈梭状。

【症　状】 临床表现不显著，生前诊断较困难，有的可出现体温升高、肌肉疼痛、僵硬和水肿等。

【剖　检】 剖检仔细观察，可发现横纹肌、两膈肌角和心肌有针尖大的白点。然后，将其切成米粒大肉块，压片低倍镜检，可见幼虫及其形成的包囊存在。

【诊　断】 根据国家制定的诊断技术标准，进行产地、屠宰、流行病学调查和进出口检疫时，可采用压片镜检法和集样消化法(具体操作可参见 GB/T 18642-2002《猪旋毛虫病诊断技术》)进行检验。

【预　防】 猪舍注意灭鼠、消毒；不要用洗肉水喂猪；加强肉品检验，防止人、畜感染。

【治　疗】 用丙硫苯咪唑，每千克饲料加入 0.3 克，搅拌均匀后连续饲喂 10 天；或内服丙硫苯咪唑，每千克体重 10～20 毫克，可杀死体内的旋毛虫。

四、蛔虫病

蛔虫病是由蛔虫寄生于猪的小肠内所引起的一种常见的线虫病。蚯蚓是猪蛔虫的贮藏宿主。因此，猪吃到含蛔虫的蚯蚓或环境中含幼虫的食物后，即可引起发病。

【虫体特征】 蛔虫呈淡红色稍带黄白色，体表光滑，头、尾稍尖的圆柱状大线虫。卵为椭圆形，黄褐色，有 4 层卵壳，表层卵壳凹凸不平。

【症　状】 常发于 3～6 月龄的猪只。幼虫侵袭肺脏时，发生蛔虫性肺炎，表现咳嗽、呼吸困难、体温升高；成虫寄生于小肠时，表现食欲不振、消化功能障碍、贫血、消瘦、发育不良，或成僵猪。严重者出现腹痛、腹泻或蛔虫性肠梗阻，甚至造成肠破裂。蛔虫进入胆道时，可引起胆道蛔虫病或胆管阻塞。

【诊　断】 可进行实验室诊断，检查粪便中的蛔虫卵，即采取直接涂片法或饱和盐水浮集法制片，低倍镜检。可发现有黄褐色或淡黄色、短椭圆形、卵壳厚、外覆以凹凸不平的蛋白膜，内含卵胚的蛔虫卵。

【防　治】

①加强环境卫生管理，经常清扫、消毒。

②用生物热消毒的办法杀死猪粪中的虫卵。

③定期服药驱虫。驱虫方法和时间见表 7-3 猪的保健给药程序。

④肌内注射伊维菌素，按每千克体重 0.3 毫克，防治效果良好。

⑤丙硫苯米唑，按每千克体重 10 毫克内服，休药期 14 天。

五、猪肺丝虫病

猪肺丝虫病又称猪后圆线虫病、肺线虫病，主要是幼龄猪只食入中间宿主蚯蚓或蚯蚓排出的虫卵后，引起支气管炎和蠕虫性肺炎。本病遍布全国各地，呈地方性流行。

【虫体特征】 虫体呈长丝状，乳白色或灰白色。雄虫长 11～

25毫米，末端呈单钩形；雌虫长20～58毫米，尾稍弯向腹面。

【症　状】患猪发生阵咳，特别是早、晚和运动时最为明显。鼻孔有黏稠的液体流出，呼吸困难，精神委顿，毛焦肷吊。仔猪生长发育受阻，消瘦，贫血，常形成僵猪，严重者可造成死亡。

【剖　检】两侧支气管壁增厚、扩张，内有虫体和黏液。肺膈叶腹面边缘有楔状苍白色气肿区。

【诊　断】根据症状可疑为本病，但确诊时仍需制片，用低倍镜进行虫卵检查。凡在支气管黏液或粪便中发现有小椭圆形、淡灰色、外壳较厚、表面有细皱纹、卵内含有呈S形幼虫者，即可确诊。

【防　治】

①防止蚯蚓滋生，圈舍经常清扫消毒，保持干燥清洁。

②猪粪堆积发酵，用生物热杀灭虫卵。

③实行定期驱虫。用左旋咪唑按每千克体重8毫克一次内服，第二个月再驱虫1次；或用噻咪唑（驱虫净）按每千克体重15毫克1次内服（严格该药用量，防止其蓄积危害）。

④用阿维菌素或伊维菌素按每千克体重0.3毫克，一次肌内注射。

六、囊虫病

猪囊虫病又称猪囊尾蚴病，俗称米猪，是人小肠内的猪带状绦虫的幼虫（猪囊尾蚴）寄生于猪的肌肉内所引起的一种寄生虫病。该病不仅影响猪肉品质，而且可使人患绦虫病。

【虫体特征】猪囊虫多寄生在猪的横纹肌、脑、眼等处。外形呈椭圆形，如黄豆大，半透明囊状，囊内充满液体，内有一白色头节，头节上有4个吸盘，前端顶突上有许多小钩。

【症　状】猪生前无明显症状，病重时表现消瘦，贫血，生长发育不良，呼吸促迫，叫声嘶哑及吞咽困难。寄生于眼部时，可使视力减弱或失明。寄生于脑部时，可引起癫痫症状或脑炎，甚至死亡。

【剖　检】 囊虫猪肉湿润呈苍白色，并可见到较多椭圆、半透明的囊泡（猪囊尾蚴），有的虫体死亡，形成钙化。

【诊　断】 根据虫体特征、剖检变化、临床表现不难做出诊断。

【预　防】

①防止猪吃人粪，严禁人吃生猪肉或未煮熟的猪肉。

②粪便要做生物热发酵处理。

③加强肉品卫生检验，发现囊虫猪肉，要做无害化处理。

④按表 7-3 保健给药规程进行预防。

【治　疗】

①丙硫苯咪唑，按每千克体重 10～20 毫克，皮下注射或拌食内服，连服 3 次。

②吡喹酮，按每千克体重 80 毫克，每日 1 次内服，连服 3 天；或每千克体重按 50 毫克，皮下注射，连用 3 天。

七、鞭虫病

猪鞭虫病是由猪毛首线虫（猪鞭虫）寄生于盲肠所引起的一种寄生虫病。

【虫体特征】 虫体前部细，后部粗，外形像鞭子，故称为“鞭虫”。鞭虫病主要危害幼猪，严重时，可引起死亡。

毛首线虫前 3/5 细如线状，后部较粗而短。虫体乳白色，雄虫长 30～40 毫米，雌虫长 40～50 毫米。虫卵棕黄色，两端具透明半球状突出的卵塞，卵壳厚，外光滑，整个虫卵似腰鼓形，大小为52～61 微米×27～30 微米。

【症　状】 感染轻微时，无明显的临床病状或间有轻度腹泻。严重感染时，猪体消瘦，被毛粗乱，贫血，腹痛，腹泻，呕吐，仔猪见有下痢，排水样血色粪便并含有黏液。食欲废止，饮欲增加，衰竭无力，最后虚脱死亡。

【剖　检】 可见盲肠发生病变，内有大量虫体。

【诊　断】 取2～3克粪便，加饱和盐水30毫升混匀，滤去粗渣后静置30分钟，用直径5～10毫米铁丝圈蘸取表面液膜，涂于载玻片上镜检，如见有腰鼓形棕黄色虫卵即可确诊。

【预　防】

①定期驱虫，见猪的保健给药规程(表7-3)。

②猪舍保持清洁、干燥、卫生，猪粪要经常清除，并进行堆集发酵，利用发酵高温杀灭虫卵。

【治　疗】

①伊维菌素或阿维菌素，每千克体重0.3毫克，一次肌内注射。

②驱蛔灵，每千克体重0.11克，空腹时一次喂服。

③驱虫净注射液，每千克体重10毫克，臀部肌内注射。

八、棘头虫病

棘头虫病是由猪蛭形巨吻棘头虫寄生在猪的小肠(主要是空肠)引起的一种寄生虫病。

【虫体特征】 猪巨吻棘头虫是一种大型、长圆柱状虫体，灰白色、灰红色或微黄色，前端大，尾部细。虫体前端有1个吻突，吻突上生有5～6列强大向后弯曲的小钩。虫体体表有明显的环纹。雄虫较短，长7～15厘米；雌虫较长，为30～68厘米。卵呈长椭圆形，深褐色，两端尖，有4层卵壳。虫卵对外界抵抗力很强，可在土壤中生存2～3个月之久，棘头虫在中间宿主体内可保持生活力达

2～3 年。

【症 状】 在猪轻度感染、虫体数目不多时,临床症状不明显,仅出现消瘦症状。虫体数目较多、感染较重时,病猪表现食欲减退、精神不振、消化障碍、消瘦、生长发育缓慢、腹痛、腹泻、血便。肠壁虫体固着部发生化脓或穿孔时,体温升高,不食,手压腹部有疼痛感,喜卧,最后多发生死亡。

【剖 检】 在小肠壁可见到有成虫吸着或被虫体破坏的炎性病灶。小肠浆膜上有灰黄色或暗红色小结节。

【诊 断】 粪便虫卵检查:取粪便 5～10 克与常水 10 倍量混合,搅拌均匀,用铜筛过滤,静置 30 分钟后,小心倒去上层液体,再加水与沉淀物拌匀,再静置。按上述方法,反复加水沉淀数次,直到上层液体透明为止。然后,小心地倒去上层液体,以吸管自容器底部吸取沉淀物,滴于载玻片上,加盖玻片镜检。如发现呈长椭圆形,有 4 层卵壳,黑褐色,表面有许多小沟穴,卵内含有带小刺的棘头蚴的棘头虫卵时即可确诊。

【预 防】 预防主要是防止猪只吃到中间宿主金龟子或其他甲虫,猪粪应堆积发酵,以杀灭粪中虫卵。

【治 疗】

①驱虫净(噻咪唑、四咪唑),按每千克体重 15～20 毫克,内服,对成虫有一定驱除效果,但对幼虫无效。

②左咪唑,按每千克体重 5～10 毫克内服,有一定效果。

九、疥 螨 病

疥螨病又称疥癣病,是由螨所引起的一种慢性外寄生虫病。通过与病猪接触而感染,秋、冬季多发,且多发生于 5 月龄内的猪。

【虫体特征】 成虫呈圆形,微黄白色,背面隆起,腹面扁平。躯体可分为两部,前面为脊、胸部,有 1 对和 2 对足,后面为背、腹部，有3对和4对足。最前部有一假头。卵呈椭圆形，平均大小为150微米×100微米。

【症 状】 常起始于头部，逐渐向体躯和四肢蔓延。患部发痒，常在墙上摩擦，造成被毛脱落，皮肤出现皱褶和龟裂。严重者可导致消瘦、贫血和发育不良，甚至造成死亡。

【剖 检】 内部组织器官无明显病变。

【诊 断】 本病根据流行情况，临床症状不难做出初步诊断，但确诊仍需病原检查。

检查方法是：在猪的患病皮肤与健康部皮肤结合处，用凸刃刀在火焰上消毒后，刀刃上蘸上液状石蜡；然后，用力刮取皮屑，直到见有出血为止。将病料放在载玻片上，用低倍显微镜检查，发现活虫体及虫卵者，即可确诊。

【预 防】 注意圈舍卫生、用具清洁，定期用15%生石灰乳进行环境圈舍消毒和用杀螨剂进行全群药物杀虫；发现病猪应立即隔离治疗并对其原圈舍、用具普遍用杀螨药进行全面、彻底喷洒、杀虫。

【治 疗】

①先刮去痂皮，洗净后将硫黄软膏涂于患处，每日1～2次，连用7天。

②伊维菌素或阿维菌素，按每千克体重0.3毫克，一次肌内注射，休药期18天。

③1%敌百虫（或溴螨酯）溶液，喷洒患部（妊娠母猪禁用）。

④烟叶100克加水3000毫升，共熬水，待凉后，洗擦患处。

⑤用2%甲酚皂溶液擦洗患部，效果较好。

第十五章　猪常见内科疾病的防治

一、便　秘

便秘是由于肠内容物停滞而引起的一种消化障碍性疾病，以肚胀、腹痛、排粪减少或完全停止为特征。

【病　因】 长期喂粉碎不好的粗硬饲料，饲料中混有泥沙或其他异物；喂干料时，饮水不足；饲料营养不全，缺乏食盐，饥饱不均，运动量不足等原因所致。

【症　状】 病猪食欲减退或废绝，口渴，肚胀，起卧不安，手压腹部敏感，有时可摸到坚硬粪块，肠音减弱。病初有少量干硬的粪球排出，中、后期则排便停止，但常有排粪姿势。

【防　治】 去除病因，饲喂全价和青绿多汁饲料，定时定量饲喂，并供给充足的清洁饮水，增加运动。治疗时，首先应停止喂料，用温肥皂水深部灌肠。内服盐类泻剂，如硫酸钠 50～100 克加温水 1 000～2 000 毫升灌服，也可用液状石蜡或植物油 80～100 毫升加温水灌服。在粪块软化时，可用 1%硝酸毛果芸香碱注射液 1～2 毫升皮下注射。

二、肺　炎

肺炎是肺实质发生的炎症。以高热、呼吸困难、流鼻液、咳嗽为主要特征。

【病　因】 饲养管理不善，圈舍通风不良，受冷感冒，吸入刺激性气体及其他异物；长途运输，营养不良，机体抵抗力降低；或继发于流感、气喘病、肺疫、肺丝虫等疫病。

【症　状】体温突然升高到40℃以上，食欲减退，精神不振，怕冷，皮温不均，眼结膜发红，呼吸困难，咳嗽，气喘，流黏液性或脓性鼻液。病情恶化时，常导致感染性休克死亡。

【剖　检】肺部有明显病变，肿大，呈暗红色。肺组织实变，坚实变硬，投入水中下沉。切面按压时流出浆性液体，间质扩张，呈胶冻状，肝变期呈大理石样花纹。

【防　治】预防时，应改善饲养管理，注意通风透光，加强营养，提高机体抵抗能力。治疗时，可用磺胺、抗生素疗法。

①分别肌内注射青霉素、链霉素，按每千克体重各1万～2万单位，每日2次。

②用磺胺二甲基嘧啶、长效磺胺等，按每千克体重0.2克（首次量加倍），配合等量碳酸氢钠，每日1～2次，内服。

③卡那霉素注射液，每千克体重按2万～4万单位，每日2次肌内注射，连续5天。

④应配合进行强心、镇咳、祛痰及补液等治疗措施。

三、维生素缺乏症

维生素是猪体调节物质代谢、维持正常生理功能、保证生长发育、增强抗病能力、提高生产性能等不可缺少的物质。它不能靠自身合成或者不能合成足够的量来满足其生理需要，必须由饲料中提供。虽然机体对维生素的需要量很少，但是缺乏时就会引起各种代谢紊乱和疾病的发生。特别是养猪场和规模养猪户，完全是人工调配饲料，如饲料组成缺乏维生素或加工调配饲料的方法错误而维生素受到破坏时，就会发生维生素缺乏症。

【病　因】饲料中维生素供给不足，是维生素缺乏的主要原因。如维生素C广泛分布于蔬菜和绿色植物中，如果长期缺乏这些物质，又不在饲料中添加，就会发生维生素C缺乏症；饲料的调配、保管和处理不当，使维生素遭受破坏，也是造成维生素缺乏的主要原因。如长期饲喂煮熟的饲料或酸败的饲料，可使维生素遭到破坏，从而引起维生素缺乏症；消化吸收障碍、各种疾病特别是消化系统的疾病，引起食欲减退、腹泻、胃肠消化功能紊乱等均能影响维生素的吸收；没有满足机体对维生素的特殊需要量时，如生长仔猪、妊娠母猪、哺乳母猪等，在生理上的需要量增加，而供应不足，就会引起维生素缺乏症的发生。

【症　状】 各种维生素缺乏症其临床表现是不同的（表15-1），现将生猪常见的几种维生素缺乏症的临床症状介绍如下。

1. 维生素A缺乏 在临床上主要表现为眼炎，表皮角化，黏膜变性，耳尖干枯，食欲紊乱，腹泻，消瘦，被毛无光，生长停滞。仔猪头部偏向一侧，后躯麻痹，步行不稳，跛行，运动失调，痉挛不安。母猪流产，产仔瞎眼、畸形，仔猪体弱、生命力不强等。

2. 维生素D缺乏 直接影响钙磷代谢与骨质生成。缺乏时发生佝偻病，常见异嗜，食欲减退，抽搐，痉挛，跛行，发育停滞等。

3. B族维生素缺乏 食欲下降，生长迟缓，皮肤黏膜发绀，呕吐，腹泻，贫血，血液循环障碍，并突然发生死亡。

4. 维生素E缺乏 母猪不受胎，妊娠母猪流产，产死胎或胎儿被吸收。公猪睾丸萎缩，性欲降低，精子减少，死精或有畸形精子。仔猪肌肉无力，运动失调，行走困难，麻痹，贫血。

5. 维生素C缺乏 主要表现皮肤和黏膜出血，口腔黏膜溃疡，牙齿松动或脱落，贫血，衰竭等。

表15-1 猪维生素缺乏症表现

维生素名称	缺乏症表现	备　注
维生素A	干眼症、夜盲；黏膜角化；皮毛干燥，蓬乱；繁殖力下降、不育；胚胎早死，流产；抵抗力降低	

续表 15-1

维生素名称	缺乏症表现	备　注
维生素 B_1（硫胺素）	神经紊乱；食欲不振或废绝	
维生素 B_2（核黄素）	食欲减退；腹泻	
维生素 B_3（泛酸）	皮肤和黏膜发炎；肠道和呼吸道疾病；生殖功能紊乱；呈高阔步步态；胚胎死亡率高	幼猪和种猪多见
维生素 B_4（胆碱）	肝脂肪变性；后腿叉开站立，运动失调，呈犬坐姿势；骨关节畸形	幼猪和种猪多见
维生素 B_6（吡哆酸）	皮毛焦燥，皮炎；神经系统病变；心肝受损；繁殖能力降低	
维生素 B_{11}（叶酸）	血象紊乱，贫血；繁殖能力降低，胚胎死亡率高；骨短粗	幼猪和种猪多见
维生素 B_{12}（氰钴素）	糙皮病，皮炎，贫血；胚胎死亡率增高；饲料转化率降低	
维生素 C（抗坏血酸）	易患传染病；黏膜自发性出血	在特定情况下需要补充
维生素 D	钙、磷代谢紊乱，骨质钙化停止（佝偻病、骨软症），骨关节变形，易发生骨折；牙齿发育不良	
维生素 E	心肌和骨骼肌变性；突发性心力衰竭，桑葚状心脏病变；胰脏萎缩；妊娠后期胎儿死亡，生育、繁殖受损；运动失调；渗出性素质，肝坏死	与硒和含硫氨基酸缺乏有关
维生素 K_3	凝血时间延长，出血不止	
生物素	生殖功能紊乱；蹄周围发生皮炎，蹄裂	幼小动物敏感

【防　治】 猪舍要光照良好，通风，保温，干燥；生猪日粮中应

富含各种维生素，饲喂全价配合饲料，或给予青绿饲料。饲料在加工、保管、饲喂环节，要防热、防水、防霉变和酸败；治疗时，可给予相应的维生素制剂或复合维生素制剂，以满足机体生长发育的需要。

四、钙、磷缺乏症

钙、磷是猪生长发育所必需的常量元素。钙、磷在饲料中的比例一般为1～2∶1。50千克的妊娠母猪，每头每日需钙11克，磷6克；同重量的哺乳母猪，每头每日需钙31克，磷21克；15千克正常发育的仔猪，每头每日需钙5克，磷3克。钙、磷缺乏时，常引起佝偻病和骨软症。

【病　因】 饲料中钙、磷含量不足，钙、磷比例失调及维生素D含量不足，消化吸收障碍，母乳不足是造成钙、磷缺乏症的主要原因。

【症　状】 仔猪佝偻病表现为生产率低，颜面骨变形，关节肿大，凹背，上、下颌骨隆起，四肢弯曲呈弧状，起立和行走困难。消瘦，食欲减退，发育停止。

成年猪骨软骨症常见于母猪，主要表现为躯体麻痹，跛行，运动强拘，自发性骨软。

【防　治】 首先是按饲养标准改进饲料配方，要求根据生长、妊娠和泌乳等不同情况，给予足够的钙、磷，并补给足量的维生素D。一般使用碳酸钙或磷酸氢钙(骨粉)，成猪及妊娠母猪每头每日加喂50克，小猪加喂20克即可。对仔猪还应加喂鱼肝油，每日2次，每次1汤匙。

五、仔猪贫血

贫血是血液里某些重要成分的缺乏，表现为血液总量减少、红细胞总数不足和血红蛋白含量降低。

【病　因】 除直接失血和造血功能障碍外，主要是饲料过于单纯，母猪营养不良，乳汁分泌不足，仔猪吮乳不够而引起。饲料中缺乏合成蛋白质所必需的有机化合物和氨基酸，以及铁、铜、钴、硒、锰等微量元素缺乏也能造成仔猪贫血。

【症　状】 仔猪日渐消瘦，衰弱，精神委靡不振。黏膜苍白，被毛粗糙、无光泽。便秘、腹泻交替出现，发育迟缓，异嗜，肌肉松弛。心跳微弱，心率及呼吸增数。

【防　治】 一般在出生后 1 天和 7 天应分别补铁，如肌内注射牲血素、葡聚糖铁钴注射液、右旋糖酐铁和富铁力等，每头 1 毫升，对缺铁性贫血有良好的预防作用。治疗时，常见的缺铁、铜性贫血可用硫酸亚铁 2.5 克，硫酸铜 1 克，溶于 1 000 毫升水中供仔猪饮用。对其他原因引起的贫血，可去除病因，对症治疗。

六、仔猪低糖血症

仔猪低糖血症是新生仔猪的一种代谢性疾病。临床上以明显的神经症状为其特征。

【病　因】 该病的发生原因主要有 3 方面：一是仔猪本身。周龄内仔猪缺乏糖原异生能力，肠道发生疾病时影响哺乳或肠道内缺乏乳酸菌时乳汁得不到正常消化吸收造成；二是母体原因。母猪妊娠期间由于饲养管理不善，营养不良或乳房疾病等，造成乳汁缺乏或分泌障碍，仔猪吮乳不足，过度饥饿所致；三是分娩舍环境温度低、湿度大、卫生条件差，也会诱发该病。

【症　状】 多见于 2～4 日龄仔猪，在同窝中有数头相继发病。初期吮乳停止，精神委顿，四肢无力，运动失调，肌内震颤，体躯下部水肿。继而出现尖叫、空嚼、口吐白沫、痉挛抽搐、卧地不起、四肢呈游泳动作。最后体温下降、瞳孔散大、意识不清、昏迷不醒、衰竭死亡，病程不超过 36 小时。

【诊　断】 根据母猪产后无乳或少乳，仔猪临床症状、输糖治疗后效果显著及化验血糖每升含量低于 2 毫摩者，即可做出诊断。

【防　治】 母猪妊娠期间应加强饲养管理，给予全价配合饲料，防止有关疾病，可有效预防本病发生；治疗可用 5%～10%葡萄糖注射液 20～40 毫升，腹腔或分点皮下注射，每隔 4～6 小时 1 次，连续 2～3 天，具有显著效果。也可配合口服 25%葡萄糖溶液或白糖水，每日 4～6 次，每次 20～30 毫升，连续 2～3 天。

七、异嗜癖

异嗜癖系由于物质代谢障碍致使猪只表现神经扰乱，味觉异常的一种慢性疾病。

【病　因】 维生素和矿物质缺乏，食盐供给不足，某些蛋白质和氨基酸缺乏，慢性胃肠疾病和寄生虫病、佝偻病、骨软症、肝脏功能障碍等都可继发异嗜癖。

【症　状】 幼猪多发病。病初食欲减少，喜舔舐粪块、沙土、瓦片、石块、墙壁及其他异物，而对良好的饲料反而不爱吃。生长发育停滞，消瘦，贫血。母猪一般在产后表现吃食胎衣，咬食乳猪。粪便干燥，被覆黏液，后变稀软恶臭。被毛无光泽，营养不良。

【防　治】 在预防上，应注意加强饲养管理，正确调配日粮，供给含有足够维生素和矿物质的全价配合饲料。治疗时，可于饲料中添加足量的微量元素和多种维生素制剂，也可试用人工盐(每头每日 10～20 克)等进行治疗。如同时患有骨软症和佝偻病时，则应补给骨粉、碳酸钙和维生素 AD 等。

八、咬嗜癖

猪只在舍饲圈养环境单调的情况下，为寻求刺激而嗜好对其他猪只或物品进行频繁啃咬玩耍的行为叫做咬嗜癖。

【病　因】 猪只圈栏饲养条件下，环境单调，尤其水泥或漏缝地板，缺乏垫草、泥土或其他供咬玩的物品。猪群合并，饲养密集。舍温高、湿度大、空气污浊或遇贼风侵袭、噪声干扰等均可引起咬嗜癖的发生，哺乳仔猪少见。

【症　状】 中小猪只现代集约饲养条件下最为多见。表现为部分猪只嗜好对其他猪只进行咬尾、咬耳、啃蹄等咬玩动作，尤其咬破出血后，咬得更加厉害。甚至出现互咬、群咬现象。从小到大，由少至多，由尾尖咬至尾根。严重者甚至造成大量出血、感染等。也有的猪只用鼻唇按摩乳房、阴道和肛门，甚至养成食粪恶癖。单栏饲养猪只多表现为啃咬猪栏或空口咀嚼动作。个别初产母猪出现咬食新生仔猪现象。由于被咬猪只经常发生流血、疼痛和躲避，消耗大量体力，造成机体消瘦衰弱、生长迟滞。嗜咬者也在追逐、咬斗中消耗大量体力而严重影响生长。

【防　治】

①加强饲养管理，舍内保持适宜的温度、湿度和清新的空气。经常给以适量的粗纤维青绿饲料或垫草，以供猪只玩咬。

②改善单调的环境条件，保持环境安静，防止强光、噪声刺激和贼风侵袭。

③在猪栏上方悬吊铁环、木棒、橡皮管、布条等物品或在猪栏内放些饮料盒、铁球等，以供猪只啃咬玩耍用。

④及时调整猪群结构，提高整齐度，将体质强、中、弱 3 类分圈饲养或把过弱被咬者单独喂养。

⑤为防止造成较大的咬伤，初生仔猪应于 1 日龄剪断犬齿；为

防止尾长被咬,对1～3日龄新生仔猪可实施断尾措施。

九、亚硝酸盐中毒

亚硝酸盐中毒(又称饱潲病),是由于饲料和饮水中含有较多的硝酸盐,因调制、保管不当采食后在胃内还原成大量亚硝酸盐,吸入机体后形成高铁血红蛋白,影响输氧功能,致组织缺氧,引起中毒。

【病　因】 亚硝酸盐是饲料中的硝酸盐,在硝酸还原菌的作用下生成的。富含硝酸盐的饲料主要有青绿、块根类饲料,施用过氮肥的饲料或因天气突变、日照不足、长期存放、堆积腐烂、小火过度焖煮、青绿饲料长期浸泡等原因致饲料中硝酸盐含量增高所引起。误食氮肥,误饮含硝酸盐的污水,猪只患胃肠道疾病及硝酸菌在适宜的条件下大量生长繁殖等,都能促使该病的发生。

【症　状】 猪采食或饮水后1小时左右突然发病,最迟不超过2小时出现中毒症状。表现为突然兴奋不安,流涎,呕吐,肌肉颤抖,心跳加快,呼吸困难,体温降低。步态蹒跚,可视黏膜发绀,末梢发凉,做圆圈运动。严重者,卧地不起,四肢呈游泳动作,昏迷衰竭死亡。病程不超过1小时。发病特点为发病突然,病情急,转归快,同饲同饮猪只群发,采食多者病情严重。

【预　防】

①青草、嫩苗、菜叶、块根等青绿多汁饲料,应鲜吃生喂。防腐烂、不要堆积存放。如需煮熟饲喂时,应敞开锅盖,多加搅拌。严防焖在锅内长时间存放。

②严禁饲喂施用硝酸铵等氮肥较多的青草、蔬菜等饲料。

③严禁饮用含硝酸盐的饮用水。

【治　疗】

①及时剪破耳静脉或尾根放血100～300毫升,以便排放出血

液中的毒素。

②5%甲苯胺蓝溶液按每千克体重0.5毫升计，一次肌内、静脉或腹腔注射。

③1%美蓝溶液(美蓝1克，溶于95%乙醇10毫升中，再加入无菌生理盐水90毫升)按每千克体重0.1～0.2毫升(严防超量)，一次静脉注射。

④对症治疗，可酌情给予20%安钠咖注射液2～10毫升、5%维生素C注射液5～10毫升、5%葡萄糖注射液300～1 000毫升等，静脉注射。

十、食盐中毒

猪食入过多的食盐或钠离子且饮水不足时，则会发生以神经症状和消化功能紊乱为特征的食盐中毒。

【病　因】 食盐是生命中不可缺少的一种物质，但如果摄入量过大则可引起中毒。食盐中毒原因多是食入盐分含量高的泔水、酱渣、残羹剩饭、咸菜等；配饲料时食盐添加过量或搅拌不均；误饮含食盐多的污水；投服较多的人工盐、碳酸氢钠、碳酸钠、乳酸钠、硫酸钠等钠离子；尤其缺乏足量的饮水是引起发病的主要原因之一。

猪对食盐的耐受性较差，其中毒剂量和致死剂量分别为每千克体重1.5克和3克。

【症　状】 临床上主要以神经症状为主，表现为精神沉郁，口渴喜饮，体温正常，心跳加快，呼吸困难，肌肉震颤。视力减退，无目的乱走。阵发性发作，痉挛、惊厥、狂奔、转圈、冲撞、空嚼、流涎、呈犬坐姿势。角弓反张，四肢呈游泳动作，继而衰竭昏迷死亡。病程数小时至数天不等。

【防　治】

①限制食盐和钠离子的摄入，日粮中食盐含量应保持在

0.25%～0.5%，且应拌匀。

②平时给以充足的自由饮水。

③发病后停喂含食盐的饲料和饮水，可少量多次给予新鲜饮水，但不得一次性过量饮水。

④内服黏浆剂及油类泻剂100～200毫升，以排除肠道内毒物。

⑤5%氯化钙明胶注射液（氯化钙5克，溶于1%明胶注射液100毫升中），按每千克体重0.2克氯化钙计算，每点注射不得超过50毫升，以免引起组织坏死；或静脉注射葡萄糖酸钙50～100毫升，以恢复体内阳离子平衡。

⑥双氢克尿噻按每千克体重0.5毫克内服，以利尿排钠。

⑦用25%硫酸镁注射液20～40毫升或5%溴化钠注射液10～30毫升，静脉注射，以解痉镇静。

⑧静脉或腹腔注射25%山梨醇注射液100～250毫升、20%甘露醇100～250毫升或50%葡萄糖注射液20～100毫升，可减轻脑水肿，降低颅内压。

十一、霉饲料中毒

猪采食了霉败变质的饲料所发生的中毒，称为霉饲料中毒。不同年龄的猪只都可发生，但以仔猪和妊娠母猪较为敏感。

【病　因】 自然界广泛存在霉菌，常寄生于多种饲料原料上，一旦温度高、湿度大，条件适宜时，就会大量生长繁殖，同时产生各种有毒物质，致采食猪只发生中毒。霉菌所产生的毒素达上百种，常见的有黄曲霉毒素、镰刀菌毒素、赤霉菌素、棕曲霉毒素等。所有这些毒素都可引起大批猪只发生霉饲料中毒和死亡。

【症　状】 霉饲料中毒症状差异较大，此与霉菌毒素种类有关。如黄曲霉毒素是肝毒，主要以肝脏病变为主要临床特征，赤霉菌素有雌性激素样作用。仔猪多表现为发病急，病情重，出现神经症状，头常偏向一侧或顶向墙壁，病程数小时至数天，病死率高。妊娠母猪主要表现为流产、产死胎。大猪一般症状为体温正常，食欲减退，被毛粗乱，生长迟滞，大便干燥或腹泻，且常带有黏液和血液，病程较长。

【防　治】

①严防饲料发生霉败变质，禁止饲喂霉变饲料，脱毒剂也不能完全解决问题。

②病猪应立即停喂霉变饲料，改喂新鲜饲料。

③用0.05%高锰酸钾溶液、2%碳酸氢钠溶液及温水洗胃、灌肠，以解除胃和大肠内毒物。

④一次投服8%硫酸钠溶液500～1 000毫升，以排除胃肠道内毒物。

⑤5%葡萄糖注射液300～500毫升，5%维生素C注射液5～10毫升，20%安钠咖注射液2～10毫升，一次静脉注射。

十二、菜籽饼(粕)中毒

菜籽饼(粕)中蛋白质含量高，是猪日粮中的主要氮源之一，但由于含有多种有毒成分，如果不经过适当处理或喂量过大时，就会引起猪菜籽饼(粕)中毒。临床表现为急性胃肠炎、肾炎及肺部疾患。

【病　因】 菜籽饼(粕)中含有硫葡萄糖苷、芥子苷、芥子碱、芥子酸、单宁、植酸、皂苷等多种抗营养因子。用菜籽饼作氮源饲料时，如果加工处理不当或食量过大，就会引起中毒，造成消化、呼吸、泌尿、血循等系统多个器官功能发生障碍。

【症　状】 病猪表现为精神委顿，食欲不振，被毛粗乱，生长迟滞，体温正常，黏膜赤紫。流涎，腹胀，腹痛，腹泻，粪中潜血。排尿量少次多，且有时为血尿。呼吸困难，咳嗽，流出含血的鼻液。个别病例有神经异常表现。终因心力衰竭，虚脱死亡。妊娠母猪常出现流产，产死胎或弱仔。公猪表现为精液品质下降，性能力降低等。

【防　治】

①严格控制日粮中菜籽饼(粕)的含量可预防本病发生。母猪和仔猪尽量不喂或少喂，安全限量为5%，生长育肥猪限量为10%。

②与其他饼(粕)类和含氮饲料调剂搭配，如豆饼(粕)、棉饼(粕)、花生饼(粕)、鱼粉、肉粉等，能有效地控制有毒成分的含量，预防本病发生。

③本病目前尚无特效解毒药物。发病后应立即改换饲料，停喂含菜籽饼(粕)的饲料。

④用0.05%高锰酸钾溶液洗胃后投服淀粉糊、豆浆、蛋清等，以保护胃肠黏膜，减少毒物吸收。

⑤给予强心利尿解毒药物，如静脉注射20%安钠咖注射液2～10毫升、5%维生素C注射液5～10毫升、10%葡萄糖注射液100～500毫升等；有血尿时，静脉注射3%次磷酸钙注射液100毫升。

十三、棉籽饼(粕)中毒

长期饲喂未经脱毒的棉籽饼(粕)所引起的中毒，即谓棉籽饼(粕)中毒。其临床特征为出血性胃肠炎、肺水肿及神经紊乱。

【病　因】　棉籽饼(粕)中含有36%～42%的蛋白质和10多种氨基酸，是一种高蛋白质饲料，是目前猪饲料的主要氮素来源之一。但由于棉籽饼(粕)中含有游离棉酚等有毒成分，其在猪体内比较稳定，不易被破坏，而且排泄缓慢，有蓄积作用。因此，过量饲喂或长期饲喂未经脱毒处理的棉籽饼(粕)，就会引起中毒。

【症 状】 中毒初期或比较轻微者，仅表现精神沉郁，食欲不振，腹泻下痢。病情严重者表现为精神委顿，体温正常，可视黏膜黄染，食欲减少或废绝，呕吐，便秘或腹泻，粪便带血及血尿。生长育肥猪皮肤干燥、龟裂、发绀；仔猪常腹泻、脱水和惊厥，死亡率高；妊娠母猪表现流产、死胎及畸形仔猪。

【防 治】

①限制棉籽饼(粕)的饲喂量和持续时间。母猪和仔猪尽量不喂或少喂；生长育肥猪日粮中含量不得超过 8%，连续喂 15～30 天后停喂 15 天(换成其他蛋白质饲料)。

②病猪应立即停喂含棉籽饼(粕)的饲料。

③用 5%碳酸氢钠、0.05%高锰酸钾溶液洗胃或灌肠。

④投服 8%硫酸钠溶液 500～1 000 毫升以排泄毒素。

⑤投服硫酸亚铁 0.5～2 克，每日 3 次，以解除毒素。

⑥静脉注射 10%樟脑磺酸钠注射液 2～10 毫升、10%葡萄糖酸钙注射液 50～150 毫升、5%维生素 C 注射液 5～10 毫升和 10%葡萄糖注射液 100～500 毫升，及其他对症疗法。

十四、有机磷制剂中毒

有机磷制剂中毒是由于猪接触、吸入或误食有机磷制剂所致。临床上以神经功能紊乱为特征。

【病 因】 有机磷制剂种类较多，常见的剧毒类有甲拌磷(3911)、对硫磷(1605)、内吸磷(1059)等；强毒类有磷胺、乐果、敌敌畏、倍硫磷、甲基内吸磷等；低毒类有敌百虫、蝇毒磷、马拉硫磷(4049)等。

有机磷制剂可经消化道、呼吸道黏膜及皮肤进入机体引起中毒。常见的主要原因有：

①食入被有机磷制剂喷洒过的种子、粮食和水果、蔬菜、禾苗、

树叶、青草等籽实和青绿饲料。

②饮入被有机磷制剂污染的水源。

③吸入被有机磷制剂污染的空气。

④不按规定使用有机磷制剂驱除体内、外寄生虫等。

【症　状】 有机磷制剂中毒因其摄入数量、毒性、途径及猪体状况不同，临床表现类型也不相同。最急性型病猪，往往来不及抢救即迅速死亡；大多数病猪表现为流涎，口吐白沫，腹泻，出汗，肠音亢盛。瞳孔缩小，肌肉颤抖，兴奋不安，狂奔乱走。全身表现为体温升高，心跳微弱，呼吸促迫。病情严重者，卧地不起，四肢呈游泳动作，阵发性抽搐，角弓反张。最后昏迷不醒，常因伴发肺水肿窒息或衰竭死亡。

【预　防】

①严格防止有机磷制剂污染饲料、饮水及环境。

②严禁用有机磷制剂喷洒过的蔬菜、水果、青草等青绿饲料喂猪。

③应用有机磷制剂驱杀体内、外寄生虫时，须在兽医人员的指导下进行，严格操作规程及用药剂量，以防发生中毒。

【治　疗】

①硫酸阿托品，按每千克体重 0.5～1 毫克，皮下注射，每隔 2～3 小时再注射 1 次，直至痊愈。

②解磷定，按每千克体重 20～50 毫克，用生理盐水配成 2.5%～5%注射液，缓慢静脉注射、腹腔注射或皮下分点注射(禁与碱性药物配伍，以防产生剧毒药物)。

③双复磷，按每千克体重 40～60 毫克，用生理盐水溶解后，皮下、肌内或静脉注射。

④尽快除去毒物。经内服中毒者，应采取催吐、洗胃、灌肠等措施；经皮肤中毒者，应用清水或肥皂水洗刷皮肤(敌百虫中毒者，禁用肥皂水，因其在碱性溶液中可生成毒性更强的敌敌畏)。

⑤对症治疗。当病猪兴奋不安，痉挛抽搐时，可用巴比妥；大汗和腹泻时，可静注生理盐水补充体液；心功能障碍时，肌内注射安钠咖等。

十五、应激综合征

应激综合征是猪只突然受到内、外环境各种应激原的过度刺激，而产生生理和行为上一系列激烈的非特异性反应过程称之为急性应激征。发病率因品种、年龄、体质及环境不同而异，皮特兰、杜洛克、长白猪等瘦肉率高的品种和保育猪、育成猪最为敏感。该病一年四季均可发生，但夏、秋炎热天气更为多见。

【病　因】 携带有急性应激征(PSS)基因的品种因气候、环境、饲养管理条件等突然发生较大的改变，如驱赶、争斗、抓捕、装卸、运输、拥挤、饥饿、高温、噪声、强光、病原体、强制给药及气候变化等多种理化、生物和社会因素过度刺激，造成神经、内分泌和生理生化功能紊乱所引起。仔猪混群或长途运输可导致成批发生，尤以30～60日龄断奶仔猪最为多见。

【症　状】 该病发病率达60%以上，病死率约10%左右。临床表现为病猪肌肉和尾巴震颤，体温上升至40℃以上。皮肤和黏膜充血，出现紫红色斑点，有的表现为贫血苍白。病猪呼吸困难，心跳加快，肌肉发硬，四肢僵直或乱扒，严重者很快导致酸中毒、休克、衰竭死亡。

【剖　检】 一般病死猪无肉眼可见病变，有时可见内脏器官充血，肺脏、浆膜水肿，支气管内有泡沫，自然腔积有多量液体。最明显的特征是多达95%以上病猪出现PSE肉，即肌肉变性，颜色灰白无光，质地变松软，有较多水分渗出。脂肪含量低，蛋白质变性或有出现灰白色坏死小点者。也有死后迅速出现踝关节僵硬及DFD肉，即肉品切面干燥、质地较硬、色泽深暗。病变肌肉多在两后肢，且呈对称发生。也有的表现胃壁和皮下组织出现水肿、增厚。还有的出现胸膜肺炎或消化道炎症病变。

【防　治】

1. 预防措施　淘汰有 PSS 基因如皮特兰猪只，培育抗应激品种。良好的饲养管理，可降低急性应激征的发生，如保持圈舍通风、安静和适宜的温度。减少噪声干扰，调整饲养密度。避免长途运输，或运输前不要喂得太饱，必要时可给予少量镇静剂。装卸小心，途中防止拥挤咬斗。做好防暑及消毒工作等。

2. 治疗方法　发现早期症状，如肌肉和尾巴震颤等，应让其安静休息，并给予充足的电解多维、补盐液等饮用水，数日后即会自愈。如病情进一步发展，可及时给予碳酸氢钠注射液或应激解毒灵等。有并发症发生者应给予对症治疗，如抗菌消炎等。病猪如肌肉僵硬，已处于休克状态时，预后多为不良。

第十六章　猪常见外科疾病的防治

一、风湿症

本病是一种慢性全身性疾病，主要病变为肌肉和关节及其周围组织发炎、疼痛和萎缩。

【病　因】 本病发生的因素为寒冷、风吹、潮湿及运动不足等。

【症　状】 多突然发病，患部肌肉紧张疼痛，步样强拘，行走困难，跛行。站立负重时，腰部肌肉疼痛，起立困难，拱背弯腰，运动后或天热时症状减轻。关节风湿以肿胀、发热为特征，按压时有剧痛反应。病猪躺卧，不愿起立和行走。

【治　疗】

①耳静脉注射10%水杨酸钠注射液10～20毫升，每日1次。

②肌肉注射30%安乃近注射液10～20毫升，每日2次。

③醋酸可的松注射液2毫升(50毫克)，0.5%盐酸普鲁卡因注射液2毫升，关节腔内注射，隔5日1次，适于关节炎治疗。

④醋酸可的松注射液4毫升(100毫克)，0.5%盐酸普鲁卡因注射液5毫升，患部上方肌肉分点注射，隔5日1次，连续2次，适于局部肌肉或腱鞘炎症封闭治疗。

二、疝(赫尔尼亚)

腹腔内脏器官的全部或一部分通过天然孔或病理孔脱出于皮下或邻近腔道内者称为疝。常见的有腹股沟阴囊疝、脐疝和腹壁疝。

【病　因】　由于先天性天然孔过大或后天受机械性损伤，致使内容物脱出于天然孔或创孔外皮肤内而造成疝的发生。

【症　状】

1. 腹股沟阴囊疝　在腹股沟管异常增大、腹压增高时，小肠可通过腹股沟管脱入阴囊内，阴囊局部达拳头大乃至小儿头大，柔软，波动。

2. 腹壁疝　由于跌打、顶撞等造成腹肌破裂而使小肠通过伤口脱出于皮下，常见于下腹部，局部突然高度肿大，柔软波动而无热痛。如内容物多量脱出时，有疝痛和全身症状。

3. 脐疝　因脐孔闭锁不全造成肠管脱出于脐囊内，脐部可见核桃大或碗口大局限性肿胀，按压柔软，无热痛。除嵌闭性疝外，都可摸到疝环，疝内容物均可还纳。

【治　疗】　以手术疗法为宜，术前应停食1天，疝部剪毛清洗，涂布碘酊后，用酒精棉球脱碘，再用1%普鲁卡因注射液局部浸润麻醉。

1. 腹壁疝和脐疝　可顺疝颈切开疝囊，应注意不得损伤疝内容物。如肠管未发生粘连时，可连同腹膜及疝内容物按压还纳到腹腔内；如发生粘连，可将粘连的肠管剥离后还纳腹腔内，多余的腹膜可与表面的皮肤、皮下组织、浅筋膜等一并剪除，进一步整理疝颈四周腹膜，再做间断纽扣缝合（腹壁疝）或连续内翻缝合腹膜。然后纽扣式缝合腹肌，最后再结节缝合皮肤。

2. 阴囊疝　可在腹股沟皮下环处，沿中线把皮肤切开5～8厘米，分离总鞘膜，撕断阴囊韧带，把含有肠管的总鞘膜拉到切口外，把鞘膜内的肠管送回腹腔，捻转鞘膜和精索，直到离皮下环3厘米左右时，紧靠皮下环用缝线结扎，用缝针把缝线两头从皮下环两边对刺穿过去，再切断精索，把缝线两头打结，最后缝合皮肤。如是鞘外疝气，可先把疝囊分离开，把肠管送回腹腔，扭转结扎疝囊，再缝合腹股沟环及皮肤。同时去势时，应在结扎疝囊后，分离结扎鞘膜和精索，最后剪断精索，缝合皮肤。

以上手术腹腔内都应注入樟脑油 5 毫升，以防腹腔内容物与腹膜发生粘连；除此，每层肌肉和皮肤都要涂撒 3%碘酊和消炎粉，以防感染。

三、脓　肿

猪体的任何脏器或组织产生并潴留脓液形成局限性化脓病灶，称为脓肿。

【病　因】 化脓病菌通过损伤的皮肤或黏膜进入血液，并侵入组织的深层，如肌内或皮下注射时消毒不严，外科手术污染等均可引起脓肿。

【症　状】 脓肿常伴发炎症病状。

如果病灶浅在，则局部发红、增温、疼痛，并显著肿胀。病初肿胀为弥漫性，以后则逐渐缩小，集中在脓肿的中央，并慢慢软化而出现波动，以至被毛脱落、皮肤变薄，最后破溃，排出脓液。

如病灶深在时，发病初期变化不明显，或稍有炎性水肿，有疼痛反应，指压时有压痕，不常出现波动。

【治　疗】 初期应用冷敷疗法和抗生素或磺胺药物进行全身治疗，促进局部炎症消散；中期可用温敷疗法和应用具有轻刺激性的鱼石脂软膏或樟脑酯涂抹患部，促使炎灶化脓成熟；后期可在脓肿出现波动时切开脓肿，切口要大，且于脓腔中下部，使脓液充分排出，用 3%过氧化氢溶液或 0.1%高锰酸钾水冲洗干净，再用 5%碘酊纱条引流，在最后几次换药时，应保护新生肉芽，谨慎操作，可改用雷佛奴尔或碘仿纱条引流，以防腐、促进和保护肉芽生长，直至伤口完全愈合。

四、直肠脱(脱肛)

猪接近肛门的一部分直肠脱垂到肛门括约肌外称直肠脱。

【病　因】 主要病因是粪便秘结和反复腹泻,腹压过大,过度努责及肛门括约肌松弛等。

【症　状】 病初仅在排粪后有小段直肠黏膜外翻,但仍能恢复。如果反复便秘或腹泻,病猪不断努责,则脱出的肠段长时间不能恢复,便发生水肿,最后黏膜干燥、坏死、结痂。病猪体况衰弱,精神不振,食欲减少,排便困难。

【治　疗】 发病初期,用1%白矾水或0.1%高锰酸钾水洗净脱出的肠管及肛门周围,再提起后腿,慢慢送回腹腔。脱出的时间较长,水肿严重,甚至部分黏膜已发生坏死时,可用0.1%高锰酸钾水冲洗干净,小心剪掉坏死黏膜;然后,轻轻整复,并对肛门做袋口缝合,以防再脱出。如水肿严重,可用针头乱刺水肿黏膜,挤出水肿液,再按压整复,并在肛门周围做袋口缝合。缝合后打结时应掌握松紧适度,以便排便并防止再脱出。直肠脱出部分如已经糜烂坏死,不宜整复者,则须做体外直肠截除手术。

第十七章　猪常见产科疾病的防治

一、阴道及子宫脱

阴道及子宫一部分或全部垂脱到阴门外，称为阴道脱或子宫脱，多见于产后母猪。

【病　因】 饲料营养不全，母猪瘦弱及经产老龄母猪，肌肉组织松弛；母猪运动不足；分娩时努责过度，强力拉出胎儿、胎衣等所致。

【症　状】 阴道部分脱出仅见阴门张开，黏膜外露，充血、水肿，继之则黏膜干燥或被粪便沾污。全部脱出时，可见一球状物外翻于阴门之外，阴道发生淤血、发炎，呈青紫色，水肿部发亮，时间过长时则表面干燥，可从裂缝中流出渗出液。子宫不完全外脱时，仅见病猪拱背，尾上举，腹部频频收缩，常做排尿姿势，阴唇外凸出鲜红色环状物。完全脱出的子宫呈灌肠状，水肿，淤血呈暗红色。外露时间过久，则黏膜干裂坏死。

【治　疗】 阴道及子宫脱出时间较短时，可先用消毒药液，如0.1%高锰酸钾液或1%～2%白矾水彻底洗净，然后将阴道及子宫小心纳回原处，再用95%酒精12毫升分4点肌内注射于阴门两侧，使其发炎性肿胀，以防止子宫、阴道再次脱出。对阴道、子宫脱出时间过久、黏膜已发生坏死或受感染的，应使用抗生素或磺胺类药物进行全身治疗。子宫完全脱出整复比较困难者，应做子宫体外全切除手术或予以淘汰处理。

二、母猪不孕症

成年母猪长期不发情;或虽有发情表现,但屡配不受胎,即为母猪不孕症。造成不孕的原因很多,其症状及治疗亦不相同,现分述如下:

【幼稚病型】 由于脑垂体功能不全或甲状腺及其内分泌腺功能紊乱所造成。临床表现为到配种年龄不发情或屡配不受胎,生殖器官的某些部分发育不全,如阴道、阴门狭小,无法交配等。

防治时,应从改善饲养管理着手,再辅以动情激素制剂治疗。PG 600 每次皮下注射 1 头份,注射后 3～6 天即可发情。也可用妊娠 40～100 天的孕马血清 10～15 毫升皮下注射,每日 1 次,连用 2 天。同时,亦可采用公猪催情或用新鲜精液 50～200 毫升,注入母猪子宫内,刺激生殖器官黏膜,促其发情、排卵。

【两性畸形和异性孪生型】 两性畸形是母猪同时具有两性生殖器官。异性孪生是母猪缺乏雌性生殖器官的某些部分,或发育极不完全。这可能与近亲繁殖有关,确诊后应及早阉割育肥,转变用途。

【饲养管理不当型】 饲料不足或营养不全,如蛋白质、矿物质、微量元素、维生素等缺乏,均能造成不受胎;长期单纯地饲喂过多的蛋白质、脂肪或碳水化合物饲料,并缺乏运动,母猪过肥;饲料腐败变质,对生育功能也有不良影响。

诊断时,应分析饲料成分及来源,观察母猪的营养状况。治疗时,应针对病因,确定防治方法。

治疗营养不良造成的不受胎时,应首先改变品种单一的饲料,饲喂全价配合饲料,或在饲料中添加维生素 A、B 族维生素、维生素 E 及微量元素硒。条件不具备时,应喂给青绿多汁饲料。由于母猪过肥而引起不受胎的,可减少精饲料的喂量,增加青绿饲料及糠麸类饲料，并增加母猪的运动，同时还可用催情类药物治疗。

【生殖器官疾病型】 如子宫内膜炎、卵巢炎、卵巢囊肿、卵巢功能不全及萎缩、持久黄体、子宫积水、子宫颈炎、输卵管炎、阴道炎等疾病均能造成不孕。一般轻度炎症不表现全身症状，阴道炎时，阴唇红肿，黏膜肿胀、充血，病猪努责，排出污红色或棕黄色黏液。卵巢功能不全时，可使性周期延长，发情外表征候不明显。持久黄体、卵巢炎及卵巢萎缩时，则不发情。卵巢囊肿时，性欲特别旺盛，但屡配不受胎。

阴道炎及子宫内膜炎治疗时，应用消毒药反复冲洗，并导出洗涤液（假膜性炎症禁止冲洗），然后，用青霉素或其他抗生药物涂抹阴道黏膜或注入子宫内。全身疗法可用青霉素、链霉素、磺胺类药物肌肉注射，青霉素、链霉素按每千克体重 1 万～2 万单位，每日 2 次；磺胺嘧啶按每千克体重 0.05～0.1 克，每日 2 次。

卵巢炎时，可用青霉素 1 万～2 万单位/千克体重，或链霉素每千克体重 1 万～2 万单位，肌内注射，每日 2 次。也可应用磺胺类药物。

卵巢囊肿时，肌内注射黄体酮 15～25 毫克，每日 1 次，连用 2～7 天。

持久黄体可用胎盘组织液、孕马血清及人工动情素等药物进行治疗。

三、流　产

凡是妊娠中断者统称为流产。

【病　因】 除引起胎动的各种机械原因外，母猪营养不良，饲喂腐败变质或冰冻饲料，某些传染病、寄生虫病，以及内服大量泻剂、利尿剂、麻醉剂和其他可引起子宫收缩、胎儿死亡的药品等，都可引起流产。

【症　状】 母猪突然食欲不振，起卧不安，阵痛，努责，阴唇红肿，阴道流出黄白色黏液。早期流产呈隐性经过，胎儿不排出体外；妊娠后期流产则见有死胎、弱胎或木乃伊胎产出，流产后排出恶露。

【治　疗】 加强对妊娠母猪的饲养管理，注意做好安全防护工作。如果发现母猪胎动明显，有引起流产可能时，应及时注射0.1%黄体酮1～2毫升。如有流产发生，应详细调查，分析病因。疑为传染病时，应取羊水、胎膜及胎儿胃内容物进行检查，用3%来苏儿溶液消毒污染场所。

四、难　产

难产是指分娩母猪不能顺利产出仔猪。

【病　因】 可分为娩出力弱、产道狭窄及胎儿异常3大类。如饲料搭配不当及品质不良，使母猪过肥、瘦弱；饲料中缺乏矿物质及母猪过早配种而发生的骨盆佝偻变形；阴道狭窄，怪胎，胎位、胎向及胎势不正，胎儿过大，羊水排出过早，产道干燥等。

【症　状】 妊娠母猪产期已到，虽有阵痛、努责、羊水排出等产前征候，但不能顺利地将胎儿产出。有的母猪虽能产出一部分胎儿，但以后由于娩出力减弱而不能将胎儿顺利产出。

【治　疗】

1. 娩出力微弱 当子宫颈未充分开张、胎囊未破时，应稍待，隔着腹壁按摩子宫。子宫颈已开张时，可向产道注入温肥皂水或油类润滑剂，然后将手伸入产道抓住胎儿头部或两后肢慢慢拉出，在拉出两三个胎儿后，如果手触摸不到其余胎儿时，可等待20～30分钟，在胎儿移至子宫基部后再拉，有时也可由助手用木棒将母猪前下腹部抬起，以利于拉出胎儿。如果子宫颈已开张，且胎儿及产道均无异常时，可应用催产剂，皮下或肌内注射垂体后叶注射液，每次20～40单位。当仍无法拉出胎儿时，可进行剖宫产术。

2. 产道狭窄　母猪难产后，如发现子宫颈、阴道或阴门狭窄时，将涂有凡士林的手伸入产道，以手指扩张狭窄部位，先伸入一指然后逐渐增加手指，最后达到全手伸入，当手能抓住胎儿的头或两后肢时即可拉出胎儿。阴门狭窄在手指扩张无效时，可使用催产药物，如肌内注射垂体后叶素或切开会阴，取出胎儿。然后，将黏膜与肌肉层、皮肤和皮下组织做两层结节缝合。

3. 骨盆狭窄及胎儿过大　先向产道灌注肥皂水或油类润滑剂，然后将手伸入产道抓住胎头或上颌及前肢。倒生时，可握住两后肢，慢慢拉出胎儿。若无拉出的可能，或强拉易损伤产道时，则应进行剖宫产术。

4. 胎位、胎向、胎势不正　胎位不正可分横腹位和横背位。横腹位是胎儿横位、四肢突入产道。检查时，可摸到胎儿四肢及腹壁，不易摸到头部。助产时，用手将胎儿前躯向里推，然后握住后肢将胎儿拉出。横背位是胎儿横卧，胎背朝向产道。检查时，可摸到胎儿背部。助产时，若胎儿前躯靠近产道，应向前推后躯，然后握住胎头及两前肢慢慢拉出；如果胎儿后躯靠近产道，则向前推前躯，然后握住两后肢向外拉出胎儿。

胎向不正可分为侧胎向及下胎向2种。助产时，应向产道灌注温肥皂水，在正生侧胎向或下胎向扭转成上胎向拉出。如胎儿一部分已进入产道而扭转困难时，可将它推至骨盆入口之前，再将胎儿扭转成上胎位，然后慢慢拉出。

胎势不正常见的有前肢姿势不正和后肢姿势不正2种。前肢姿势不正一般不影响产出，有时需用手或产科钩伸入产道矫正前肢。如果已进入产道矫正困难时，在推回胎儿后再进行矫正并拉出。后肢姿势不正，在猪倒生时，可见跗关节屈曲及髋关节屈曲。当跗关节屈曲时，可将手伸入产道，用食指和中指夹住一后肢，用中指和无名指夹住另一后肢，将两肢跗关节握在掌中慢慢拉出。

髋关节屈曲时，手伸入子宫内握住不正肢，即能拉出胎儿。

五、胎衣不下

胎衣(胎膜)一般在胎儿产出后10～60分钟由子宫内自行排出。如果产后2～3小时仍未排出胎膜或只排出一部分，则称胎衣不下。

【病　因】　子宫收缩无力是胎衣不下的主要原因，如母猪在妊娠期饲养管理不当，饲料中矿物质或蛋白质含量不足，或营养过高，母猪过肥，胎儿过大，猪舍过小，妊娠后期运动不足，难产等。此外，子宫炎及胎盘的炎症，使绒毛和子宫黏膜粘连，也可引起胎衣不下。

【症　状】　母猪表现不安，不断努责，食欲减少或废绝，但喜喝水，阴门内流出红褐色带臭味的液体，体温可升高，不排出胎衣或只排出部分胎衣，已排出的胎衣上脐带断端数较产出胎儿数少。如果伴发脓毒败血症时，常可导致母猪死亡。

【治　疗】　母猪发生胎衣不下时，可皮下注射垂体后叶素或缩宫素注射液，一次10～50单位。

使用药物仍不能排出胎衣时，不应在胎衣的露出部分系重物或将胎衣在阴唇处剪掉。可将手消毒后伸入子宫，用手指剥离胎衣，最后投入金霉素或土霉素2～4粒，或将金霉素或土霉素1克，加入50毫升蒸馏水中，注入子宫腔内以消除子宫内炎症。

六、产后瘫痪

本病是产后母猪突然发生的一种严重的神经障碍性疾病，其特征是知觉丧失和四肢瘫痪。

【病　因】　一般认为是由于血糖、血钙骤然减少和产后血压降低等所致。

【症　状】 本病多发生于产后2～5日，表现精神极度委靡，一切反射变弱，甚至消失。食欲显著减退或废绝，粪便干硬而少，以后则停止排粪尿。轻者站立困难，重者卧地不起，呈昏睡状态。仔猪吃奶时，乳汁很少或无乳，有时病猪伏卧，不知道让小猪吮乳。

【治　疗】 首先，投服硫酸镁或硫酸钠40克，并用温肥皂水灌肠，清除直肠内蓄粪，同时静脉注射10%葡萄糖酸钙注射液50～100毫升。其次，按摩皮肤，促进血液循环和神经功能的恢复。经常翻动病猪，防止褥疮发生。

七、子宫内膜炎

子宫内膜炎是子宫黏膜的黏液性或化脓性炎症，为母猪常见的生殖器官疾病。

【病　因】 绝大多数病猪是从体外侵入病原体而引起感染发病，如难产时由于助产的污染，不洁的人工授精器具，产后胎衣不下，产道损伤等。此外，猪体内或生殖道内常存的条件性病原菌，一旦母猪饲养管理不善、膘情下降、抗病力减弱时，即可发病。

【症　状】 急性的病猪多发生于产后或流产后，全身症状明显，食欲减退或废绝，体温升高，时常努责。有时随努责从阴道内排出带臭味、污秽不洁的红褐色黏液、或脓性分泌物。慢性病猪全身症状不明显，周期性地从阴道内排出少量浑浊黏液，不发情或虽有发情，但屡配不受胎或流产。

【治　疗】 急性期首先应清除积留在子宫内的炎性分泌物，选择0.1%高锰酸钾溶液、0.02%新洁尔灭溶液、1%盐水或白矾溶液冲洗子宫；然后，排出残存消毒液，子宫内注入20万～40万单位青霉素或1克金霉素。

慢性子宫内膜炎病猪，可用青霉素20万～40万单位，链霉素

100 万单位,混于高压蒸汽消毒后的植物油 20 毫升中,向子宫内注入。亦可用垂体后叶素 20～40 单位注射,促进子宫腔内炎性分泌物的排出。

全身治疗时,可用抗生素或磺胺类药物。青霉素每次肌内注射 40 万～160 万单位,链霉素每次肌内注射 100 万～200 万单位,每日 2 次,或用磺胺嘧啶钠每千克体重 0.05～0.1 克,每日肌内或静脉注射 2 次。

附录一 中国猪饲养标准

附表 1-1 瘦肉型生长育肥猪每千克饲粮养分含量

项目	体重(千克)				
	1～5	5～10	10～20	20～60	60～90
预期日增重(克)	160	280	420	550	700
日采食风干料量(千克)	0.20	0.40	0.91	1.69	2.71
消化能(兆焦)	1674	15.15	13.85	12.97	12.97
代谢能(兆焦)	15.15	13.85	12.76	12.47	12.47
粗蛋白质(%)	27	22	19	16	14
赖氨酸(%)	1.40	1.00	0.78	0.75	0.63
蛋氨酸+胱氨酸(%)	0.80	0.59	0.51	0.38	0.32
苏氨酸(%)	0.80	0.59	9.1	0.45	0.38
异亮氨酸(%)	0.90	0.67	0.55	0.41	0.34
精氨酸(%)	0.36	0.26	0.23	0.23	0.18
钙(%)	1.00	0.83	0.64	0.60	0.50
磷(%)	0.80	0.63	0.54	0.50	0.40
食盐(%)	0.25	0.26	0.23	0.23	0.25
铁(毫克)	165	146	78	110	90
锌(毫克)	110	104	78	110	90
铜(毫克)	6.50	6.30	4.90	4.36	3.75
锰(毫克)	4.50	4.10	3.00	2.18	2.50
碘(毫克)	0.15	0.15	0.14	0.14	0.14
硒(毫克)	0.15	0.17	0.25	0.30	0.28
维生素 A(单位)	2380	2276	1718	1230	1225

续附表 1-1

项目	体重(千克)				
	1～5	5～10	10～20	20～60	60～90
维生素 D(单位)	240	228	197	189	118
维生素 E(单位)	12	11	11	1ow	10
维生素 K(毫克)	2.20	2.20	2.90	2.50	2.10
维生素 B_1(毫克)	1.50	1.30	1.10	1.00	1.00
维生素 B_2(毫克)	3.30	3.10	2.90	2.50	2.10
烟酸(毫克)	24	23	18	13	9
泛酸(毫克)	15.00	13.40	10.80	10.00	10.00
生物素(毫克)	0.15	0.11	0.10	0.09	0.09
叶酸(毫克)	0.65	0.68	0.59	0.57	0.57
维生素 B_{12}(微克)	24	23	15	10	10

附表 1-2　瘦肉型生长育肥猪每日每头营养需要量

项目	体重(千克)				
	1～5	5～10	10～20	20～60	60～90
预期日增重(克)	160	280	420	550	700
日采食风干料量(千克)	0.20	0.40	0.91	1.69	2.71
消化能(兆焦)	3.35	7.00	12.59	21.92	35.15
代谢能(兆焦)	3.00	6.70	11.62	21.07	33.80
粗蛋白质(克)	54	101	173	270	379
赖氨酸(克)	2.80	4.60	7.10	12.70	17.10
蛋氨酸＋胱氨酸(克)	1.60	2.70	4.60	6.40	8.70
苏氨酸(克)	1.60	2.70	4.60	7.60	10.30
异亮氨酸(克)	1.80	3.10	5.00	6.90	9.20
精氨酸(克)	0.70	1.20	2.09	3.90	4.90

续附表 1-2

项　　目	体重(千克)				
	1～5	5～10	10～20	20～60	60～90
钙(克)	2.00	3.80	5.80	10.10	13.60
磷(克)	1.60	2.90	4.90	8.50	10.80
食盐(克)	0.50	1.20	2.10	3.90	6.80
铁(毫克)	33	67	71	101	136
锌(毫克)	22	48	71	186	244
铜(毫克)	1.30	2.90	4.50	7.90	10.20
锰(毫克)	0.90	1.90	2.70	3.70	6.80
碘(毫克)	0.03	0.07	0.13	0.24	0.38
硒(毫克)	0.03	0.08	0.23	0.51	0.33
维生素 A(单位)	480	1050	1560	2800	3320
维生素 D(单位)	50	105	179	319	320
维生素 E(单位)	2.40	5.10	10.00	16.90	27.10
维生素 K(毫克)	0.44	1.0	2.00	3.40	5.40
维生素 B_1(毫克)	0.30	0.60	1.00	1.69	2.70
维生素 B_2(毫克)	0.66	1.40	2.60	4.20	5.70
烟酸(毫克)	4.80	10.60	16.40	22.00	24.90
泛酸(毫克)	3.00	6.20	9.80	16.90	27.10
生物素(毫克)	0.03	0.05	0.09	0.15	0.24
叶酸(毫克)	0.13	0.30	0.54	0.96	1.54
维生素 B_{12}(微克)	4.80	10.60	13.70	16.90	27.10

附表 1-3 瘦肉型种猪每千克饲粮养分含量

项　　目	妊娠前期	妊娠后期	哺乳期	种公猪
消化能(兆焦)	11.72	11.72	12.13	12.55
代谢能(兆焦)	11.09	11.09	11.72	12.05
粗蛋白质(%)	11.0	12.0	14	14.0
赖氨酸(%)	0.35	0.36	0.50	0.38
蛋氨酸+胱氨酸(%)	0.19	0.19	0.31	0.20
苏氨酸(%)	0.28	0.28	0.37	0.30
异亮氨酸(%)	0.31	0.31	0.33	0.33
钙(%)	0.61	0.61	0.64	0.66
磷(%)	0.49	0.49	0.46	0.53
食盐(%)	0.32	0.32	0.44	0.35
铁(毫克)	65	65	70	71
锌(毫克)	42	42	44	44
铜(毫克)	4.0	4.0	4.4	5.0
锰(毫克)	8	8	8	9
碘(毫克)	0.11	0.11	0.12	0.12
硒(毫克)	0.13	0.13	0.09	0.13
维生素 A(单位)	3200	3300	1700	3531
维生素 D(单位)	160	160	172	177
维生素 E(单位)	8	8	9	8.9
维生素 K(毫克)	1.7	1.7	1.7	1.8
维生素 B_1(毫克)	0.8	0.8	0.9	0.9
维生素 B_2(毫克)	2.5	2.5	2.6	2.6
烟酸(毫克)	8.0	8.0	9	8.9
泛酸(毫克)	9.7	9.8	10	10.6
生物素(毫克)	0.08	0.08	0.09	0.09
叶酸(毫克)	0.5	0.5	0.5	0.52
维生素 B_{12}(微克)	12.0	13.0	13.0	13.3

附录一 中国猪饲养标准

附表 1-4 肉脂型泌乳母猪与种公猪每日每头营养需要量

体重（千克） 项目	泌乳母猪				种公猪		
	＜90	90～120	120～150	＞150	＜90	90～120	120～150
日采食风干料量（千克）	4.80	5.00		5.30	1.40	1.90	2.30
消化能（兆焦）	58.24	60.67	63.10	64.31	17.57	23.85	28.87
代谢能（兆焦）	56.23	58.58	60.92	62.09	16.86	22.89	27.70
粗蛋白质（克）	672	700	728	742	196	228	276
赖氨酸（克）	24	25	26	27	5.3	7.2	8.7
蛋氨酸＋胱氨酸（克）	14.9	15.5	16.1	16.4	3.1	3.8	4.6
苏氨酸（克）	17.8	18.5	19.2	19.6	4.2	5.7	6.9
异亮氨酸（克）	15.8	16.5	17.2	17.5	4.6	6.3	7.6
钙（克）	30.7	32.0	33.3	33.9	9.2	12.5	15.2
磷（克）	21.6	22.5	23.4	23.9	7.4	10.1	12.2
食盐（克）	21.1	22.0	22.9	23.3	5.0	6.7	8.1
铁（毫克）	336	350	364	371	99	135	163
锌（毫克）	211	220	229	233	62	84	101
铜（毫克）	21	22	23	23	7	10	12
锰（毫克）	38	40	42	42	13	17	21
碘（毫克）	0.58	0.60	0.62	0.46	0.17	0.23	0.28
硒（毫克）	0.43	0.45	0.47	0.48	0.18	0.25	0.30
维生素 A（单位）	8160	8500	8840	9010	4943	6709	8121
维生素 D（单位）	826	860	894	912	248	336	407
维生素 E（单位）	38	40	42	42	12.5	16.9	20.5
维生素 K（毫克）	8.0	8.5	8.8	9.0	2.5	3.4	4.1

续附表 1-4

体重（千克）/项目	泌乳母猪				种公猪		
	<90	90～120	120～150	>150	<90	90～120	120～150
维生素 B_1（毫克）	4.3	4.5	4.7	4.8	1.3	1.7	2.1
维生素 B_2（毫克）	12.5	13.0	13.5	13.8	3.6	4.9	6.0
烟酸（毫克）	43.0	15.0	47.0	48.0	12.5	16.9	20.5
泛酸（毫克）	48.0	50.0	52.0	53.0	14.8	20.1	24.4
生物素（毫克）	0.43	0.45	0.47	0.48	0.13	0.17	0.21
叶酸（毫克）	2.4	2.5	2.6	2.7	0.73	1.00	1.20
维生素 B_{12}（微克）	62	65	68	69	18.6	25.4	30.6

附表 1-5 肉脂型妊娠母猪每日每头营养需要量

体重（千克）/项目	妊娠前期				妊娠后期			
	<90	90～120	120～150	>150	<90	90～120	120～150	>150
采食风干料量（千克）	1.50	1.70	1.90	2.00	2.00	2.20	2.40	2.50
消化能（兆焦）	17.57	19.92	22.26	23.43	23.43	25.77	28.12	29.29
代谢能（兆焦）	16.65	18.87	21.09	22.18	22.18	24.39	26.61	27.81
粗蛋白质（克）	165	187	209	220	240	264	288	300
赖氨酸（克）	5.3	6.00	6.70	7.00	7.20	7.90	8.60	9.00
蛋氨酸＋胱氨酸（克）	2.90	3.20	3.60	3.80	3.80	4.20	4.50	4.70
苏氨酸（克）	4.20	4.80	5.30	5.60	5.60	6.20	6.70	7.00
异亮氨酸（克）	4.70	5.30	5.90	6.20	6.20	6.80	7.40	7.80
钙（克）	9.2	10.4	11.6	12.2	12.2	13.4	14.6	15.3
磷（克）	7.4	8.3	9.3	9.8	9.8	10.8	11.8	12.3
食盐（克）	4.8	5.4	6.1	6.4	6.4	7.0	8.0	8.0
铁（毫克）	98	111	124	130	130	143	156	163
锌（毫克）	63	71	80	84	84	92	101	105
铜（毫克）	6	7	8	8	8	9	10	10

续附表 1-5

体重（千克）/项目	妊娠前期				妊娠后期			
	<90	90～120	120～150	>150	<90	90～120	120～150	>150
锰(毫克)	12	14	15	16	16	18	19	20
碘(毫克)	0.16	0.18	0.12	0.22	0.22	0.24	0.27	0.28
硒(毫克)	0.20	0.22	0.25	0.26	0.26	0.29	0.31	0.33
维生素 A(单位)	4800	5440	6100	6400	6600	7260	7920	8250
维生素 D(单位)	240	272	304	320	320	352	384	400
维生素 E(单位)	12	14	15	16	16	18	19	20
维生素 K(毫克)	2.6	2.9	3.2	3.4	3.4	3.7	4.1	4.3
维生素 B_1(毫克)	1.2	1.4	1.5	1.6	1.6	1.8	1.9	2.0
维生素 B_2(毫克)	3.8	4.3	4.8	5.0	5.0	5.5	6.0	6.3
烟酸(毫克)	12.0	14.0	15.0	16.0	16.0	18.0	19.0	20.0
泛酸(毫克)	14.6	16.5	18.4	19.4	19.6	21.6	23.5	24.5
生物素(毫克)	0.12	0.14	0.15	0.16	0.16	0.18	0.20	0.20
叶酸(毫克)	0.75	0.85	0.95	1.04	1.01	1.01	1.20	1.30
维生素 B_{12}(微克)	12	20	23	24	24	29	31	33

附表 1-6　肉脂型后备猪每千克饲粮养分含量

体重（千克）/项目	小　型			大　型		
	1～20	20～35	35～60	20～35	35～60	60～90
消化能(兆焦)	12.55	12.55	12.13	12.55	12.34	12.13
代谢能(兆焦)	11.63	11.72	11.34	11.63	11.51	11.34
粗蛋白质(%)	16	14	13	16	14	13
赖氨酸(%)	0.70	0.62	0.52	0.62	0.53	0.48
蛋氨酸＋胱氨酸(%)	0.45	0.40	0.34	0.40	0.35	0.34
苏氨酸(%)	0.45	0.40	0.34	0.40	0.34	0.31

续附表 1-6

体重（千克）/项目	小型			大型		
	1～20	20～35	35～60	20～35	35～60	60～90
异亮氨酸(%)	0.50	0.45	0.38	0.45	0.38	0.34
钙(%)	0.6	0.6	0.6	0.6	0.6	0.6
磷(%)	0.5	0.5	0.5	0.5	0.5	0.5
食盐(%)	0.4	0.4	0.4	0.4	0.4	0.4
铁(毫克)	71	53	43	53	44	38
锌(毫克)	71	53	43	53	44	38
铜(毫克)	5	4	3	4	3	3
锰(毫克)	2	2	2	2	2	2
碘(毫克)	0.14	0.14	0.14	0.14	0.14	0.14
硒(毫克)	0.15	0.15	0.15	0.15	0.15	0.15
维生素 A(单位)	1 560	1250	1 120	1 160	1 120	1110
维生素 D(单位)	178	178	130	178	130	115
维生素 E(单位)	10	10	10	10	10	10
维生素 K(毫克)	2	2	2	2	2	2
维生素 B_1(毫克)	1	1	1	1	1	1
维生素 B_2(毫克)	2.7	2.3	2.0	2.3	2.0	1.9
烟酸(毫克)	16	12	10	12	10	9
泛酸(毫克)	10	10	10	10	10	10
生物素(毫克)	0.09	0.09	0.09	0.09	0.09	0.09
叶酸(毫克)	0.5	0.5	0.5	0.5	0.5	0.5
维生素 B_{12}(微克)	13.0	10.0	10.0	10.0	10.0	10.0

附录一　中国猪饲养标准

附表 1-7　肉脂型后备母猪每日每头营养需要量

体重（千克） 项　目	小　型			大　型		
	10～20	20～35	35～60	20～35	35～60	60～90
预期日增重(克)	320.00	380.00	360.00	400.00	480.00	440.00
采食风干料量(千克)	0.90	1.20	1.70	1.26	1.80	2.10
消化能(兆焦)	11.30	15.06	20.05	15.82	22.22	25.48
代谢能(兆焦)	10.46	14.23	19.25	14.64	20.71	23.81
粗蛋白质(克)	144.00	168.00	21.00	202.00	252.00	273.00
赖氨酸(克)	6.30	7.40	8.80	7.80	9.50	10.10
蛋氨酸＋胱氨酸(克)	4.10	4.80	5.80	5.00	6.30	7.10
苏氨酸(克)	4.10	4.80	5.80	5.00	6.10	6.50
异亮氨酸(克)	4.50	5.40	6.50	5.70	6.80	7.10
钙(克)	5.40	7.20	10.20	7.60	10.80	12.60
磷(克)	4.50	6.00	8.50	6.50	9.00	10.50
食盐(克)	3.60	4.80	6.80	5.00	7.20	8.40
铁(毫克)	64.00	64.00	73.00	67.00	79.00	80.00
锌(毫克)	64.00	64.00	73.00	67.00	79.00	80.00
铜(毫克)	1.80	2.40	3.40	2.50	3.60	4.20
锰(毫克)	4.50	4.80	5.10	5.00	5.40	6.30
碘(毫克)	0.10	0.17	0.24	0.18	0.25	0.29
硒(毫克)	0.14	0.18	0.26	0.19	0.27	0.32
维生素 A(单位)	1400.00	1500.00	1900.00	1462.00	2016.00	2331.00
维生素 D(单位)	160.00	210.00	220.00	224.00	234.00	242.00
维生素 E(单位)	9.00	12.00	17.00	13.00	18.00	21.00

续附表 1-7

体重（千克）/项目	小型			大型		
	10～20	20～35	35～60	20～35	35～60	60～90
维生素 K(毫克)	1.80	2.40	3.40	2.50	3.60	4.20
维生素 B_1(毫克)	0.90	1.20	1.70	1.30	1.80	2.10
维生素 B_2(毫克)	2.40	2.80	3.40	2.90	13.60	4.00
烟酸(毫克)	9.50	12.60	17.00	15.10	18.00	18.90
泛酸(毫克)	9.00	12.00	17.00	13.00	18.00	21.00
生物素(毫克)	0.08	0.11	0.15	0.11	0.16	0.19
叶酸(毫克)	0.50	0.60	0.08	0.60	0.90	0.10
维生素 B_{12}(微克)	12.00	12.00	17.00	13.00	18.00	21.00

注：后备公猪的营养需要可在上述“大型”的基础上增加 10%～20%。

附录二　禁止在饲料和动物饮水中使用的药物品种目录

(一)肾上腺素受体激动剂

1. 盐酸克仑特罗(ClenbuterolHydrochioride):中华人民共和国药典(以下简称药典)2000 年二部 P605。β_2 肾上腺素受体激动药。

2. 沙丁胺醇(Salbutam01):药典 2000 年二部 P316。β_2 肾上腺素受体激动药。

3. 硫酸沙丁胺醇(SalbutamolSuifate):药典 2000 年二部 P870。β_2 肾上腺素受体激动药。

4. 莱克多巴胺(Ractopamine):一种 β-兴奋剂,美国食品和药物管理局(FDA)已批准,中国未批准。

5. 盐酸多巴胺(DopamineHydrochloride):药典 2000 年二部 P591。多巴胺受体激动药。

6. 西巴特罗(Cimater01):美国氰胺公司开发的产品,一种 β-兴奋剂,FDA 未批准。

7. 硫酸特布他林(TerbutalineSulfate):药典 2000 年二部 P890。β_2 肾上腺受体激动药。

(二)性激素

8. 己烯雌酚(Diethylstibestr01):药典 2000 年二部 P42。雌激素类药。

9. 雌二醇(Estradi01):药典 2000 年二部 P1005。雌激素类药。

10. 戊酸雌二醇(EstradiolValerate):药典 2000 年二部 P124。雌激素类药。

11. 苯甲酸雌二醇(EstradiolBenzoate):药典 2000 年二部 P369。雌激素类药。中华人民共和国兽药典(以下简称兽药典)2000 年版一部 P109。雌激素类药。用于发情不明显动物催情及胎衣滞留、死胎的排除。

12. 氯烯雌醚(Chiorotrianisene):药典 2000 年二部 P919。

13. 炔诺醇(Ethinylestradi01):药典 2000 年二部 P422。

14. 炔诺醚(Quinestr01):药典 2000 年二部 P424。

15. 醋酸氯地孕酮(Chlormadinoneacetate):药典 2000 年二部 P1037。

16. 左炔诺孕酮(Levonorgestrel):药典 2000 年二部 P107。

17. 炔诺酮(Noret. histerone):药典 2000 年二部 P420。

18. 绒毛膜促性腺激素(绒促性素)(ChorionicGonadotrophin):药典 2000 年二部 P534。促性腺激素药。兽药典 2000 年版一部 P146。激素类药。用于性功能障碍、习惯性流产及卵巢囊肿等。

19. 促卵泡生长激素(尿促性素主要含卵泡刺激 FSH 和黄体生成素 LH)(Menotropins):药典 2000 年二部 P321。促性腺激素类药。

(三)蛋白同化激素

20. 碘化酪蛋白(IodinatedCasein):蛋白同化激素类,为甲状腺素的前驱物质,具有类似甲状腺素的生理作用。

21. 苯丙酸诺龙及苯丙酸诺龙注射液(NandrolonePhenylpropionate):药典 2000 年二部 P365。

(四)精神药品

22.(盐酸)氯丙嗪(ChlorpromazineHtydrochloride):药典 2000 年二部 P676。抗精神病药。兽药典 2000 年版一部 P177。镇静药。用于强化麻醉以及使动物安静等。

23. 盐酸异丙嗪(PromethazineHydrochloride):药典 2000 年

二部 P602。抗组胺药。兽药典 2000 年版一部 P164。抗组胺药。用于变态反应性疾病，如荨麻疹、血清病等。

24. 安定(地西泮)(Diazepam)：药典 2000 年二部 P214。抗焦虑药、抗惊厥药。兽药典 2000 年版一部 P61。镇静药、抗惊厥药。

25. 苯巴比妥(Phenobarbital)：药典 2000 年二部 P362。镇静催眠药、抗惊厥药。兽药典 2000 年版一部 P103。巴比妥类药。缓解脑炎、破伤风、士的宁中毒所致的惊厥。

26. 苯巴比妥钠(PhenobarbitalSodium)：兽药典 2000 年版一部 P105。巴比妥类药。缓解脑炎、破伤风、士的宁中毒所致的惊厥。

27. 巴比妥(Barbital)：兽药典 2000 年版一部 P27。中枢抑制和增强解热镇痛。

28. 异戊巴比妥(Amobarbital)：药典 2000 年二部 P252。催眠药、抗惊厥药。

29. 异戊巴比妥钠(AmobarbitalSodium)：兽药典 2000 年版一部 P82。巴比妥类药。用于小动物的镇静、抗惊厥和麻醉。

30. 利血平(Reserpine)：药典 2000 年二部 P304。抗高血压药。

31. 艾司唑仑(Estazolam)。

32. 甲丙氨酯(Meprobamate)。

33. 咪达唑仑(Midazolam)。

34. 硝西泮(Nitrazepam)。

35. 奥沙西泮(xazepam)。

36. 匹莫林(Pemoline)。

37. 三唑仑(Triazolam)。

38. 唑吡旦(Zolpidem)。

39. 其他国家管制的精神药品。

(五)各种抗生素滤渣

40. 抗生素滤渣:该类物质是抗生素类产品生产过程中产生的工业三废,因含有微量抗生素成分,在饲料和饲养过程中使用后对动物有一定的促生长作用。但对养殖业的危害很大,一是容易引起耐药性,二是由于未做安全性试验,存在各种安全隐患。

注:本名录摘自农业部、卫生部、国家药品监督管理局第 176 号公告(2002 年 2 月 9 日),农业部并于 2011 年 4 月 22 再次公布。

附录三　食品动物禁用的兽药及其他化合物清单

序号	兽药及其他化合物名称	禁止用途	禁用动物
1	β-兴奋剂类：克仑特罗 Clenbuterol、沙丁胺醇 Salbutamol、西马特罗 Cimaterol 及其盐、酯及制剂	所有用途	所有食品动物
2	性激素类：已烯雌酚 Dlethylstilbestrol 及其盐、酯及制剂	所有用途	所有食品动物
3	具有雌激素样作用的物质：玉米赤霉醇 Zeranol、去甲雄三烯醇酮 Trenbolone、醋酸甲孕酮 MengestrolAcetate 及制剂	所有用途	所有食品动物
4	氯霉素 Chloramphenicol 及其盐、酯（包括：琥珀氯霉素 ChloramphenicolSuccinate 及制剂）	所有用途	所有食品动物
5	氨苯砜 Dapsonte 及制剂	所有用途	所有食品动物
6	硝基呋喃类：呋喃唑酮 Furazolidone、呋喃它酮 Furaltadone、呋喃苯烯酸钠 Nifurstyrenate-Sodium 及制剂	所有用途	所有食品动物
7	硝基化合物：硝基酚钠 Sodiumnitrophenolate、硝呋烯腙 Nitrovin 及制剂	所有用途	所有食品动物
8	催眠、镇静类：安眠酮 Methapqalone 及制剂	所有用途	所有食品动物
9	林丹（丙体六六六）Lindane	杀虫剂	水生食品动物
10	霉杀芬（氯化烯）Camahechlor	杀虫剂 清塘剂	水生食品动物
11	呋喃丹（克百威）Carbofuran	杀虫剂	水生食品动物

续附录三

序号	兽药及其他化合物名称	禁止用途	禁用动物
12	杀虫醚(克死螨)Chiordimeform	杀虫剂	水生食品动物
13	双甲脒 Amitraz	杀虫剂	水生食品动物
14	酒石酸锑钾 Antrmonypltassiumtartrate	杀虫剂	水生食品动物
15	锥虫胂胺 Tryparsamide	杀虫剂	所有食品动物
16	孔雀石绿 Malachitegreen	抗菌剂 杀虫剂	水生食品动物
17	五氯酚酸钠 Pentachlorophenolsodium	杀螺剂	水生食品动物
18	各种汞制剂包括:氯化亚汞(甘汞)Calomel、硝酸亚汞 Mercurousnitrate、醋酸汞 Mercurousacetate、吡啶基醋酸汞 Pyridylmercurousacetate	杀虫剂	所有食品动物
19	性激素类:甲基睾丸酮 Methyhestosterone、丙酸睾酮 TestosteronePropionate、苯丙酸诺龙 NandrolonePhenylpropionau、苯甲酸雌二醇 EstradiolBenzoate 及其盐、酯及制剂	促生长	所有食品动物
20	催眠、镇静类:氯丙嗪 Chlmpromazmine、地西泮(安定)Diazepam 及其盐、酯及制剂	促生长	所有食品动物
21	硝基咪唑类:甲硝唑 Metronidazole、地美硝唑 Dimetronidazole 及其盐、酯及制剂	促生长	所有食品动物

注:

①《禁用清单》序号 1～18 所列品种的原料药及其单方、复方制剂产品停止生产,已以兽药国家标准、农业部专业标准及兽药地方标准中收载的品种,废止其质量标准,撤销其产品批准文号;已在我国注册登记的进口兽药,废止其进口兽药质量标准,注销其《进口兽药登记许可证》。

②截止 2002 年 5 月 15 日,《禁用清单》序号 1 至 18 所列品种的原料药及其单方、复方制剂产品停止经营和使用。

③《禁用清单》序号 19～21 所列品种的原料药及其单方、复方制剂产品不准以抗应激、提高饲料报酬、促进动物生长为目的在食品动物饲养过程中使用。

④本清单摘自农业部第 193 号公告。

附录四 养猪常用数据表

项 目	单位	数 量	项 目	单位	数 量
猪每分钟心跳次数	次	60～80	每头公猪可配母猪(本交)	头	25
猪每分钟呼吸次数	次	10～30	每头公猪可配母猪(人授)	头	200～300
消毒池内消毒液每周应换次数	次	1～2	母猪窝产活仔数	头	10.5
猪圈每日应清扫粪污	次	1～2	母猪窝产断奶活仔数	头	9.5
食槽每2日应清洗	次	1	每头母猪年产断奶活仔数	头	22
疫点每日应消毒	次	1	种公猪每圈(栏)可养	头	1
疫区环境每周应消毒	次	1～2	我国现有地方猪种	个	68
15～30日龄日喂料次数	次	5～6	我国现有培育猪种	个	12
30日龄后每日喂料次数	次	3～4	国内已有专门化配套品系	个	4
成猪每日喂料次数	次	2～3	国外已有专门化配套品系	个	>6
1～2岁公猪每周配种	次	3～4	母猪乳头数	个	10～18
2～5岁公猪每周配种	次	6～8	每立方毫米白细胞数	千个	10.2～21.2
5岁以上公猪每周配种	次	2～3	每立方毫米红细胞数	万个	340～780

续附录四

项目	单位	数量	项目	单位	数量
每次发情需配种次数	次	3	配种每次输入有效精子数	亿个	6
人工授精每日采精次数	次	1～2	公猪每周产生精子数	亿个	300
盖板式粪沟每日冲洗次数	次	4	公猪精液中每毫升含精子数	亿个	0.25～3.0
每头母猪平均年产窝次	次	2.24	夏日供水是供饲料量的	倍	＞5
每头母猪终生可产窝次	次	6～8	春秋供水是供饲料量的倍数	倍	4
母猪产仔减少几次应淘汰	次	2	冬季供水是供饲料量的倍数	倍	2～3
母猪配种不受胎几次应淘汰	次	2	人工授精精液稀释倍数	倍	1～1.3
夏季每日应冲洗猪舍	次	2～3	百毒杀喷雾消毒用浓度	%	0.01～0.02
冬季每周应冲洗猪舍	次	2～3	漂白粉饮水消毒用浓度	%	0.03～0.15
妊娠后期母猪每圈可养头数	头	1	碘酊皮肤消毒使用浓度	%	3～5
空怀母猪每圈(栏)可养	头	3～5	生石灰乳消毒使用浓度	%	20
15 米^2 圈(栏)可养育肥猪头数	头	13	过氧乙酸消毒使用浓度	%	0.2～0.5

续附录四

项　目	单位	数量	项　目	单位	数量
保育猪、后备猪每栏可养头数	头	20～30	次氯酸钠带猪消毒浓度	%	0.1
育肥猪、空怀猪每栏可养头数	头	10～15	火碱消毒使用浓度	%	2～4
石炭酸消毒使用浓度	%	2	猪体脱水致死量	%	20
来苏儿消毒使用浓度	%	3	精子停止运动温度	℃	<6
新洁尔灭消毒用浓度	%	0.1	精子正常运动温度	℃	37～38
圈舍地面适宜坡度	%	2～4	精子致死温度	℃	>56
双层猪舍无障碍楼梯坡度	%	<22	假阴道内腔正常温度	℃	40～42
猪场建筑应占总面积	%	40～90	采精时假阴道注水温度	℃	50～55
猪场绿化率占总面积	%	40	稀释精液最适保存温度	℃	15～20
各类猪舍相对湿度标准	%	60～80	幼猪体温	℃	38～40
90千克重最高屠宰率	%	78	成猪体温	℃	38～39
90千克最高胴体瘦肉率	%	70	一般猪舍温度	℃	15～22
瘦肉型胴体瘦肉率	%	57～70	开窗通风时最低温度	℃	25
肉脂型胴体瘦肉率	%	45～56	1日龄仔猪适温	℃	35
脂肪型胴体瘦肉率	%	35～44	2～4日龄仔猪适温	℃	34
仔猪断奶存活率	%	90	断奶前(1～5千克)适温	℃	28～30

续附录四

项目	单位	数量	项目	单位	数量
母猪配种率	%	85	保育猪(5～16千克)适温	℃	25～26
种猪淘汰率	%	25～38	生长猪适宜室温	℃	18～22
母猪分娩率	%	95	公猪可作种用年限	年	1～4
杂交体系中核心群母猪占	%	2.5	母猪可作种用年限	年	4～5
杂交体系中繁殖群母猪占	%	11	场内主要消毒药更换期	月	3～4
杂交体系中生产群母猪占	%	86.5	生物热发酵消毒时间	月	1～2
15～30日龄喂量占体重	%	5	公猪开始配种	年龄	1
猪体蛋白质含量	%	14～18	母猪绝情时间	年龄	6～8
猪体脂肪含量	%	22	公猪开始产生精子	月龄	3～4
猪体灰分含量	%	3	公猪性成熟(长白)	月龄	6
猪体水分含量	%	55～65	后备公猪月龄(长白)	月龄	4～8
饲料中蛋白质消化率	%	80～85	母猪性成熟	月龄	5～8
干植物饲料碳水化合物占	%	75	母猪开始配种(土种)	月龄	6～8
母猪开始配种(良种)	月龄	8～10	胎儿牢固着床时间	天	21
母猪进入产房于产前	周	1	胎儿易受应激影响于产前	天	14
仔猪进入保育舍于断奶后	周	1	阴门肿胀至分娩时间	天	1～7
空圈消毒时间为	周	1～2	恶露全部排净时间	天	2～4

续附录四

项　目	单位	数　量	项　目	单位	数　量
引入猪只须隔离检疫	天	30	母猪产后正常不食时间	天	1～2
引进种猪须隔离检疫	天	30	初乳期为分娩后	天	1～3
销售种猪报检于出场前	天	15	生物热发酵时间（夏天）	天	＞30
90～100 千克出栏时间	天	135～180	生物热发酵时间（冬天）	天	＞60
肥猪出栏报检于出场前	天	3	仔猪补铁、铜时间	日龄	1、7
精子产生周期	天	34.4	仔猪剪耳号时间	日龄	2～3
人工授精每周采精天数	天	4	仔猪断奶时间	日龄	21～35
母猪繁殖周期	天	169	公猪去势最佳时间	日龄	40～45
母猪配种后公猪试情时间	天	21～24	仔猪补饲开始时间	日龄	5～7
用雌二醇后开始发情时间	天	1～3	仔猪开始供水时间	日龄	5～10
发情持续时间	天	2～3	仔猪剪犬牙时间	日龄	1
母猪发情 1 个周期	天	18～23	仔猪断尾时间	日龄	1～2
热配时间于断奶后	天	3～10	公猪首配日龄	日龄	365
母猪发情开始于断奶后	天	5	母猪首配日龄	日龄	220
母猪发情外阴红肿时间	天	2.5	成猪每日运动时间	小时	1～2

续附录四

项目	单位	数量	项目	单位	数量
母猪发情期接受爬跨时间	天	7	猪舍熏蒸消毒时间	小时	>2
地方猪配种适在发情后	天	2	熏蒸消毒后打开门窗时间	小时	24～48
良种猪配种适在发情后	天	1	病肉高压蒸煮消毒时间	小时	1.5～2.0
土杂种猪配种适在发情后	天	1～2	小块病肉煮沸消毒时间	小时	2.0～2.5
卵子需在输卵管中运行	天	3	精子在母猪生殖道可存活	小时	10～20
母猪妊娠期	天	114	卵子保持受精时间	小时	8～10
配种后受精卵进入子宫	天	3～4	排卵于发情开始后	小时	24～48
受精卵开始定植	天	10	排卵持续时间	小时	10～15
最适配种时间于排卵前	小时	2～3	场内净道宽度	米	3.5～6.0
最适配种时间于发情后	小时	21～45	场内污道宽度	米	3.0～3.5
情期2次配种时间应间隔	小时	12	场门口消毒池长度	米	4.5～5
吮初乳最晚时间于产后	小时	<24	场门口消毒池宽度	米	2.5～3.0
产后胎衣全部排出时间	小时	12	场门口消毒池深度	米	0.25
胎儿全部产出时间	小时	0.5～16	舍门口消毒池长度	米	1

续附录四

项　目	单位	数　量	项　目	单位	数　量
开始泌乳距分娩时间	小时	6～48	生产区与污物区间距	米	50
母猪发情静立反应时间	小时	52～60	单层同类猪舍排间距	米	7～10
母猪发情后电阻最低时间	小时	30	两层或不同类猪舍排间距	米	15～18
母猪发情后适配时间	小时	20～42	猪舍门高度	米	1.6～1.8
输精时间为每次	分钟	5～10	猪舍门宽度	米	0.7～1.0
仔猪出生间隔时间	分钟	10～20	一般猪圈高度	米	0.9～1.1
实行助产应超过间隔时间	分钟	45	一般猪圈宽度	米	2.5～3
应用缩宫素后显效时间	分钟	15～30	一般猪圈长度	米	2.8～3.5
胎儿产出后胎衣排出时间	分钟	10～120	公猪定位栏长度	米	3.1～3.3
烘箱中干热灭菌时间	分钟	120	公猪定位栏宽度	米	2.3～2.5
112 千帕时高压蒸汽灭菌时间	分钟	20～30	公猪定位栏高度	米	1.1～1.3
100℃煮沸消毒时间	分钟	15～30	母猪定位栏长度	米	2.0～2.2
器械物品浸泡消毒时间	分钟	＞30	母猪定位栏宽度	米	0.6～0.65
消毒液与物品应接触时间	分钟	＞30	母猪定位栏高度	米	0.9～1.0
紫外线体表消毒须照射	分钟	5～10	网上分娩栏网高	米	0.3

续附录四

项　目	单位	数量	项　目	单位	数量
紫外线物品消毒须照射	分钟	＞30	网上分娩栏母猪栏长	米	2.2～2.4
猪场距居民区、公共场所	千米	＞1	网上分娩栏母猪栏宽	米	0.6～0.7
猪场距医院、污水处理厂	千米	＞2	网上分娩栏母猪栏高	米	0.9～1.0
猪场应距畜牧场、屠宰场	千米	＞3	网上分娩栏仔猪围栏长	米	2.2～2.4
养殖场应距污水、废弃物	千米	＞0.5	网上分娩栏仔猪围栏宽	米	0.6～0.7
场外主干道宽度	米	6.0～7.0	网上分娩栏仔猪围栏高	米	0.5
紫外线灯照射消毒距离	米	＜2	哺乳仔猪漏缝地板缝宽	厘米	0.9～1.0
猪舍人工照明灯安装距离	米	3	饲槽宽度	厘米	35
掩埋病尸坑深度	米	1～2	饲槽壁厚度	厘米	5
猪舍安装风机叶轮直径	米	0.6～1.4	饲槽前壁高度	厘米	20
总占地面积按出栏每头	米^2	2.5～4.0	饲槽后壁高度	厘米	25
建筑面积设计按出栏每头	米^2	0.8～1.0	每头猪占饲槽长度	厘米	50
母猪带哺乳猪占地面积	米^2	3.3	加热灯距地面	厘米	45

续附录四

项　目	单位	数　量	项　目	单位	数　量
猪场生活用房按定额每人	米^2	4	仔猪断尾距尾根距离	厘米	3
种公猪最小占地面积	米^2	2.6	仔猪剪脐带距腹壁距离	厘米	2～3
育肥猪占地面积	米^2	0.65	人工授精输精管长	厘米	40～45
后备猪占地面积	米^2	0.56	输精管外径	厘米	1
妊娠猪占地面积	米^2	1.6～1.8	输精管内径	厘米	0.2
保育猪占地面积	米^2	0.2～0.4	假阴道涂润滑剂长度	厘米	5～10
年产万头猪场日排放污水	米^3	200～300	假阴道外壳长	厘米	35～38
猪舍调温应控制风速	米/秒	0.3	假阴道处壳内径	厘米	7～8
水泥漏缝地板缝宽(仔猪)	厘米	1.5～2	母猪阴道前庭长	厘米	10～15
水泥漏缝地板板宽	厘米	8	输卵管长	厘米	15～20
塑料漏缝地板板宽(仔猪)	厘米	2.5	阴茎全长	厘米	55
种猪漏缝地板板宽	厘米	7.0～10.0	阴茎勃起时直径	厘米	2
种猪漏缝地板缝宽	厘米	2.2～3.0	红外线采暖的波长范围	纳米	760～2000
育肥猪漏缝地板板宽	厘米	7.0～10.0	紫外线消毒的波长范围	纳米	253～260
育肥猪漏缝地板缝宽	厘米	2.0～2.5	母猪带仔10头日饮水量	升	16～22
生长猪漏缝地板板宽	厘米	7.0～10.0	保育猪日饮水量	升	1～2
生长猪漏缝地板缝宽	厘米	1.5～2.0	生长猪日饮水量	升	2～4

续附录四

项　　目	单位	数量	项　　目	单位	数量
保育猪漏缝地板板宽	厘米	4.0～7.0	育肥猪日、头饮水量	升	4～8
保育猪漏缝地板缝宽	厘米	1.0～1.3	哺乳带仔母猪日、头需水量	升	30～60
哺乳猪漏缝地板板宽	厘米	4.0～6.0	种公猪及妊娠母猪日、头需水量	升	30～40
空怀母猪日需水量	升	20～30	猪最高体重	千克	400
生长育肥猪日需水量	升	10～15	仔猪出生重	千克	1～1.5
保育猪日需水量	升	5～10	仔猪断奶重	千克	6～8
缩宫素每头肌肉注射量	毫升	2～4	保育猪体重	千克	8～25
雌二醇促情肌肉注射量	毫升	2～4	生长猪体重	千克	26～50
假阴道注水量	毫升	300～500	育肥猪体重	千克	51～90
猪每次应输入稀释精液量	毫升	30～500	种公猪日产粪量	千克	2.0～3.0
消毒液地面喷洒消毒用量	毫升/米^2	200	空怀、妊娠母猪日产粪量	千克	2.1～2.8
过氧乙酸熏蒸消毒用量	毫升/米^3	15～30	哺乳母猪日产粪量	千克	2.5～4.2
40%甲醛熏蒸消毒用量	毫升/米^3	25～40	保育猪日产粪量	千克	1.1～1.6
公猪每头每日需水量	千克	25～65	生长猪日产粪量	千克	1.9～2.7
保育猪日、头需饲料	千克	0.2～0.6	育肥猪日产粪量	千克	2.3～3.2
生长猪日、头需饲料	千克	0.7～1.0	种公猪日产尿量	千克	4.0～7.0

续附录四

项　目	单位	数　量	项　目	单位	数　量
育肥猪日需饲料	千克	1.2～2.7	空怀、妊娠母猪日产尿量	千克	4.0～7.0
种公猪日需饲料	千克	1.9～2.3	哺乳母猪日产尿量	千克	4.0～7.0
种母猪日需饲料	千克	1.7～2.6	保育猪日产尿量	千克	1.0～3.0
母猪带仔 10 头日需饲料	千克	5～5.5	生长猪日产尿量	千克	2.0～5.0
育成每头猪约消耗饲料	千克	240～280	育肥猪日产尿量	千克	3.0～7.0
育肥猪增重 1 千克需消耗饲料	千克	2.8～3.6	100 毫升血中含血红蛋白	克	9.5～12.0
每头母猪年生仔猪总重	千克	24.2	睾丸单个重量	克	250～300
母猪一个泌乳期约产奶	千克	250	卵巢单个重量	克	7～9
猪产后 2 月内每日产奶量	千克	4～6	初生猪至 35 日龄日增重	克	156～165
十种母猪初配体重	千克	＞90	36～70 日龄日增重	克	386～450
土杂母猪初配体重	千克	＞100	71～150 日龄日增重	克	700～800
良种母猪初配体重	千克	＞120	猪舍常用风机电机功率	千瓦	0.37～1.1
成年母猪体重	千克	170～340	常用电热保温板的功率	瓦	110
育肥猪出栏标准体重	千克	90～100	常用远红外加热器功率	瓦	115～230

续附录四

项目	单位	数量	项目	单位	数量
仔猪保温箱普通灯光功率	瓦	100～250	常用红外线保温灯功率	瓦	50～250
紫外线汞灯消毒用功率	瓦	20	紫外线消毒用功率强度	瓦/米^2	3
猪舍自然光照入射角	度	＞25	猪舍自然光照采光角	度	＞25
精子最适酸碱度	pH 值	7	猪舍噪声强度	分贝	≤80
猪体必需氨基酸种类数	种	＞20	母猪排卵数量多的胎次	胎	4～6
猪粮比价盈亏点为	元	6∶1	无公害肉中克伦特罗规定含量	%	＝0
无公害猪肉中氯霉素规定含量	%	＝0	无公害肉中己烯雌酚规定含量	%	＝0
无公害猪肉中硝基呋喃含量	%	＝0	无公害肉中沙门氏菌规定含量	个	＝0
无害肉中大肠埃希氏菌含	个	＝0	无公害猪肉大肠菌/100克	个	$\leqslant 1\times10^4$
无公害猪肉菌落总数/克	个	$\leqslant 1\times10^6$			

注：1. 本表查找项目可按其“单位”检索；

2. 表中“单位”一般按数量、温度、时间、长度、容量、重量及其他等顺序排列。

参考文献

[1] 蔡宝祥．家畜传染病学(第4版)[M]．北京:中国农业出版社,2001.

[2] 白玉坤,王振来．肉猪高效饲养与疫病监控[M]．北京:中国农业大学出版社,2003.

[3] 苏振环,等．科学养猪[M]．北京:金盾出版社,2003.

[4] 杨中和．现代无公害养猪(第2版)[M]．北京:中国农业出版社,2005.

[5] 侯安祖．猪病诊断与防治[M]．北京:中国农业科技出版社,2000.

[6] 李如治．家畜环境卫生学[M]．北京:中国农业出版社,2003.

[7] 王爱国．养猪学(美)[M]．北京:中国农业大学出版社,2007.

[8] 刘安典,等．养猪与猪病防治手册[M]．北京:中国农业出版社,2004.

[9] 杨中和．养猪与猪病[M]．北京:中国农业科技出版社,1997.

[10] 农业部畜牧兽医局译[M]．国际动物卫生法典．北京:兵器工业出版社,2000.